计算机前沿技术丛书

Rust Web 编程

从入门到实战

廖显东 / 编著

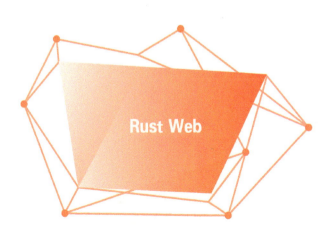

机械工业出版社
CHINA MACHINE PRESS

本书涵盖从 Rust 语言入门到 Rust Web 开发实战所需的核心知识、方法和技巧，共4篇。

第 1 篇 Rust 基础知识，包括 2 章：Rust 入门、Rust 基础。详细介绍 Rust 的基础语法，即使没有 Rust 语言基础的读者也可以无障碍阅读。

第 2 篇 Rust Web 基础入门，包括 3 章：Rust Web 入门、处理 Web 请求和响应、用 Rust 访问数据库。本篇帮助读者快速掌握用 Rust 语言进行 Web 开发的基础技术。

第 3 篇 Rust Web 进阶提高，包括 2 章：Rust Socket 编程、Rust 文件处理。本篇帮助读者用 Rust 语言快速开发各种 Web 应用。

第 4 篇 Rust Web 高级实战，包括 2 章：Rust Web 高级编程、【实战】开发一个 Rust 博客。第 8 章通过 Rust 并发编程、Rust RPC 编程、Rust RESTful API 接口开发，帮助读者更好地理解 Rust Web 高级编程的知识和技巧；第 9 章详细介绍了开发一个 Rust 博客的全过程，让读者真正了解 Rust 博客的架构原理及实现方法，并开放了源代码，帮助读者向 Rust Web 编程高手迈进。本书附赠源代码、PPT 及相关案例实现的操作视频，获取方式见封底。

本书可作为 Rust 初学者、Web 开发工程师的学习用书，也可作为培训机构和大中专相关院校的教材。

图书在版编目（CIP）数据

Rust Web 编程从入门到实战 / 廖显东编著. -- 北京：机械工业出版社，2025.3. -- （计算机前沿技术丛书）．
ISBN 978-7-111-77486-0

Ⅰ．TP312

中国国家版本馆 CIP 数据核字第 20256E5U89 号

机械工业出版社（北京市百万庄大街 22 号　邮政编码 100037）
策划编辑：李晓波　　　　　　责任编辑：李晓波
责任校对：陈　越　丁梦卓　　责任印制：单爱军
北京虎彩文化传播有限公司印刷
2025 年 4 月第 1 版第 1 次印刷
184mm×240mm・20.75 印张・433 千字
标准书号：ISBN 978-7-111-77486-0
定价：109.00 元

电话服务　　　　　　　　　　网络服务
客服电话：010-88361066　　　机　工　官　网：www.cmpbook.com
　　　　　010-88379833　　　机　工　官　博：weibo.com/cmp1952
　　　　　010-68326294　　　金　书　网：www.golden-book.com
封底无防伪标均为盗版　　　　机工教育服务网：www.cmpedu.com

前 言
PREFACE

Rust语言简介

Rust 语言是 Mozilla 于 2010 年发布的一门系统编程语言，其设计理念强调内存安全、高性能和并发性。Rust 语言在确保内存安全的同时，提供了与 C 和 C++相媲美的性能表现。Rust 的独特之处在于其严格的编译器检查和所有权系统，这些特性有效防止了常见的编程错误，如空指针和数据竞争等，使得代码更安全、可靠。

如今，Rust 语言已经被广泛应用于高性能系统开发、嵌入式编程、Web 后端开发、区块链技术以及其他对性能和安全性要求极高的领域。近年来，越来越多的公司和开源项目选择 Rust 进行开发，特别是在 WebAssembly、CLI 工具、操作系统和浏览器内核等方向上，Rust 语言的使用更加广泛。

为什么写本书

作为一个长期关注开源技术和新兴编程语言的开发者，笔者从 2015 年 Rust1.0 稳定版刚刚发布起便深深地被该语言吸引，并在工作之余编写了一些相关的开源项目。这些项目在社区中获得了积极的反馈，使我更加坚定了对 Rust 的学习和实践热情。同时，笔者注意到针对 Rust 开发的书籍相对较少，特别是关于 Web 开发及异步编程相关知识和实践的书籍更为稀缺。因此，笔者决定撰写一本符合我国程序员实际需求的 Rust Web 编程书，旨在分享自己的开发经验，帮助更多开发者快速掌握 Rust 的核心技术和应用场景。

本书特色

本书聚焦于 Rust 语言在 Web 开发中的实战应用和实际场景，以深入浅出的方式讲解 Rust Web 编程的核心知识。以下是本书的主要特色：

1）**深入实战，贴近实战**。本书以实战为核心，通过大量真实的企业级应用实例，帮助读者了解 Rust 在 Web 开发中的实际应用场景。所有代码均基于 Rust 主流的稳定版本（Rust 1.80.1）编写，并兼容 Rust 2021 版，以确保其实用性。

2）**循序渐进，从基础到高级**。本书内容覆盖 Rust 入门、Rust 基础、Rust Web 入门、处理 Web 请求和响应、用 Rust 访问数据库、Rust Socket 编程、Rust 文件处理、Rust Web 高级编程、【实战】开发一个 Rust 博客，通过分步骤讲解，引导读者掌握 Rust Web 开发的核心技能。

3）**高效学习，简洁实用**。本书采用精练的语言和大量的代码示例，帮助读者快速理解和掌握 Rust 的关键概念，提高学习效率。

4）**重点解析，实战为王**。本书对重要和难点内容进行了深入剖析，特别关注 Rust 在 Web 开发中常见的实践和陷阱，以帮助读者避免常见错误，提升开发能力。

5）**丰富实例，便于实战**。本书提供了大量实际项目的代码和实践案例，这些代码可以直接用于开发或以此为基础进行二次开发。特别是第 9 章，读者将学习如何构建一个完整的博客系统开发教程，从而具备直接部署和实战的能力。

6）**群组支持，持续更新**。本书提供 QQ 群、公众号等群组支持，所有示例代码均可通过指定方式下载，并且本书内容会根据 Rust 社区的发展和技术更新，持续进行补充和完善，以确保读者始终处于 Rust 技术前沿。

希望本书能帮助读者在 Rust Web 编程的道路上走得更远，无论是初学者还是有经验的开发者，都能从本书找到实用的知识和技能。

技术交流

假如读者在阅读本书的过程中有任何疑问，请用手机微信扫描右侧二维码，关注"源码大数据"公众号，并按照提示输入问题，笔者会第一时间与读者进行交流回复。

关注"源码大数据"公众号后，输入"rustweb codes"，即可获得本书源代码、学习资源、面试题库等。如果输入"更多源码",还将免费赠送大量学习资源,包括但不限于电子书、源代码、视频教程等。

读者也可以加入 QQ 群(982450920),和其他读者朋友共同交流学习,笔者在线提供本书的疑难解答等服务,帮助读者无障碍快速学习本书内容。

由于笔者水平有限,书中难免有纰漏之处,欢迎读者通过"源码大数据"公众号或者 QQ 号 823923263 批评指正。

特别感谢机械工业出版社的李晓波编辑,是他推动了本书的出版,并在我写书过程中提出了许多宝贵的意见和建议。

感谢 Rust 语言社区所有的贡献者,没有他们多年来对开源的贡献,就没有 Rust 语言社区的繁荣。

感谢我的父母,他们一直在背后坚定地支持我热爱的写作事业。

感谢我的女儿,她给予了我更多写作的动力和快乐,希望她能够健康快乐地成长。

感谢我的妻子,在我写作期间,她给予了我许多意见和建议,并坚定地支持我,才使得我更加专注而坚定地写作。没有她的支持,本书不会这么快完稿。

廖显东

目录 CONTENTS

前 言

第 1 篇　Rust 基础知识

第 1 章　Rust 入门　/　2

1.1　Rust 简介　/　2

1.2　第 1 个 Rust 程序　/　3

1.3　Rust 基础语法　/　4

　　1.3.1　注释与打印文本　/　4

　　1.3.2　变量和变量可变性　/　5

　　1.3.3　常量　/　8

　　1.3.4　运算符　/　9

　　1.3.5　流程控制语句　/　13

1.4　Rust 数据类型　/　17

　　1.4.1　标量类型　/　17

　　1.4.2　复合数据类型　/　21

　　1.4.3　字符串　/　31

1.5　函数与闭包　/　38

　　1.5.1　函数　/　38

　　1.5.2　闭包　/　42

1.6　类型系统　/　46

　　1.6.1　泛型　/　46

　　1.6.2　trait　/　49

　　1.6.3　类型转换　/　51

1.7　本章小结 / 57

第 2 章 Rust 基础 / 58

2.1　所有权系统 / 58

　　2.1.1　所有权机制 / 58

　　2.1.2　引用和借用 / 59

　　2.1.3　生命周期 / 61

2.2　宏 / 62

2.3　智能指针 / 64

　　2.3.1　什么是智能指针 / 64

　　2.3.2　Box<T> / 64

　　2.3.3　Rc<T> / 65

　　2.3.4　RefCell<T> / 67

2.4　多线程 / 70

　　2.4.1　什么是多线程 / 70

　　2.4.2　创建线程 / 71

　　2.4.3　线程间的数据共享 / 72

　　2.4.4　线程间通信 / 73

　　2.4.5　线程池 / 74

　　2.4.6　异步并发 / 77

2.5　错误处理 / 79

　　2.5.1　可恢复错误 / 79

　　2.5.2　不可恢复错误 / 81

2.6　包和 crate / 82

　　2.6.1　包 / 82

　　2.6.2　crate / 84

2.7　模块 / 85

2.8　单元测试 / 89

2.9　调试 / 93

2.10　本章小结 / 96

第 2 篇　Rust Web 基础入门

第 3 章　Rust Web 入门 / 98

3.1 【实战】第 1 个 Rust Web 程序 / 98

3.2 Web 工作原理简介 / 100

 3.2.1 Web 基本原理 / 100

 3.2.2 什么是 HTTP / 101

 3.2.3 什么是 HTTP 请求 / 102

 3.2.4 什么是 HTTP 响应 / 103

 3.2.5 什么是 URI、URL 与 URN / 105

 3.2.6 HTTPS 简介 / 106

 3.2.7 什么是 HTTP/2 / 107

3.3 了解 Rust HTML 模板原理 / 111

 3.3.1 Rust 模板引擎 / 111

 3.3.2 基础模板语法 / 112

3.4 了解常用 Rust Web 框架 / 114

 3.4.1 Rocket / 114

 3.4.2 Actix / 116

 3.4.3 Warp / 118

3.5 本章小结 / 119

第 4 章　处理 Web 请求和响应 / 120

4.1 请求处理 / 120

 4.1.1 请求方法 / 120

 4.1.2 路由匹配 / 121

 4.1.3 数据守卫 / 124

 4.1.4 请求体数据 / 125

 4.1.5 表单 / 128

4.2 响应生成 / 134

 4.2.1 WrappingResponder / 134

4.2.2 错误处理 / 136
4.3 中间件 / 137
4.4 安全请求 / 141
4.5 日志记录 / 142
4.6 本章小结 / 145

第5章 用 Rust 访问数据库 / 146

5.1 常见数据库简介 / 146
 5.1.1 关系型数据库 / 146
 5.1.2 非关系型数据库 / 147
5.2 Rust 访问 MySQL / 149
 5.2.1 RBatis / 149
 5.2.2 【实战】将 MySQL 的数据导出到 CSV 文件中 / 157
5.3 Rust 访问 Redis / 159
 5.3.1 Rust 中调用 Redis / 159
 5.3.2 【实战】使用 Redis 实现队列并获取前 10 条数据 / 162
5.4 r2d2 连接池 / 163
5.5 本章小结 / 168

第3篇 Rust Web 进阶提高

第6章 Rust Socket 编程 / 170

6.1 什么是 Socket / 170
6.2 Rust 标准库 / 172
 6.2.1 Rust 标准库概述 / 172
 6.2.2 TCP Socket / 174
 6.2.3 UDP Socket / 176
6.3 第三方 Socket 库 / 182
 6.3.1 Tokio 库 / 182
 6.3.2 async-std 库 / 187

6.4 【实战】构建一个简单聊天应用程序 / 192

    6.4.1 编写服务器端 / 192

    6.4.2 编写客户端 / 195

6.5 【实战】创建一个多人猜数字游戏程序 / 197

    6.5.1 创建服务器端 / 197

    6.5.2 编写客户端 / 200

6.6 本章小结 / 202

第7章 CHAPTER.7 Rust 文件处理 / 203

7.1 操作目录与文件 / 203

    7.1.1 操作目录 / 203

    7.1.2 打开与关闭文件 / 206

    7.1.3 读写文件 / 207

    7.1.4 移动与重命名文件 / 208

    7.1.5 删除文件 / 210

    7.1.6 复制文件 / 211

    7.1.7 修改文件权限 / 212

    7.1.8 文件链接 / 213

7.2 处理 XML 文件 / 214

    7.2.1 解析 XML 文件 / 214

    7.2.2 生成 XML 文件 / 217

7.3 处理 JSON 文件 / 218

    7.3.1 什么是 JSON / 218

    7.3.2 解析 JSON 文件 / 219

    7.3.3 生成 JSON 文件 / 222

7.4 Rust 正则处理 / 223

    7.4.1 什么是正则表达式 / 223

    7.4.2 Rust 正则处理实战 / 226

7.5 日志文件处理 / 229

7.6 【实战】统计文本文件中的单词频率 / 230

7.7 本章小结 / 232

第 4 篇　Rust Web 高级实战

第 8 章　Rust Web 高级编程 / 234

8.1　Rust 并发编程 / 234
- 8.1.1　Rust 并发原语 / 234
- 8.1.2　异步编程 / 243

8.2　Rust RPC 编程 / 250
- 8.2.1　RPC / 250
- 8.2.2　JSON-RPC / 252
- 8.2.3　Rust gRPC / 255

8.3　Rust RESTful API 接口开发 / 259
- 8.3.1　什么是 RESTful API 接口 / 259
- 8.3.2　【实战】开发一个 RESTful API 接口 / 260

第 9 章　【实战】开发一个 Rust 博客 / 263

9.1　需求分析 / 263
9.2　架构设计 / 265
9.3　创建项目核心部分 / 267
- 9.3.1　创建项目 / 267
- 9.3.2　创建项目公共部分 / 269
- 9.3.3　创建数据表 / 281
- 9.3.4　创建模型 / 284

9.4　创建服务 / 296
- 9.4.1　创建文章服务 / 296
- 9.4.2　创建分类服务 / 297
- 9.4.3　创建评论服务 / 299
- 9.4.4　创建首页服务 / 300
- 9.4.5　创建友链服务 / 301
- 9.4.6　创建标签页面服务 / 301

9.5　创建博客前台页面 / 303

9.5.1　创建博客首页　/　303

　　9.5.2　博客文章页开发　/　306

　　9.5.3　登录模块开发　/　309

9.6　创建后台管理模块　/　314

　　9.6.1　创建后台首页　/　314

　　9.6.2　文章管理模块开发　/　316

9.7　本章小结　/　320

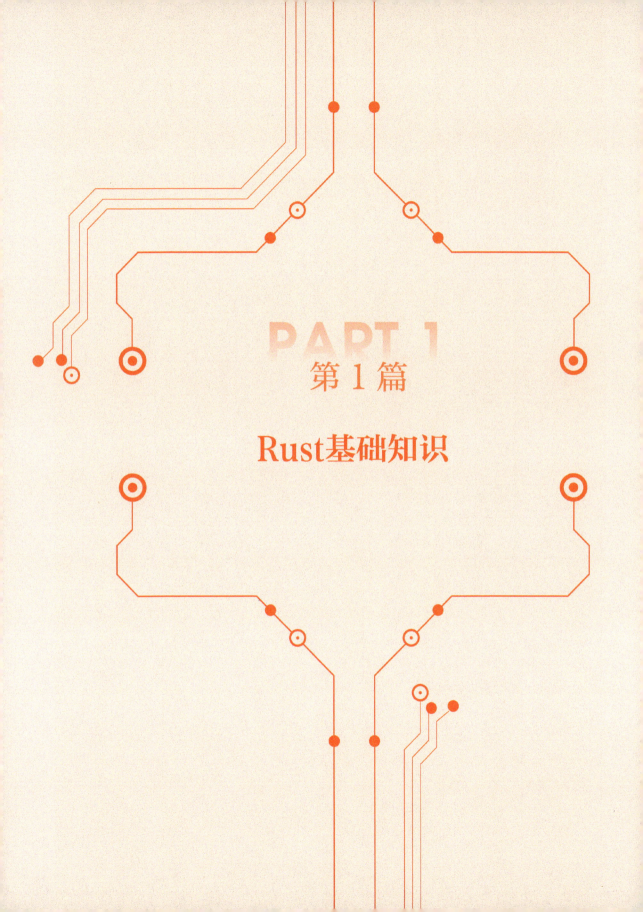

第1章

Rust 入门

1.1 Rust 简介

1. 什么是 Rust

Rust 是一种系统编程语言，强调性能、类型安全性和并发性。它由 Mozilla 创建，目标为快速、安全和并发，重点是防止常见的编程错误，例如空指针引用和内存安全问题。Rust 是静态类型的，并使用强类型系统，这有助于在编译时而不是运行时捕获错误。

2006 年，软件开发者格雷登·霍尔（Graydon Hoare）在 Mozilla Research 工作时，作为个人项目创建了 Rust，Mozilla 在 2009 年正式赞助了该项目。在 2015 年 5 月首次稳定版本发布后的几年里，Rust 被亚马逊、Discord、Dropbox、Google（Alphabet）、Meta 和微软等公司采用。2022 年 12 月，它成为首个在 Linux 内核开发中得到支持的非 C 和汇编语言。

由于 Rust 能够提供对硬件的低级控制，同时还保持了高级抽象，因此近年来越来越受欢迎。它被许多公司广泛地用于应用程序，包括 Web 开发、游戏开发和系统编程。

Rust 专注于快速、安全、并发 3 个目标。该语言旨在以简单的方式开发高度可靠和快速的软件。Rust 可用于将高级程序编写为特定于硬件的程序。

2. Rust 的特点

1）出色的性能。Rust 编程语言在设计上没有垃圾收集器（GC），这提高了运行时的性能。

2）编译时的内存安全。使用 Rust 构建的软件不会出现悬挂指针、缓冲区溢出和内存泄漏等内存问题。

3）多线程应用程序。Rust 的所有权和内存安全规则提供了没有数据竞争的并发性。

4）支持网络组件 WASM。Web Assembly 有助于在浏览器、嵌入式设备或其他地方执行高计算密集型算法，它以本机代码的速度运行。Rust 可以编译为 Web Assembly 以实现快速、可靠的执行。

5）跨平台：Rust 支持多平台的交叉编译，从嵌入式系统到桌面和服务器。

Rust 已被许多公司采用，涵盖 Web 服务器，数据库，嵌入式系统和游戏开发，应用广泛。它对安全性和性能的关注，以及不断发展的生态系统和支持社区，使其越来越受到寻求现代、可靠和高效编程语言的开发人员的欢迎。

1.2 第 1 个 Rust 程序

创建和运行一个 Rust 程序的步骤如下。

1）安装 Rust，确保开发者的系统上安装了 Rust，可以在命令行输入如下命令进行安装。

```
$ curl --proto '=https' --tlsv1.2 -sSf https://sh.rustup.rs | sh
```

安装成功后，运行 rustc --version 命令，会返回 Rust 版本：

```
$ rustc --version
rustc 1.80.1 (3f5fd8dd4 2024-08-06)
```

2）编写 Rust 程序。

打开文本编辑器，新建一个名为 first_rust.rs 的文件，在文件中编写以下 Rust 代码：

```rust
fn main() {
    println!("Hi, 1st Rust");
}
```

3）编译程序。

打开终端命令行，导航到保存 first_rust.rs 文件的目录，使用文件作为参数运行 Rust 编译器 rustc：

```
$ rustc first_rust.rs
```

此命令将把 Rust 程序编译成二进制可执行文件。

4）运行程序。

编译后，在同一目录中可以找到一个可执行文件（在 Windows 上它有一个 .exe 扩展名，例如，first_rust.exe；在 Linux 和 macOS 上，它是 first_rust）。从终端或命令提示符运行可执行文件。

在 Windows 上：

```
$ .\first_rust.exe
Hi, 1st Rust
```

在 Linux 或 macOS 上：

```
$ ./first_rust
Hi, 1st Rust
```

以上这个过程将在终端输出"Hi, 1st Rust"，表明 Rust 程序已经成功编译和运行。

1.3 Rust 基础语法

1.3.1 注释与打印文本

1. 注释

注释是提高程序可读性的一种方式，可用于包含相关程序的附加信息，如代码作者、有关函数或构造的提示等。编译器会忽略注释。

Rust 支持以下类型的注释：

- 单行注释（//）：// 和行尾之间的任何文本都被视为注释。
- 多行注释（/* */）：这些注释可能跨越多行。示例如下：

```
//这是单行注释

/* 这是一个
   多行注释
*/
```

2. 打印文本

在 Rust 中，输出文本可以通过多种方式进行，最常见的方式是使用 println! 宏。除此之外，还可以使用 print! 宏、eprintln! 宏以及手动处理标准输出流和错误输出流。以下是各种输出文本的方式及其用法。

（1）使用 println! 宏

println! 宏用于在标准输出中打印文本，并在末尾添加一个换行符，示例如下：

```
fn main() {
    println!("Hi, rust!"); // 打印并换行
}
//Hi, rust!
```

（2）使用 print! 宏

print! 宏用于在标准输出中打印文本，但不添加换行符，示例如下：

```
fn main() {
    print!("Hi, ");
```

```rust
    print!("Rust!");
}
//Hi, Rust!
```

(3）使用 eprintln! 宏

eprintln! 宏用于在标准错误输出中打印文本，并在末尾添加一个换行符。这对于错误消息或日志记录特别有用，示例如下：

```rust
fn main() {
    eprintln!("Error message!");
}
//Error message!
```

(4）使用 std∷io∷Write 进行输出

开发者可以手动处理标准输出流或错误输出流，通过实现 std∷io∷Write 特性的类型进行更灵活的输出控制，示例如下：

```rust
use std::io::{self, Write};

fn main() -> io::Result<()> {
    let mut stdout = io::stdout();                          // 获取标准输出
    let mut stderr = io::stderr();                          // 获取标准错误输出

    stdout.write_all(b"Hi, Rust!")?;                        // 写入标准输出,不带换行符
    stdout.flush()?;                                        // 刷新标准输出以确保输出立即显示

    stderr.write_all(b"An error occurred!")?;               // 写入标准错误输出,不带换行符
    stderr.flush()?;                                        // 刷新标准错误输出以确保输出立即显示

    Ok(())
}
//Hi, Rust!An error occurred!
```

▶ 1.3.2 变量和变量可变性

1. 变量

变量是程序可以操作的命名存储。简单地说，变量帮助程序存储值。Rust 中的变量与特定的数据类型相关联。数据类型决定了变量内存的大小和布局、可以存储在该内存中的值的范围以及可以对变量执行的操作集。

变量名可以由字母、数字和下画线字符组成。它必须以字母或下画线开头。大小写字母是不同的，因为 Rust 区分大小写。在 Rust 中声明变量时，数据类型是可选的。使用 let 关键字声明

变量。数据类型是根据分配给变量的值推断出来的。

Rust 中变量声明的示例如下：

```
let x: i32 = 66;
```

在以上示例中，我们声明了一个 i32 类型的变量 x，并用值 66 初始化它。

Rust 也有可变变量和不可变变量的概念。不可变变量使用 let 关键字声明，而可变变量使用 let mut 关键字声明。一旦给不可变变量赋值，它的值就不能改变，可变变量可以改变它们的值。

下面是 Rust 中可变变量声明的示例：

```
fn main() {
    let mut x: i32 = 6;
    x = 8; //我们可以更改 x 的值,因为它是可变的
    println!("x 的值是 {}", x);
}
//x 的值是 8
```

在以上示例中，我们声明了一个 i32 类型的可变变量 x，并用值 6 初始化它。然后我们在第 3 行将 x 的值更改为 8。

2. 变量可变性

（1）不可变的变量

在 Rust 中，不可变变量是一旦赋值就不能更改的变量。一旦一个不可变变量被初始化，它的值就不能被修改或重新赋值。不可变变量使用 let 关键字声明，后跟变量名和初始值。例如，下面的代码声明了一个名为 x 的不可变变量，并为其赋值 6：

```
let x = 6;
```

一旦 x 赋值为 6，就不能修改。如果开发者尝试将新值重新赋值给 x，Rust 编译器将产生编译错误：

```
fn main() {
    let x = 6;
    x = 8; // 这个语句会报错: error:cannot assign twice to immutable variable 'x'
    println!("{}",x)
}
```

不可变变量是 Rust 的一个重要特性，因为它们有助于防止错误并确保程序正确性。通过强制不变性，Rust 鼓励函数式编程风格，其中函数对不可变数据结构进行操作并返回新值，而不是修改现有数据。这可以产生更可靠和可维护的代码，因为它减少了意外副作用的可能性，并且更容易推理程序行为。

默认情况下，变量是不可变的——在 Rust 中是只读的。换句话说，一旦将值绑定到变量名

称，就不能更改变量的值，示例如下：

```rust
fn main() {
    let price = 66_000;
    println!("price is {} ",price);
    price = 88_000;
    println!("price changed is {}",price);
}
```

输出将如下所示：

```
error[E0384]: cannot assign twice to immutable variable 'price'
--> variableExample3.rs:4:5
  |
2 |     let price = 66_000;
  |         -----
  |         |
  |         first assignment to 'price'
  |         help: consider making this binding mutable: 'mut price'
3 |     println!("price is {} ",price);
4 |     price = 88_000;
  |     ^^^^^^^^^^^^^^ cannot assign twice to immutable variable

error: aborting due to 1 previous error

For more information about this error, try 'rustc --explain E0384'.
```

对以上报错信息的说明如下：

在第 2 行，声明了一个不可变的变量 price，并赋值为 66_000；在第 3 行，输出了变量 price 的值；在第 4 行，尝试对变量 price 重新赋值为 88_000。这时 Rust 编译器报错，因为 price 是不可变的。

（2）可变的变量

在 Rust 中，可变变量是指在赋值后可以更改的变量。可变变量使用 let mut 语法声明，允许稍后在程序中修改变量。声明可变变量的语法如下所示：

```rust
let mut variable_name:dataType = value;
```

对以上语法的解释如下：

- let：声明变量的关键字。
- mut：表示变量是可变的。
- variable_name：变量名。
- dataType：指定变量的数据类型。

- =：赋值操作符。
- value：变量的初始值。

示例如下：

```
fn main() {
    let mut price = 66_000;
    println!("price is {} ",price);
    price = 88_000;
    println!("price changed is {}",price);
}
//price is 66000
//price changed is 88000
```

可变变量可用于存储随时间变化的值，例如计数器或循环索引。然而，明智地使用可变变量很重要，因为它们会使推断程序行为变得更加困难，并可能导致竞争条件和数据竞争等错误。

在 Rust 中，可变变量受语言的所有权和借用规则的约束。这意味着开发者一次只能有一个对给定变量的可变引用，并且可变引用不能与不可变引用共存。这些规则通过确保以安全和受控的方式访问可变数据来防止错误，以确保程序正确性。

▶▶ 1.3.3 常量

1. 声明常量

在 Rust 中，常量是在程序执行期间不能更改的值。它类似于变量，但它的值在编译时已知，在运行时不能修改。常量通常用于编译时已知的值，例如 pi 或 e 之类的数学常量，或者用于在程序执行期间永远不会改变的值，例如配置值或固定大小的数据结构。

如果开发者声明一个常量，那么它的值就没有办法改变。使用常量的关键字是 const，必须显式键入常量。以下是声明常量的语法。

```
const VARIABLE_NAME:dataType = value;
```

常量使用 const 关键字声明，后跟标识符、冒号和常量类型，然后是等号和常量值，示例如下：

```
const MAX_POINTS: u32 = 100_000;
```

在以上示例中，MAX_POINTS 是常量的标识符，u32 是常量的类型（无符号 32 位整数），并且 100_000 是常量的值。_是一个视觉分隔符，不影响常量的 100_000 值，用于提高大数的可读性。

2. 常量的命名约定

常量的命名约定与变量的命名约定相似。常量名称中的所有字符通常都是大写的。与声明变量不同，let 关键字不用于声明常量。

我们在下面的例子中使用了 Rust 中的常量：

```
fn main() {
    const USER_LIMIT:i32 = 100;                    // 声明一个整型常量
    const PI:f32 = 3.14;                           // 声明一个浮点型常量

    println!("user limit is {}",USER_LIMIT);       // 显示常量的值
    println!("pi value is {}",PI);                 // 显示常量的值
}
//user limit is 100
//pi value is 3.14
```

1.3.4 运算符

运算符定义了一些将对数据执行的功能。运算符处理的数据称为操作数，常见的表达式如下。

1. 算术运算符

假设变量 a 和 b 的值分别为 6 和 3。Rust 算术运算符见表 1-1。

表 1-1 Rust 算术运算符

运 算 符	描 述	例 子
+（加法）	返回操作数的总和	a+b 是 6
-（减法）	返回值的差异	a-b 是 3
*（乘法）	返回值的乘积	a*b 是 18
/（除法）	执行除法运算并返回商	a/b 为 2
%（取余）	执行除法运算并返回余数	a%b 为 0

> **注意**
>
> Rust 不支持 ++ 和 -- 运算符。

实战示例如下：

```
fn main() {
    let a = 10;
    let b = 3;

    // 加法
    let sum = a + b;
```

```rust
    println!("Sum: {}", sum);

    // 减法
    let difference = a - b;
    println!("Difference: {}", difference);

    // 乘法
    let product = a * b;
    println!("Product: {}", product);

    // 除法
    let quotient = a / b;
    println!("Quotient: {}", quotient);

    // 取余
    let remainder = a % b;
    println!("Remainder: {}", remainder);
}
```

2. 关系运算符

关系运算符测试或定义两个实体之间的关系类型。关系运算符用于比较两个或多个值。关系运算符返回一个布尔值 true 或 false。Rust 关系运算符见表 1-2。

表 1-2 Rust 关系运算符

运 算 符	描 述	示 例
>	大于	(A > B) 为 false
<	小于	(A < B) 为 true
>=	大于等于	(A >= B) 为 false
<=	小于等于	(A <= B) 为 true
==	等于	(A == B) 为 false
!=	不等于	(A != B) 为 true

关系运算符的实战示例如下：

```rust
fn main() {
    let a = 5;
    let b = 10;

    // 等于
    let equal = a == b;
    println!("a == b: {}", equal);
```

```rust
    // 不等于
    let not_equal = a != b;
    println!("a != b: {}", not_equal);

    // 大于
    let greater = a > b;
    println!("a > b: {}", greater);

    // 小于
    let less = a < b;
    println!("a < b: {}", less);

    // 大于等于
    let greater_equal = a >= b;
    println!("a >= b: {}", greater_equal);

    // 小于等于
    let less_equal = a <= b;
    println!("a <= b: {}", less_equal);
}
```

3. 逻辑运算符

逻辑运算符用于组合两个或多个条件。逻辑运算符也是如此,返回一个布尔值。假设变量 A 的值为 10、B 为 20。Rust 逻辑运算符见表 1-3。

表 1-3 Rust 逻辑运算符

运算符	描述	示例
&&(与)	仅当指定的所有表达式都返回 true 时,运算符才返回 true	(A > 10 && B > 10) 为假
||(或)	如果指定的至少一个表达式返回 true,则运算符返回 true	(A > 10 || B >10) 为真
!(非)	运算符返回表达式结果的倒数	!(A >10) 为真

逻辑运算符的实战示例如下:

```rust
fn main() {
    let x = true;
    let y = false;

    // 逻辑与
    let and = x && y;
```

```
        println!("x AND y: {}", and);

        // 逻辑或
        let or = x || y;
        println!("x OR y: {}", or);

        // 逻辑非
        let not = !x;
        println!("NOT x: {}", not);
    }
```

4. 位运算符

假设变量 A = 2 且 B = 3。Rust 位运算符见表 1-4。

表 1-4 Rust 位运算符

运算符	描述	示例
&（按位与）	它对整数参数的每一位执行布尔与运算	(A & B) 为 2
|（按位或）	它对整数参数的每一位执行布尔或运算	(A | B) 为 3
^（按位异或）	它对整数参数的每一位执行布尔异或运算	(A ^ B) 为 1
!（按位非）	它是一个一元运算符，通过反转操作数中的所有位来进行运算	(!B) 是 -4
<<（左移）	二进制左移运算符。左操作数的值向左移动右操作数指定的位数，新出现的位数用 0 补充	(A << 1) 是 4
>>（右移）	二进制右移运算符。左操作数的值向右移动右操作数指定的位数	(A >> 1) 是 1
>>>（右移零）	此运算符与 >> 运算符类似，不同之处在于向左移动的位始终为零	(A >>> 1) 是 1

位运算符的实战示例如下：

```
fn main() {
    let a = 2;         // 二进制值为 0010
    let b = 3;         // 二进制值为 0011

    // 位与
    let bit_and = a & b;
    println!("a & b: {}", bit_and);

    // 位或
    let bit_or = a | b;
    println!("a | b: {}", bit_or);

    // 位异或
    let bit_xor = a ^ b;
```

```rust
    println!("a ^ b: {}", bit_xor);

    // 位非
    let bit_not = !a;
    println!("!a: {}", bit_not);

    // 左移
    let left_shift = a << 1;
    println!("a << 1: {}", left_shift);

    // 右移
    let right_shift = a >> 1;
    println!("a >> 1: {}", right_shift);
}
```

▶▶ 1.3.5 流程控制语句

Rust 的流程控制要求开发者指定一个或多个由程序评估或测试的条件。如果条件为真,则执行一条或多条语句;如果条件为假,还可以选择执行其他语句。

1. if 语句

在 Rust 中,if 语句用于条件分支。if 语句类似于 Go 和 Python 等其他编程语言中的语句。语法如下:

```rust
if boolean_expression {
    // 如果布尔表达式为 true,则语句将执行
}
```

如果布尔表达式的计算结果为真,则将执行 if 语句中的代码块。如果布尔表达式的计算结果为假,则将执行 if 语句结束后的第 1 组代码(右花括号后)。

```rust
fn main(){
    let num:i32 = 5;
    if num > 0 {
        println!("number is positive");
    }
}
```

当 if 块指定的条件为真时,上面的示例将打印 number is positive 。

2. if...else 语句

在 Rust 中,if...else 语句的语法如下:

```
if condition {
    // 条件为真时执行的代码
} else {
    // 条件为假时执行的代码
}
```

以上代码中，condition 返回一个布尔值。如果条件为 true，则执行关键字 condition 后花括号内的代码。如果条件为假，则执行关键字 else 后花括号内的代码。

(1) if 流程图

if 流程图的示例如图 1-1 所示。

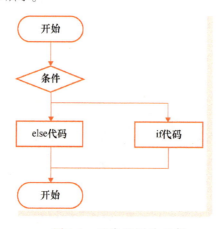

● 图 1-1 if 流程图的示例

if...else 简单的示例如下：

```
fn main() {
    let num = 12;
    if num % 2 == 0 {
        println!("Even");
    } else {
        println!("Odd");
    }
}
```

上面的示例打印变量中的值是偶数还是奇数。if 块检查值是否能被 2 整除以确定是否相同。

(2) if 表达式

在 Rust 中，if 表达式不仅仅用于条件判断，它还可以返回一个值，并且这个值可以直接赋给变量。这使得 if 表达式在 Rust 中更具灵活性和实用性，示例如下：

```
fn main() {
    let condition = true;
```

```
let number = if condition {
    5
} else {
    6
};

println!("The value of number is: {}", number);
```

在以上示例中,condition 是一个布尔值,决定 if 表达式的分支。如果 condition 为 true,则 number 的值为 5;如果 condition 为 false,则 number 的值为 6。

3. if...else...if 语句

if...else...if 语句常用于判断多个条件,语法如下:

```
if boolean_expression1 {
    //如果 boolean_expression1 的计算结果为 true,则执行语句
} else if boolean_expression2 {
    //如果 boolean_expression2 的计算结果为 true,则执行语句
} else {
    //如果 boolean_expression1 和 boolean_expression2 的结果都为 false,则执行语句
}
```

if...else...if 语句的特征如下:

- 一个 if 可以有 0 个或 1 个 else,它必须在任何 else...if 之后。
- 一个 if 可以有 0 到多个 else...if,并且它们必须在 else 之前。
- 一旦 else...if 成功,剩下的 else...if 或 else 都不会被测试。

if...else...if 语句的示例如下:

```
fn main() {
    let num = 2 ;
    if num > 0 {
        println!("{} is positive",num);
    } else if num < 0 {
        println!("{} is negative",num);
    } else {
        println!("{} is neither positive nor negative",num) ;
    }
}
```

4. match 语句

match 语句检查当前值是否与值列表匹配,这与 C 语言中的 switch 语句非常相似。注意匹配关键字后面的表达式不必在括号中。match 语句的语法如下:

```rust
let expressionResult = match variable_expression {
    constant_expr1 => {
        //...语句 1;
    },
    constant_expr2 => {
        //...语句 2;
    },
    _ => {
        //...默认语句;
    }
};
```

对以上 match 语句的说明如下：

- match 关键字：启动模式匹配操作。
- variable_expression（变量表达式）：想要与 match 分支中指定的模式进行匹配的表达式或值。Rust 将评估这个表达式，然后按顺序将其结果与 match 分支中的每个模式进行比较。
- constant_expr1、constant_expr2……：与 variable_expression 进行匹配的模式。这些可以是字面量值、变量名称或更复杂的模式。Rust 按顺序检查每个分支，并在第 1 个匹配的分支处停止。
- _：通配模式，可以匹配任何东西。如果没有指定的模式匹配 variable_expression，则执行_模式后的代码块。这充当 switch 语句中的默认情况。
- let expressionResult =：通过 match 表达式的结果初始化名为 expressionResult 的变量。Rust 中的 match 结构是一个表达式，这意味着它评估为一个值。匹配分支中最后一个表达式的值成为整个 match 表达式的值，因此被赋值给 expressionResult。

在下面给出的示例中，province_code 与值列表 BJ、SH、GD、ZJ 匹配；如果找到任何匹配项，则将字符串值返回给变量 province。如果未找到匹配项，则默认会匹配到_（表示其他任何值）并返回值 Unkown，代码如下：

```rust
fn main() {
    let province_code = "BJ";
    let province = match province_code {
"BJ" => {println!("Found match for BJ"); "Beijing"},
"SH" =>"Shanghai",
"GD" =>"Guangdong",
"ZJ" =>"Zhejiang",
        _ =>"Unknown"
    };
    println!("Province name is {}", province);
}
```

```
//Found match for BJ
// Province name is Beijing
```

1.4 Rust 数据类型

1.4.1 标量类型

标量类型表示单个值，例如，10、3.14、'c'等。Rust 有整数、浮点、布尔值、字符串四种主要的标量类型。

1. 整数

在 Rust 中，整数类型表示为正数、负数或零的整数，没有小数部分。Rust 有几个内置的整数类型，它们的大小各不相同，可以是有符号或无符号的。

Rust 中的整数类型见表 1-5。

表 1-5 Rust 中的整数类型

类型	位数	取值范围
i8	8	-128~127
u8	8	0~255
i16	16	-32,768~32,767
u16	16	0~65,535
i32	32	-2,147,483,648~2,147,483,647
u32	32	0~4,294,967,295
i64	64	-9,223,372,036,854,775,808~9,223,372,036,854,775,807
u64	64	0~18,446,744,073,709,551,615
i128	128	-2^{127}~$2^{127}-1$
u128	128	0~$2^{128}-1$

除了这些内置类型之外，Rust 还提供了 isize 和 usize 类型，它们与平台相关并且大小等于底层架构的本机字大小（32 位或 64 位）。这些类型分别是有符号和无符号的，示例如下：

```
fn main() {
    let age: u32 = 18;
    let age: u32 = 19.8;
}
```

如果将 age 的值替换为浮点值，则运行 rustc integerExample1.rs 编译上述代码将返回编译错误。运行代码返回的错误信息如图1-2所示。

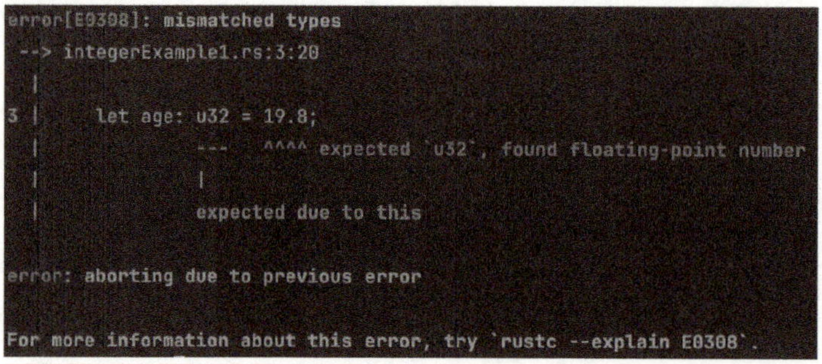

• 图1-2 运行代码返回的错误信息

2. 浮点

在 Rust 中，浮点类型是一种表示带有小数部分的实数的数据类型。Rust 有两种内置的浮点类型，即 f32 和 f64，分别对应 IEEE 754 单精度和双精度浮点格式。

f32 是一个 32 位浮点类型，它可以表示一个有限范围的值，精度为 7 位十进制数字。f64 是一种 64 位浮点类型，它可以表示更大范围的值，精度为 16 位十进制数字，示例如下。

```
fn main() {
    let float1 = 88.00;                  //默认为 f64
    let float2: f32 = 9.35;
    let float3: f64 = 8888.800;          //双精度

    println!("float1 value is {}", float1);
    println!("float2 is {}", float2);
    println!("float3 is {}", float3);
}
// float1 value is 88
// float2 is 9.35
// float3 is 8888.8
```

（1）自动类型转换

Rust 中不允许自动类型转换。参考以下代码片段：一个整数值被分配给浮点变量 test_float。

```
fn main() {
    let test_float:f32 = 8;              // 赋给浮点变量的整数
    println!("test_float is {}", test_float);
}
```

编译器会抛出类型不匹配的错误，如下所示。

```
$ rustc floatExample2.rs
error[E0308]: mismatched types
--> floatExample2.rs:2:26
  |
2 | let test_float:f32 = 8;      // 赋值给浮点变量的整数
  |                ---   ^
  |                |     |
  |                |     expected 'f32', found integer
  |                |     help: use a float literal: '8.0'
  |                expected due to this

error: aborting due to previous error
```

（2）数字分隔符

为了便于大数的可读性，我们可以使用视觉分隔符_下画线来分隔数字。即 90,000 可以写成 99_000，示例如下。

```
fn main() {
    let float_with_separator = 88_000.66_001;
    println!("float value {}",float_with_separator);

    let int_with_separator = 99_000;
    println!("int value {}",int_with_separator);
}
// $ rustc floatExample3.rs
// $ ./floatExample3
// float value 88000.66001
// int value 99000
```

3. 布尔值（bool）

在 Rust 中，bool 类型是表示布尔值的内置原始类型，它具有两个值：true 或者 false。bool 类型用于表达逻辑表达式，常用于条件语句和循环中。

在 Rust 中使用 bool 类型的示例如下：

```
fn main() {
    let x = true;
    let y = false;

    if x && !y {
        println!("x is true and y is false");
    }

    let z: bool = x || y;
```

```
        println!("z is {}", z);
    }
// $ rustc boolExample1.rs
// $ ./boolExample1
// x is true and y is false
// z is true
```

在以上示例中，我们声明了两个类型为 x 和 y 的变量，然后在语句中使用它们来测试 if 语句。我们还声明了第 3 个变量 z，并为其赋值。

> **注意**
>
> 在 Rust 中，bool 是基本类型而不是对象，因此开发者不需要使用大写字母来声明它（与其他一些编程语言不同）。

4. 字符串（char）

在 Rust 中，char 类型表示一个 Unicode 标量值，意味着它可以表示任何 Unicode 字符，包括表情符号和来自非拉丁文字的字符。

char 类型的大小为 4 个字节，可以使用写在单引号之间的单个 Unicode 标量值创建，例如 'a'、'??' 或'开发者'。Rust 还提供了几种处理 char 值的方法，例如检查 achar 是字母、数字，还是空白字符，在大写和小写之间进行转换等。

> **注意**
>
> Rust 的 char 类型与单字节 ASCII 字符或一般的字符不同。在 Rust 中，achar 最多可以占用 4 个字节，而 ASCII 字符只占用 1 个字节。这意味着在 Rust 中处理字符串时，开发者需要注意编码以及每个字符占用多少字节。

字符数据类型的示例如下：

```
fn main() {
    let special_character = '@'; // 默认
    let alphabet: char = 'A';
    let emoji: char = '?? '; // emoji 字符

    println!("special character is {}", special_character);
    println!("alphabet is {}", alphabet);
    println!("emoji is {}", emoji);
}
// $ rustc charExample1.rs
// $ ./charExample1
```

```
// special character is @
// alphabet is A
// emoji is 
```

1.4.2 复合数据类型

1. 元组

Rust 的元组（tuples）是一个可以包含多种类型值的通用容器类型。它们被用来从函数返回多个值，或者简单地将一组值组合在一起。每个元素的类型可以不同，这使得元组成为一种非常灵活的数据结构。

（1）元组的特点

元组的特点如下：

- 元组可以包含不同类型的值。
- 元组中元素的数量在声明时就已经固定，之后不能增加或减少。
- 元组的长度（即它包含的元素数量）被认为是元组类型的一部分。例如，一个包含两个元素的元组（i32, f64）和一个包含三个元素的元组（i32, f64, u8）是不同的类型。
- 可以使用模式匹配（pattern matching）来解构（destructure）元组，即将元组拆分为独立的变量。

（2）基本用法

下面是一些使用 Rust 元组的基本示例。

1）创建元组的示例如下：

```
fn main() {
    // 创建一个元组,包含一个整数、一个浮点数和一个字符
    let tup: (i32, f64, char) = (100, 8.8, 'y');

    // 打印元组的值
    println!("The tuple is {:?}", tup);
}
// $ rustc tuplesExample1.rs
// $ ./tuplesExample1
// The tuple is (100, 8.8, 'y')
```

2）元组的解构。

元组的解构是一种在 Rust 中将元组中的各个值赋值给独立变量的方法。这使得一次性访问元组中的多个值变得非常方便，而无须逐一使用索引访问它们。解构是通过模式匹配来实现的，可以用在变量绑定、函数参数等多种场合。元组的解构示例如下：

```rust
fn main() {
    let tup = (6, 8, 88);
    let (_x, y, _z) = tup;
    println!("The value of y is: {}", y);
}
// $ rustc tuplesExample2.rs
// $ ./tuplesExample2
// The value of y is: 8
```

在以上示例中，tup 是一个包含三个元素的元组。通过解构，我们创建了三个新的变量 _x、y 和 _z，并将元组 tup 中的相应值分别赋值给了这些变量。此后，可以独立地使用这些变量，而不需要通过索引来访问元组中的值。可以通过解构来访问元组中的值。

3）直接访问元组中的元素。

也可以使用点号（.）后跟索引来访问元组中的特定元素，示例如下：

```rust
fn main() {
    let tup = (6, 8, 88);
    // 直接通过索引访问元组中的第 3 个元素
    let second_element = tup.2;
    println!("The third element is {}", second_element);
}
// $ rustc tuplesExample3.rs
// $ ./tuplesExample3
// The value of y is: 88
```

(3) 返回多个值

元组非常适合用于从函数返回多个值，示例如下：

```rust
fn main() {
    let rect = (6, 8);

    let (area, perimeter) = calculate_multi(rect);

    println!("The area is {}", area);
    println!("The perimeter is {}", perimeter);
}

fn calculate_multi(dimensions: (i32, i32)) -> (i32, i32) {
    let area = dimensions.0 * dimensions.1;
    let perimeter = 2 * (dimensions.0 + dimensions.1);

    (area, perimeter) // 返回一个包含面积和周长的元组
}
```

```
// $ rustc tuplesExample4.rs
// $ ./tuplesExample4
// The area is 48
// The perimeter is 28
```

以上示例展示了如何使用元组从函数返回多个值,并在主函数中通过解构来访问这些值。元组是 Rust 中处理不同类型数据的强大工具。

2. 数组

简单地说,数组是相同数据类型的值的集合。在 Rust 中,数组是相同类型值的固定大小集合。Rust 中数组的一些特征如下:

- 固定大小:数组的大小是固定的,在编译时确定,不能在运行时更改。一旦声明了一个数组,它的大小就不能再调整了。
- 同类型:数组的所有元素必须具有相同的类型。这意味着数组不能包含不同类型的元素。
- 连续内存:数组的元素存储在连续的内存位置。这意味着访问数组的元素是一个常量时间操作。
- 从 0 开始的索引:数组的元素从 0 开始索引。这意味着数组的第 1 个元素位于索引 0,第 2 个元素位于索引 1,依此类推。
- Stack-allocated:数组在栈上分配。这意味着它们可以快速分配和释放,但它们的大小受栈大小的限制。

在 Rust 中声明和初始化数组的示例如下:

```
let array_val: [i32; 3] = [1, 6, 8];
```

在以上示例中,array_val 是一个包含 3 个整数(i32)且值为 [1, 6, 8]。我们可以使用方括号和要访问的元素的从 0 开始的索引来访问数组的元素,如下所示:

```
let element1 = array_val[0]; // 1
let element2 = array_val[1]; // 6
let element3 = array_val[2]; // 8
```

(1) 声明和初始化数组

使用下面给出的语法在 Rust 中声明和初始化数组,语法如下:

```
//语法 1
let variable_name = [value1,value2,value3];
//语法 2
let variable_name:[dataType;size] = [value1,value2,value3];
//语法 3
let variable_name:[dataType;size] = [default_value_for_elements,size];
```

以上 3 种语法中，语法 1 中数组的类型是在初始化期间从数组第 1 个元素的数据类型推断出来的。以下示例明确指定数组的大小和数据类型。println!( ) 函数的 {:?} 语法用于打印数组中的所有值；len( ) 函数用于计算数组的大小，代码如下：

```
fn main(){
    let arr:[i32;4] = [10,20,30,40];
    println!("array is {:?}",arr);
    println!("array size is :{}",arr.len());
}
```

1）没有数据类型的数组示例。

以下程序声明了一个包含 4 个元素的数组。变量声明期间未明确指定数据类型。在这种情况下，数组将是整数类型。len( ) 函数用于计算数组的大小，代码如下：

```
fn main(){
    let arr = [10,20,30,40];
    println!("array is {:?}",arr);
    println!("array size is :{}",arr.len());
}
```

2）默认值示例。

以下示例创建一个数组并使用默认值-1 初始化其所有元素，代码如下：

```
fn main() {
    let arr:[i32;4] = [-1;4];
    println!("array is {:?}",arr);
    println!("array size is :{}",arr.len());
}
```

3）带有 for 循环的数组示例。

以下示例遍历数组并打印索引及其对应的值。循环检索从索引 0 到 4（最后一个数组元素的索引）的值，代码如下：

```
fn main(){
    let arr:[i32;4] = [10,20,30,40];
    println!("array is {:?}",arr);
    println!("array size is :{}",arr.len());

    for index in 0..4 {
        println!("index is: {} & value is : {}",index,arr[index]);
    }
}
```

4）使用 iter( ) 函数示例。

iter()函数获取数组中所有元素的值，示例代码如下：

```rust
fn main(){
    let arr:[i32;4] = [10,20,30,40];
    println!("array is {:?}",arr);
    println!("array size is :{}",arr.len());

    for val in arr.iter(){
        println!("value is :{}",val);
    }
}
```

5）可变数组。

mut 关键字可用于声明可变数组。以下示例声明一个可变数组并修改第 2 个数组元素的值，代码如下：

```rust
fn main(){
    let mut arr:[i32;4] = [10,20,30,40];
    arr[1] = 0;
    println!("{:?}",arr);
}
```

（2）将数组作为参数传递给函数

数组可以按值传递或按函数引用传递。按值传递的示例如下：

```rust
fn main() {
    let arr = [10,20,30];
    update(arr);

    print!("Inside main {:?}",arr);}
fn update(mut arr:[i32;3]){
    for i in 0..3 {
        arr[i] = 0;
    }
    println!("Inside update {:?}",arr);}
```

按引用传递的示例如下：

```rust
fn main() {
    let mut arr = [10,20,30];
    update(&mut arr);
    print!("Inside main {:?}",arr);
}
fn update(arr:&mut [i32;3]){
    for i in 0..3 {
        arr[i] = 0;
```

```
    }
    println!("Inside update {:?}",arr);
}
```

(3）数组声明和常量

通过下面给出的示例来理解数组声明和常量，代码如下：

```
fn main() {
    let N: usize = 20;
    let arr = [0; N]; //Error: non-constant used with constant
    print!("{}",arr[10])
}
```

编译器将导致异常。这是因为在编译时必须知道数组的长度。这里，变量"N"的值将在运行时确定。换句话说，变量不能用来定义数组的大小，但是，以下程序是有效的：

```
fn main() {
    const N: usize = 20;
    // pointer sized
    let arr = [0; N];

    print!("{}",arr[10])
}
```

以 const 关键字为前缀的标识符的值是在编译时定义的，不能在运行时更改。usize 是指针大小，因此它的实际大小取决于开发者正在编译程序的体系结构。

3. 切片

（1）什么是切片

切片是指向内存块的指针，可用于访问存储在连续内存块中的部分数据。它们可以与数组、向量和字符串等数据结构一起使用，并使用索引号来访问部分数据。切片的大小在运行时确定。

例如，切片可用于获取字符串值的一部分。切片字符串是指向实际字符串对象的指针，因此我们需要指定字符串的起始索引和结束索引。索引就像数组一样，从 0 开始，语法如下：

```
let sliced_value = &data_structure[start_index..end_index]
```

其中，最小索引值为 0，最大索引值为数据结构的大小-1。注意，end_index 不会包含在最终字符串中。

切片的示例如图 1-3 所示，字符串 HIRUST 有 6 个字符。第 1 个字符的索引是 0，最后一个字符的索引是 5。

以下代码从字符串中提取 4 个字符（从索引 2 开始），到索引 6 结束（不包含索引 6）。

● 图 1-3　切片的示例

```rust
fn main() {
    let str = "HIRUST".to_string();
    println!("Length of string is {}",str.len());
    let res = &str[2..6];

    println!("{}",res);
}
//Length of string is 6
//RUST
```

(2)可变切片

在 Rust 中,可变切片(mutable slice)允许开发者通过切片来修改数据结构的内容。为了创建一个可变切片,开发者需要一个可变的数据结构,并使用 &mut 引用来创建可变切片。可变切片的语法如下:

```rust
let mut sliced_value = &mut data_structure[start_index..end_index];
```

使用可变切片的详细示例如下:

```rust
fn main() {
    // 创建一个可变的数组
    let mut data_structure = [1, 6, 8, 9, 9];

    // 创建一个可变切片,包含数组中的部分元素
    let sliced_value = &mut data_structure[1..4];

    // 修改切片中的元素
    sliced_value[0] = 100;
    sliced_value[1] = 99;
    sliced_value[2] = 88;

    // 打印修改后的数组
    println!("{:?}", data_structure);
}
//[1, 100, 99, 88, 9]
```

4. 结构体

数组用于表示值的同类型集合。类似地,结构体是 Rust 中可用的另一种用户自定义的数据类型,它允许我们组合不同类型的数据项,包括另一种结构体。结构体将数据定义为键值对。

(1)声明结构体

struct 关键字用于声明结构体。由于结构体是静态类型的,因此结构体中的每个字段都必须与数据类型相关联。结构体的命名规则和约定类似于变量。结构体示例如下:

```rust
struct Name_of_structure {
    field1:data_type,
    field2:data_type,
    field3:data_type
}
```

对以上代码的说明如下：

- struct 关键字：用于定义一个结构体。它用于告诉编译器我们正在创建一个新的数据类型。
- Name_of_structure：结构体的名称。这个名称用于引用该结构体类型，可以是任何合法的标识符。按照惯例，结构体名称通常使用驼峰命名法。
- 花括号 {}：花括号内定义了结构体的字段。
- 字段定义：每个字段都有一个名称和一个数据类型，格式为 field_name：data_type。

（2）实战示例

1）定义结构体：

```rust
struct Person {
    name: String,
    age: u32,
    email: String,
}
```

以上代码定义了一个名为 Person 的结构体。Person 结构体有 3 个字段：

- name：类型为 String，表示人的名字。
- age：类型为 u32，表示人的年龄。
- email：类型为 String，表示电子邮件地址。

2）创建结构体实例。

通过结构体，我们可以创建包含这些字段值的实例：

```rust
let person = Person {
    name: String::from("Barry"),
    age: 30,
    email: String::from("alice@example.com"),
};
```

以上代码创建了一个 Person 结构体的实例 person，并为每个字段赋予了具体的值。

3）访问结构体字段。

我们可以通过点号（.）语法访问结构体的字段：

```rust
println!("Name: {}, Age: {}, Email: {}", person.name, person.age, person.email);
```

以上这行代码打印了 person 实例的 name、age 和 email 字段的值。

4）修改结构体字段。

如果结构体实例是可变的，我们还可以修改其字段的值：

```rust
let mut person = Person {
    name: String::from("Barry"),
    age: 30,
    email: String::from("alice@example.com"),
};
person.age = 31;
println!("Updated Age: {}", person.age);
```

以上代码我们将 person 的 age 字段从 30 修改为 31，并打印更新后的值。

5. 枚举

Rust 枚举（Enums）是一个强大的特性，它允许开发者定义一个类型，该类型的实例可以是几个可能的变体之一。Rust 的枚举不仅仅是简单的整数标签，还可以附带数据，非常类似于其他语言中的联合（Union）或代数数据类型（Algebraic Data Types，ADT）。

（1）定义枚举

枚举使用 enum 关键字定义。以下是一个简单的枚举定义示例：

```rust
enum Direction {
    North,
    South,
    East,
    West,
}
```

以上枚举 Direction 有 4 个变体：North、South、East 和 West。

（2）枚举与模式匹配

Rust 的 match 语句非常适合用于处理枚举。match 会根据枚举的不同变体执行不同的代码分支，示例如下：

```rust
fn direction_info(direction: Direction) {
    match direction {
        Direction::North => println!("Heading North!"),
        Direction::South => println!("Going South!"),
        Direction::East => println!("Moving East!"),
        Direction::West => println!("Turning West!"),
    }
}
```

(3）带数据的枚举

Rust 枚举的变体可以携带数据，这使得它们比简单的整数更有用，示例如下：

```
enum Message {
    Quit,
    Move { x: i32, y: i32 },
    Write(String),
    ChangeColor(i32, i32, i32),
}
```

以上枚举 Message 有 4 种不同的变体：

- Quit 不包含任何数据。
- Move 包含一个匿名结构体，存储两个 i32 类型值。
- Write 包含一个 String 类型值。
- ChangeColor 包含 3 个 i32 类型值。

以上枚举的数据可以在模式匹配中提取出来，示例如下：

```
fn process_message(msg: Message) {
    match msg {
        Message::Quit => println!("Quit message received."),
        Message::Move { x, y } => println!("Moving to coordinates: ({}, {}).", x, y),
        Message::Write(text) => println!("Text message: {}", text),
        Message::ChangeColor(r, g, b) => println!("Changing color to RGB({}, {}, {}).", r, g, b),
    }
}
```

(4）枚举方法

我们可以为枚举定义方法，就像为结构体定义方法一样。使用 impl 块来为枚举实现方法：

```
impl Message {
    fn call(&self) {
        match self {
            Message::Quit => println!("Quit message."),
            Message::Move { x, y } => println!("Move to ({}, {})", x, y),
            Message::Write(text) => println!("Write message: {}", text),
            Message::ChangeColor(r, g, b) => println!("Change color to RGB({}, {}, {})", r, g, b),
        }
    }
}
```

(5）Option 和 Result 枚举

Rust 标准库中有两个常用的枚举：Option 和 Result。

1) Option 枚举用于表示一个值要么存在（Some），要么不存在（None），示例如下：

```
fn divide(a: f64, b: f64) -> Option<f64> {
    if b == 0.0 {
        None
    } else {
        Some(a / b)
    }
}
```

2) Result 枚举用于表示操作可能成功（Ok），也可能失败（Err），示例如下：

```
fn divide(a: f64, b: f64) -> Result<f64, String> {
    if b == 0.0 {
        Err(String::from("Division by zero"))
    } else {
        Ok(a / b)
    }
}
```

▶▶ 1.4.3 字符串

1. 字符串字面量

当字符串的值在编译时已知，使用字符串文字（&str）。字符串文字是一组字符，它们被硬编码到一个变量中，例如：company = "Leastsoft"。字符串文字位于模块 std::str 中。字符串文字也称为字符串切片。

以下示例声明了 company 和 location 两个字符串文字：

```
fn main() {
    let company:&str="Leastsoft";
    let location:&str = "Chengdu";
    println!("company is : {} location :{}",company,location);
}
```

默认情况下，字符串文字是静态的。这意味着字符串文字保证在整个程序的持续时间内有效。我们还可以显式地将变量指定为静态变量，如下所示：

```
fn main() {
    let company:&'static str = "Leastsoft";
    let location:&'static str = "Chengdu";
    println!("company is : {} location :{}",company,location);
}
```

2. 字符串对象

字符串对象类型在标准库中提供。与字符串文字不同，字符串对象类型不是核心语言的一部分。它在标准库 pub struct String 中被定义为公共结构。字符串是一个可增长的集合。它是可变的和 UTF-8 编码类型。字符串对象类型可用于表示在运行时提供的字符串值。字符串对象分配在堆中。

最常见的创建方式是通过 String::from( ) 方法将字符串字面量转换为字符串对象：

```
let s = String::from("Hello, world!");
```

开发者也可以使用 to_string( ) 方法将 &str 转换为 String：

```
let s = "Hello, world!".to_string();
```

可以使用 String::new( ) 创建一个空的 String，然后再对其进行内容填充：

```
let mut s = String::new();
s.push_str("Hello");
s.push_str(", world!");
```

上面的示例创建了两个字符串：一个使用 new( ) 方法的空字符串对象和一个使用 from( ) 方法从字符串字面量中提取的字符串对象。字符串对象常用方法见表 1-6。

表 1-6　字符串对象常用方法

方法	描述
new( )	创建一个新的空字符串
to_string( )	将给定值转换为字符串
replace( )	用另一个字符串替换模式的所有匹配项
as_str( )	提取包含整个字符串的字符串切片
push( )	将给定的字符追加到此字符串的末尾
push_str( )	将给定的字符串切片附加到此字符串的末尾
len( )	返回此字符串的长度，以字节为单位
trim( )	返回删除了前导和尾随空格的字符串切片
split_whitespace( )	按空格拆分字符串切片并返回迭代器
split( )	返回此字符串切片的子字符串的迭代器，由模式匹配的字符分隔
chars( )	返回字符串切片字符的迭代器

使用 new( ) 方法创建一个空字符串对象，并将其值设置为 hello 的示例如下：

```
fn main(){
    let mut z = String::new();
```

```rust
    z.push_str("hello");
    println!("{}",z);
}
```

要访问 String 对象的所有方法，请使用 to_string( ) 函数将字符串文字转换为对象类型，示例如下：

```rust
fn main(){
    let name1 = "Hello Leastsoft,
    Hello!".to_string();
    println!("{}",name1);
}
```

3. 修改字符串

在 Rust 中，字符串的修改有一些特别的地方，String 类型是可变的，允许动态增长和修改内容，而 &str 类型是字符串的不可变引用，无法直接更改其内容。因此，当需要对字符串进行修改或动态操作时，应使用 String 类型，而 &str 适用于只读场景。以下是几种常见的修改字符串的方法：

（1）使用 String 类型进行字符串的修改

String 是 Rust 中一个可变的字符串类型。开发者可以通过 String 类型来修改字符串内容，例如追加、插入或删除内容等。

1）追加内容。如果想要追加内容，则可以使用 push 方法来追加单个字符，或使用 push_str( ) 方法来追加字符串切片，示例如下：

```rust
fn main() {
    let mut s = String::from("Hello");

    // 追加一个字符
    s.push(' ');

    // 追加一个字符串
    s.push_str("world!");

    println!("{}", s);          // 输出: "Hello world!"
}
```

2）插入内容。如果开发者想要插入内容，则可以使用 insert( ) 或 insert_str( ) 方法在指定位置插入字符或字符串，示例如下：

```rust
fn main() {
    let mut s = String::from("Hello world!");
```

```rust
    // 在索引 5 处插入字符
    s.insert(5, ',');

    // 在索引 7 处插入字符串
    s.insert_str(7, "beautiful ");

    println!("{}", s); // 输出: "Hello, beautiful world!"
}
```

3）删除内容。如果开发者想要删除或截断内容，则可以使用 pop( ) 方法移除最后一个字符，使用 remove( ) 方法移除指定位置的字符，使用 truncate( ) 方法可以将字符串截断到指定长度，示例如下：

```rust
fn main() {
    let mut s = String::from("Hello, world!");

    // 移除最后一个字符
    s.pop();

    // 移除索引为 5 的字符
    s.remove(5);

    // 截断字符串,使其长度为 5
    s.truncate(5);

    println!("{}", s); // 输出: "Hello"
}
```

4）替换内容。如果开发者想要替换内容，则可以使用 replace( ) 或 replacen( ) 方法替换字符串中的某些部分，示例如下：

```rust
fn main() {
    let mut s = String::from("I like apples");

    // 将 "apples" 替换为 "oranges"
    let new_s = s.replace("apples", "oranges");

    println!("{}", new_s); // 输出: "I like oranges"
}
```

(2) 修改字符串切片

字符串切片（&str）是不可变的，所以无法直接修改。如果需要修改内容，则通常需要先将其转换为 String 类型，示例如下：

```rust
fn main() {
    let s = "Hello, world!";

    // 转换为 String 类型以便修改
    let mut s = s.to_string();

    s.push('!');

    println!("{}", s);           // 输出: "Hello, world!!"
}
```

> **注意**
>
> 在 Rust 中，不能直接通过索引访问或修改字符串的字符，因为 Rust 字符串是 UTF-8 编码的，单个字符可能占用多个字节。在修改字符串时，特别是在插入和删除操作时，可能涉及内存的重新分配，尤其是当字符串变得更长时。

4. 类型转换

（1）字符串转数值

可以使用 parse() 方法将字符串转换为数值类型，示例如下：

```rust
fn main() {
    let my_str = "66";
    let my_num: i32 = my_str.parse().unwrap();

    println!("The number is: {}", my_num);
}
```

（2）数值转字符串

可以使用 to_string() 方法将数值类型转换为字符串，示例如下：

```rust
fn main() {
    let my_num = 66;
    let my_str = my_num.to_string();

    println!("The string is: {}", my_str);
}
```

5. 格式化字符串

在 Rust 中，格式化字符串通常使用宏 format!、print!、println! 等，这些宏提供了类似于其他编程语言中字符串格式化的功能。下面是一些常用的格式化方法和技巧。

（1）使用 format! 宏

format! 宏可以创建一个格式化的字符串，而不输出到控制台，它返回一个 String 类型，示例如下。

```rust
fn main() {
    let name = "Shirdon";
    let age = 18;

    let formatted_str = format!("My name is {} and I am {} years old.", name, age);
    println!("{}", formatted_str); // 输出: "My name is Shirdon and I am 18 years old."
}
```

（2）使用 print! 和 println! 宏

print! 和 println! 宏用于将格式化的字符串输出到控制台。println! 会在输出后自动添加一个换行符，示例如下。

```rust
fn main() {
    let name = "Barry";
    let age = 18;

    print!("My name is {} and I am {} years old.", name, age);
    println!(" I love Rust!"); // 输出: "My name is Barry and I am 18 years old. I love Rust!"
}
```

（3）占位符与格式化

Rust 中的格式化字符串支持多种占位符和格式化选项。

1）基本占位符。

基本的 {} 占位符会自动替换为传入的参数，示例如下。

```rust
fn main() {
    let x = 5;
    let y = 10;
    println!("x = {}, y = {}", x, y); // 输出: "x = 5, y = 10"
}
```

2）指定位置。

可以通过 {} 中的索引来指定参数的位置，示例如下。

```rust
fn main() {
    let x = 5;
    let y = 10;
    println!("{0} + {1} = {2}", x, y, x + y); // 输出: "5 + 10 = 15"
}
```

3）命名参数。

可以使用命名参数进行格式化，示例如下。

```
fn main() {
    let name = "Barry";
    let age = 18;
    println!("{name} is {age} years old.", name=name, age=age); // 输出: "Barry is 18 years old."
}
```

4）指定格式。

可以在占位符中使用格式化指令。例如，指定浮点数的精度，示例如下：

```
fn main() {
    let pi = 3.141592;
    println!("Pi is approximately {:.2}", pi); // 输出: "Pi is approximately 3.14"
}
```

5）填充和对齐。

可以指定字符串的填充字符和对齐方式，示例如下：

```
fn main() {
    let num = 42;
    println!("{:>5}", num);      // 右对齐,输出: "   42"
    println!("{:0>5}", num);     // 用 0 填充,右对齐,输出: "00042"
    println!("{:<5}", num);      // 左对齐,输出: "42   "
}
```

6）进制和其他格式。

可以用不同的进制或格式输出数值，示例如下。

```
fn main() {
    let num = 255;
    println!("Binary: {:b}", num);   // 输出二进制: "Binary: 11111111"
    println!("Hex: {:x}", num);      // 输出十六进制: "Hex: ff"
    println!("Octal: {:o}", num);    // 输出八进制: "Octal: 377"
}
```

（4）转义字符

在格式化字符串中使用 {} 等字符时，可以通过 {{ 和 }} 来进行转义。

```
fn main() {
    println!("{{}}"); // 输出: "{}"
}
```

1.5 函数与闭包

1.5.1 函数

函数是可读、可维护和可重用代码的构建块，是执行特定任务的一组语句。函数将程序组织成逻辑代码块，一旦定义，就可以通过调用函数来访问代码，这使得代码可重用。此外，函数使程序代码的阅读和维护变得容易。通过函数声明告诉编译器函数的名称、返回类型和参数。函数定义提供函数的实际主体。

1. 函数定义

函数定义指定了特定任务将完成什么以及如何完成。在使用一个函数之前，它必须被定义。函数体包含函数应执行的代码。函数的命名规则与变量的命名规则类似。函数是使用 fn 关键字定义的，函数名通常使用蛇形命名法（snake_case）。一个函数通常包含以下几个部分：

- 函数名：使用小写字母和下画线（_）来分隔单词，例如 function_name。
- 参数列表：在括号（）内，可以有 0 个或多个参数，每个参数需要指定其类型。
- 函数体：用花括号 {} 包裹，包含函数的逻辑代码。

（1）函数定义的形式

```
fn function_name(param1: Type1, param2: Type2, ..., paramN: TypeN) {
    // 函数体
}
```

对以上代码的详细解释如下：

- fn：定义函数的关键字，表示接下来是一个函数的定义。
- function_name：函数名。函数名是程序员给这个函数的标识符，用于在其他地方调用该函数。
- param1，param2，...，paramN：函数的参数列表。每个参数都需要指定名称和类型，格式为：param_name: param_type。函数参数是传递给函数的输入值，可以在函数体内使用它们。
- 函数体 {}：包含在花括号内的代码块是函数的主体。代码块执行函数的主要逻辑。函数体内的代码会按照编写顺序依次执行，可以包含变量定义、表达式、控制流语句（如 if，for，while 等），以及其他逻辑。函数可以使用 return 关键字返回一个值，也可以直接写一个表达式作为最后一行来返回一个值（当不使用"；"结束该行时）。

（2）Rust 函数示例

```
fn multiply(x: i32, y: i32) -> i32 {
    x * y // 返回值:这是一个表达式,没有分号
}
```

对以上代码的详细解释如下：
- fn multiply(x : i32, y : i32) -> i32 语句定义了一个名为 multiply( ) 的函数，它接收两个 i32 类型的参数 x 和 y，并返回一个 i32 类型的值。
- x * y 表示 x 和 y 的乘积。由于这个表达式没有分号，它的结果会作为返回值返回。

2. 函数调用

（1）函数调用语法

调用函数的基本语法如下：

```
function_name(arg1, arg2, ..., argN);
```

详细解释如下：
- function_name：要调用的函数的名称。
- arg1，arg2，...，argN：函数调用时传递给函数的参数，参数的数量和类型需要与函数定义时的参数相匹配。

（2）调用函数的示例

假设我们有以下函数定义：

```
fn func_example(name: &str) {
    println!("Hi, {}!", name);
}

fn main() {
    func_example("ShirDon Liao");
}
// ./funcExample1
// Hi, ShirDon Liao!
```

在以上示例中，函数 func_example( ) 接收一个字符串切片（&str）作为参数，并打印出一个问候语句。

（3）函数调用的返回值

如果函数有返回值，则可以通过函数调用来获取该返回值。以下是一个带有返回值的函数定义及其调用示例：

```
fn add(x: i32, y: i32) -> i32 {
    x + y // 返回 x 和 y 的和
```

```
    }

    fn main() {
        let result = add(8, 10);              // 调用 add() 函数并将结果赋值给 result
        println!("The result is: {}", result);
    }
    // ./funcExample2
    // The result is: 18
```

对以上代码的解释如下：

- fn add(x: i32, y: i32) -> i32 语句定义了一个函数 add()，接收两个 i32 类型的参数，并返回一个 i32 类型的值（两个参数的和）。
- add(8, 10)是一个函数调用，传入了两个整数 8 和 10 作为参数。
- let result = add(8, 10); 语句调用 add() 函数并将其返回值赋给变量 result。

> **注意**
>
> 函数调用中的注意事项如下：
> - 参数类型匹配：函数调用时，传递的参数类型必须与函数定义时声明的参数类型匹配，否则会导致编译错误。例如，如果 add() 函数需要两个 i32 类型的参数，传递 f64 类型的参数将会报错。
> - 函数返回值：函数调用可以有返回值。Rust 中，如果一个函数的返回类型不是 ()（即空元组），就表示它返回一个值。返回值可以赋值给变量，也可以直接使用。
> - 函数调用的顺序：Rust 是按照代码的顺序从上到下执行的。因此，函数必须在调用之前被定义或者声明。

3. 带参数的函数

参数是一种将值传递给函数的机制。参数是构成函数签名的一部分。参数值在调用期间传递给函数。除非明确指定，否则传递给函数的值的数量必须与定义的参数数量相匹配。

在 Rust 中，函数参数可以通过两种方式传递：值传递（pass by value）和引用传递（pass by reference）。这两种传递方式决定了参数在函数内部如何被使用和修改。以下是详细讲解。

（1）值传递

按值传递是指将参数的值复制一份传递给函数。函数内部对参数的修改不会影响到原始数据，因为函数操作的是参数的副本，而不是原始数据本身。值传递适用于小型数据（如整数、浮点数等）的传递，因为复制操作的成本较低。对于大型或堆分配的数据类型（如 String、Vec 等），按值传递会导致所有权转移，且成本较高。

值传递的示例如下：

```rust
fn by_value(s: String) {
    println!("I love Rust Programming: {}", s);
}

fn main() {
    let str = String::from("Hi, Rust!");
    by_value(str); // 按值传递
}
// ./funcExample3
// I love Rust Programming: Hi, Rust!
```

在以上代码中，by_value() 函数接收一个 String 类型参数 s。由于 String 是一个堆分配类型，按值传递意味着所有权（ownership）被转移。

（2）引用传递

引用传递（pass by reference）是指将参数的引用传递给函数，而不是值的副本。函数内部可以访问或读取引用指向的数据，但默认情况下不能修改数据，因为引用是不可变的（&T）。如果需要修改数据，可以使用可变引用（&mut T）。不可变引用的示例如下：

```rust
fn print_string(s: &String) {
    println!("The string is: {}", s);
}

fn main() {
    let str = String::from("Hi, Rust!");
    print_string(&str); // 通过不可变引用传递

    println!("I love you: {}", str); // str 仍然有效
}
// ./funcExample4
// The string is: Hi, Rust!
// I love you: Hi, Rust!
```

对以上代码的解释如下：

- print_string() 函数接收一个 &String 类型参数 s，这意味着它接收一个 String 的引用。
- 调用 print_string() 时，通过 &str 传递一个不可变引用。这种方式不会转移所有权，只是借用了 str。

可变引用的示例如下：

```rust
fn change_string(s: &mut String) {
    s.push_str(", it's a good language!");
}
```

```rust
fn main() {
    let mut str = String::from("Rust!");
    change_string(&mut str); // 通过可变引用传递

    println!("I love you: {}", str);
}
// ./funcExample5
// I love you: Rust!, it's a good language!
```

对以上代码的解释如下：
- change_string() 函数接收一个 &mut String 类型参数 s，表示它接收一个可变引用，允许函数内部修改引用指向的数据。
- 调用 change_string() 时，使用 &mut str 传递可变引用，函数可以对 str 进行修改。

（3）按值传递与按引用传递的区别
- 按值传递：适合在函数内部只需要使用数据的副本，不需要返回或修改原始数据的情况。小型数据类型（如整数、布尔值、浮点数等）通常按值传递，因为复制成本低且不需要担心所有权问题。
- 按引用传递：适合在函数内部需要访问但不需要修改数据，或需要修改数据而不想转移所有权的情况。对于大型数据类型（如 String、Vec 等），通过引用传递可以避免复制大量数据的成本。

按值传递与按引用传递的区别见表 1-7。

表 1-7 按值传递与按引用传递的区别

特性	按值传递	按引用传递
数据的所有权	转移给函数内部	不转移所有权，仅借用
原始数据是否可修改	不可修改（函数内部只操作副本）	默认不可修改（使用不可变引用） 可修改（使用可变引用）
数据使用后的有效性	原始数据无效	原始数据依然有效
适用场景	小型数据（如基本数据类型）	大型数据（如堆分配数据）
函数参数声明的方式	fn function_name(x:T)	fn function_name(x:&T) 或 fn function_name(x:&mut T)

▶ 1.5.2 闭包

有时为了更好的清晰度和重用性，将函数和自由变量包装起来很有用。可以使用的自由变量来自封闭范围，并且在函数中使用时被"关闭"。由此，我们得到了"闭包"这个名字，Rust

提供了一个非常好的闭包实现，正如我们将看到的那样。

闭包（Closure）是 Rust 中一种特殊类型的函数，它能够捕获并使用其定义上下文中的变量。闭包可以存储在变量中，作为参数传递给其他函数，甚至可以作为函数的返回值。闭包的核心特点是能够"捕获"它们所处环境中的变量，这与普通函数不同。

1. 闭包的基本语法

闭包的语法非常简洁，一般形式如下：

```
let closure_name = |param1, param2| {
    // 闭包体
};
```

或者更简短一些：

```
let closure_name = |param1, param2| expr;
```

其中，|param1, param2|部分定义了闭包的参数列表，而闭包体则是执行的逻辑。闭包体可以是一个块（包含多条语句）或者单个表达式。

2. 闭包捕获变量的方式

闭包可以通过 3 种方式捕获变量：
- 按值捕获（move）：闭包获取变量的所有权。
- 按借用捕获（借用不可变引用）：闭包借用变量的不可变引用。
- 按可变借用捕获（借用可变引用）：闭包借用变量的可变引用。

闭包捕获变量的方式的示例如下：

```rust
fn main() {
    let x = 6;
    let y = 8;

    // 通过不可变借用捕获 x
    let closure1 = || println!("x: {}", x);
    closure1();

    // 通过可变借用捕获 y
    let mut closure2 = || y + 1;
    println!("y + 1: {}", closure2());

    // 通过 move 关键字按值捕获
    let closure3 = move || x + y;
    println!("x + y: {}", closure3());
}
// ./closureExample1
```

```
// x: 6
// y + 1: 9
// x + y: 14
```

在以上示例中,closure1 按不可变借用捕获了 x,closure2 按可变借用捕获了 y,而 closure3 则通过 move 关键字按值捕获了 x 和 y。

3. 闭包的类型推断与特性

Rust 闭包的一个显著特性是它们的类型可以自动推断。这是因为 Rust 闭包通常会"捕获"或"借用"其定义时所在的环境,这样闭包就能访问或修改其环境中的变量。

类型推断的规则如下:

- **参数类型自动推断**:闭包的参数类型通常是由其第 1 次使用时的上下文来推断的。
- **闭包的返回类型自动推断**:闭包的返回类型同样会根据闭包体的最后一行语句推断。如果闭包体内的最后一个表达式是一个值,那么闭包将返回该值的类型。
- **闭包类型不固定**:闭包类型是 Rust 编译器自动生成的匿名类型,不能直接作为函数签名的一部分传递。例如,不能显式地写出一个类型为 Fn(i32) -> i32 的闭包类型。相反,需要使用 impl Trait 或泛型参数来接收闭包。

以下示例是一个具有自动类型推断的闭包:

```
fn main() {
    let closure_example = |name| format!("Hi, {}!", name);
    println!("{}", closure_example("Shirdon"));
}
// ./closureExample2
// Hi, Shirdon!
```

在此例中,closure_example 是一个闭包,接收一个参数 name,返回一个 String。Rust 自动推断 name 的类型为 &str,返回类型为 String。

4. Fn、FnMut 和 FnOnce

Rust 定义了三种闭包特征(trait),它们表示闭包的不同调用方式:

- **Fn**:表示闭包只从环境中借用了不可变引用。
- **FnMut**:表示闭包从环境中借用了可变引用,因此可以修改环境中的变量。
- **FnOnce**:表示闭包获取了环境中变量的所有权,因此只能被调用一次。

闭包可以自动实现这些特征,Rust 编译器会根据上下文推断闭包需要实现哪个特征。

三种闭包特征的示例如下:

```
fn closure_fn<F: Fn()>(f: F) {
    f();
```

```rust
}

fn closure_fn_mut<F: FnMut()>(mut f: F) {
    f();
}

fn closure_fn_once<F: FnOnce()>(f: F) {
    f();
}

fn main() {
    let s = String::from("Hi");

    //'Fn'闭包
    let print_s = || println!("{}", s);
    closure_fn(print_s); // 可以多次调用

    let mut count = 0;

    //'FnMut'闭包
    let mut increment = || count += 1;
    closure_fn_mut(increment); // 必须使用'mut'

    let s2 = String::from("Rust");

    //'FnOnce'闭包
    let consume_s = move || println!("{}", s2);
    closure_fn_once(consume_s); // 只能调用一次
}
// ./closureExample3
// Hi
// Rust
```

5. 闭包作为参数

闭包可以作为函数参数传递,参数类型可以是 Fn、FnMut 或 FnOnce,具体取决于闭包如何使用捕获的变量,示例如下:

```rust
fn closure_example<F>(f: F) -> i32
where
    F: Fn(i32) -> i32,
{
    f(6)
}
```

```
fn main() {
    let result = closure_example(|x|x + 1);
    println!("Result: {}", result);
}
// ./closureExample4
// Result: 7
```

在以上示例中，closure_example()函数接收一个闭包 f 作为参数，该闭包的类型必须实现 Fn trait，并且能接收一个 i32 类型的参数并返回 i32 类型的值。

1.6 类型系统

1.6.1 泛型

泛型（Generics）是一种使代码更加灵活和可重用的强大工具。通过使用泛型，开发者可以编写适用于多种数据类型的函数、结构体、枚举和方法，而无须为每个类型单独编写代码。泛型的核心思想是通过类型参数来抽象出不同的数据类型，从而实现代码的复用和灵活性。

1. 泛型基础

在 Rust 中，泛型使用尖括号（<>）来定义。最常见的泛型定义是在函数中，示例如下：

```
fn compare<T: PartialOrd + Copy>(a: T, b: T) -> T {
    if a > b {
        a
    } else {
        b
    }
}

fn main() {
    let number1 = 6;
    let number2 = 8;
    let bigger_number = compare(number1, number2);
    println!("The bigger number is: {}", bigger_number);

    let char1 = 'c';
    let char2 = 'd';
    let bigger_char = compare(char1, char2);
    println!("The bigger character is: {}", bigger_char);
}
```

```
// ./genericsExample1
// The bigger number is: 8
// The bigger character is: d
```

在以上示例中，compare() 函数接收一个泛型类型 T 的切片 list 作为参数，并返回 T 类型的引用。T: PartialOrd 是一个类型约束，它表明 T 类型必须实现 PartialOrd trait，这样 > 操作符才能在 T 类型上使用。

2. 泛型结构体

泛型不仅可以用于函数，还可以用于结构体。这样可以让结构体的字段支持多种类型。泛型结构体（Generic Structs）使用泛型参数，使得它们能够存储和操作不同类型的数据。

Rust 的泛型结构体使用尖括号（<>）来定义一个或多个类型参数。以下是一个简单的泛型结构体示例：

```
struct Point<T> {
    x: T,
    y: T,
}
```

在以上示例中，Point 是一个泛型结构体，T 是一个类型参数，可以是任意类型。x 和 y 字段的类型都为 T。创建泛型结构体的实例时，需要为类型参数指定具体的类型，示例如下：

```
struct Point<T> {
    x: T,
    y: T,
}

fn main() {
    let integer_point = Point { x: 6, y: 8 };
    let float_point = Point { x: 6.0, y: 8.0 };

    println!("Integer Point: ({}, {})", integer_point.x, integer_point.y);
    println!("Float Point: ({}, {})", float_point.x, float_point.y);
}
// ./genericsExample2
// Integer Point: (6, 8)
// Float Point: (6, 8)
```

在以上示例中，我们创建了两个 Point 的实例，一个用于 i32 类型的整数，另一个用于 f64 类型的浮点数。由于 Point 是泛型的，可以用于不同的数据类型。

3. 泛型枚举

泛型枚举（Generic Enums）则允许枚举的每个变体持有不同类型的数据。通过使用泛型，枚举可以在不固定数据类型的情况下，适应多种用途和情况。例如，标准库中的 Option 和 Result 枚举就是使用泛型定义的，示例如下：

```
enum Option<T> {
    Some(T),
    None,
}

enum Result<T, E> {
    Ok(T),
    Err(E),
}
```

Option<T> 枚举可以表示存在或不存在的值，而 Result<T, E> 枚举则可以表示操作的成功或失败，并携带成功的值 T 或错误信息 E。

4. 泛型方法

泛型方法是指在方法定义中使用泛型参数，使得该方法能够处理多种类型的数据。泛型方法可以定义在结构体、枚举或实现块中，为这些类型提供更具通用性的功能。泛型方法的定义与泛型结构体或枚举的定义类似，使用尖括号（<>）来指定类型参数。下面是一个包含泛型方法的简单结构体，示例如下：

```
struct Point<T> {
    x: T,
    y: T,
}

impl<T> Point<T> {
    fn new(x: T, y: T) -> Self {
        Point { x, y }
    }
}
```

在以上示例中，Point<T> 是一个泛型结构体，T 是它的泛型参数。我们在 impl<T> 块中为 Point 定义了一个名为 new() 的泛型方法，该方法接收两个参数 x 和 y，它们的类型都是 T，并返回一个新的 Point 实例。

创建结构体的实例时，可以使用泛型方法 new()，示例如下：

```
fn main() {
    let integer_point = Point::new(6, 8);
    let float_point = Point::new(6.0, 8.0);
```

```
        println!("Integer Point: ({}, {})", integer_point.x, integer_point.y);
        println!("Float Point: ({}, {})", float_point.x, float_point.y);
    }
    // ./genericsExample4
    // Integer Point: (6, 8)
    // Float Point: (6, 8)
```

在以上代码中，Point::new() 方法被用来创建不同类型的 Point 实例（i32 和 f64）。由于 new() 方法是泛型的，它能够接收不同的类型参数并正确创建结构体实例。

▶▶ 1.6.2　trait

Rust 的 trait 系统是该语言的重要特性之一，它提供了一种方式来定义共享的行为，并使不同类型实现这些行为。trait 类似于其他编程语言中的接口或抽象基类，但它更灵活，并且与 Rust 的所有权、生命周期和泛型系统紧密集成。

1. trait 基础

在 Rust 中，trait 是一种定义共享行为的方式，类似于其他语言中的接口。trait 可以包含方法签名（可以有默认实现），类型可以实现这些 trait 以表明它们具备这些行为。

定义一个简单的 trait 示例如下：

```
trait Summary {
    fn summarize(&self) -> String;
}
```

在以上示例中，Summary 是一个 trait，定义了一个名为 summarize 的方法，该方法接收一个不可变引用 &self，并返回一个 String。

2. 为类型实现 trait

开发者可以为任意类型实现一个或多个 trait。这包括标准库中的类型和开发者自己定义的类型。实现 trait 时，需要使用 impl 关键字，示例如下：

```
struct NewsArticle {
    headline: String,
    content: String,
}

impl Summary for NewsArticle {
    fn summarize(&self) -> String {
        format!("{}: {}", self.headline, self.content)
    }
}
```

在以上示例中,我们为 NewsArticle 类型实现了 Summary trait,并定义了 summarize 方法的具体行为。

3. trait 默认实现

Rust 允许在定义 trait 时为其中的一些或全部方法提供默认实现。如果某个类型实现了这个 trait,但不提供某个方法的具体实现,那么会使用默认实现,示例如下:

```rust
trait Summary {
    fn summarize(&self) -> String {
        String::from("(Read more...)")
    }
}
```

在以上示例中,summarize 方法有一个默认实现。如果类型实现了 Summary trait,但没有提供 summarize 的实现,将会使用这个默认的行为。

4. trait 约束

trait 可以作为泛型参数的约束条件,限定泛型类型必须实现某些 trait。这种约束通常用于函数或结构体中,示例如下:

```rust
fn notify<T: Summary>(item: &T) {
    println!("notify!{}", item.summarize());
}
```

在以上示例中,notify 函数接收任何实现了 Summary trait 的类型 T 作为参数。这个约束 T: Summary 确保 item 类型具有 summarize 方法。

5. 多个 trait 约束

Rust 允许为泛型参数添加多个 trait 约束,使用 + 来连接,示例如下:

```rust
fn notify_with_display<T: Summary + Display>(item: &T) {
    println!("notify!{}", item.summarize());
}
```

在以上示例中,T 类型必须同时实现 Summary 和 Display 这两个 trait。

6. where 语句

当多个 trait 约束或泛型类型参数复杂时,可以使用 where 子句来提高代码的可读性,示例如下:

```rust
fn notify_with_where<T>(item: &T)
where
    T: Summary + Display,
{
```

```rust
        println!("notify!{}", item.summarize());
    }
```

where 子句使得复杂的 trait 约束更容易阅读和理解。

7. trait 作为返回类型

开发者可以返回一个实现了特定 trait 的类型，而不需要明确指定类型本身。这通常与 impl trait 关键字结合使用，示例如下：

```rust
fn returns_summarizable() -> impl Summary {
    NewsArticle {
        headline: String::from("Rust Web Programming"),
        content: String::from("is good"),
    }
}
```

在以上示例中，returns_summarizable 函数返回一个实现了 Summary trait 的类型。

▶▶ 1.6.3 类型转换

Rust 的类型转换主要分为显式转换和隐式转换。因为 Rust 是一门强类型语言，所以它避免了自动类型转换带来的潜在错误。因此，大多数情况下开发者需要显式地进行类型转换。

1. 显式类型转换

显式类型转换使用关键字 as 来将一种数据类型转换为另一种数据类型。Rust 是一种强类型语言，类型转换必须是显式的，以避免隐式转换带来的潜在错误和不安全行为。as 关键字用于执行这种显式的类型转换，尤其是在数值类型之间的转换时。

（1）数值类型转换

数值类型转换是 as 的最常见用途之一。在 Rust 中，数值类型有不同的大小（如 8 位、16 位、32 位、64 位）和符号（有符号和无符号）。为了避免数据丢失或溢出，Rust 不允许在不同数值类型之间进行隐式转换，必须使用 as 进行显式转换。数值类型转换的示例如下：

```rust
fn main() {
    let x: i32 = 88;
    let y: u32 = x as u32; // 将 i32 类型转换为 u32 类型
    println!("i32 转换为 u32: {}", y);

    let a: f64 = 6.88;
    let b: i32 = a as i32; // 将 f64 类型转换为 i32 类型(小数部分被截断)
    println!("f64 转换为 i32: {}", b);

    let c: u8 = 99;
```

```
        let d: i16 = c as i16; // 将 u8 类型转换为 i16 类型
        println!("u8 转换为 i16: {}", d);
    }
    // ./asExample1
    // i32 转换为 u32: 88
    // f64 转换为 i32: 6
    // u8 转换为 i16: 99
```

在上述代码中：
- x 是一个 i32 类型的整数，通过 as 转换为 u32 类型。
- a 是一个 f64 类型的浮点数，通过 as 转换为 i32 类型，小数部分被截断。
- c 是一个 u8 类型的整数，通过 as 转换为 i16 类型。

（2）浮点数和整数之间的转换

浮点数和整数之间的转换会截断小数部分，示例如下：

```
    fn main() {
        let pi: f64 = 6.88;
        let integer_pi: i32 = pi as i32;
        println!("f64 转换为 i32: {}", integer_pi);
    }
    // ./asExample2
    // f64 转换为 i32: 6
```

以上这种转换不会进行四舍五入，只是简单地删除小数部分。

（3）类型转换与类型别名

as 还可以用于类型别名的转换。例如，将 usize 类型转换为 u64 类型，示例如下：

```
    fn main() {
        let size: usize = 88;
        let new_size: u64 = size as u64;
        println!("usize 转换为 u64: {}", new_size);
    }
    // ./asExample3
    // usize 转换为 u64: 88
```

2. From 与 Into

Rust 中有两个重要的 trait，用于安全地进行类型转换，它们是 From 和 Into。这两个 trait 允许开发者在不同的类型之间进行显式转换，但它们提供了一种更具鲁棒性和安全的方式。

（1）From trait

From trait 提供了一种类型安全的转换方式，通常用于类型之间的显式转换。实现了 From 的类型可以通过 from 函数进行转换，示例如下：

```rust
fn main() {
    let s = String::from("Hi");
    let str_slice: &str = &s;
    println!("{}", str_slice);
}
// ./fromExample1
// Hi
```

在以上示例中,String 类型实现了 From<&str>,因此可以从字符串切片中创建 String。开发者也可以为自定义类型实现 From,示例如下:

```rust
struct Point {
    x: i32,
    y: i32,
}

impl From<(i32, i32)> for Point {
    fn from(tuple: (i32, i32)) -> Self {
        Point {
            x: tuple.0,
            y: tuple.1,
        }
    }
}

fn main() {
    let point = Point::from((6, 8));
    println!("Point: ({}, {})", point.x, point.y);
}
// ./fromExample2
// Point: (6, 8)
```

(2) Into trait

Into 是 From 的逆操作,如果开发者实现了 From trait,那么 Into trait 会自动实现。使用 into() 方法可以将一个类型显式地转换为另一个类型,示例如下:

```rust
fn main() {
    let s: String = "Hi".into();
    println!("{}", s);
}
// ./intoExample1
// Hi
```

以上代码中 into() 会调用 String 的 From<&str> 实现,自动进行转换。

(3) From 和 Into 区别
- From：实现 From trait 的类型可以使用 from( ) 方法进行转换。
- Into：实现 From trait 后，自动获得 into( ) 方法，允许通过 into( ) 方法进行类型转换。

Into 比 From 更加通用，通常在函数参数中使用 Into，因为它提供了更灵活的转换方式，示例如下：

```rust
fn convert_func<T: Into<String>>(input: T) -> String {
    input.into()
}

fn main() {
    let s1 = convert_func("Hi");
    let s2 = convert_func(String::from("Rust"));
    println!("{}, {}", s1, s2);
}
// ./intoExample2
// Hi, Rust
```

在以上示例中，convert_func( ) 函数可以接收任何能够转换为 String 的类型，例如字符串切片或现有的 String。

3. TryFrom 和 TryInto

TryFrom 和 TryInto 是标准库中定义的两个 trait，用于进行可失败的类型转换。这些 trait 主要用于需要执行可能失败的类型转换场景，比如从字符串转换为数字类型时，因为输入格式不正确而可能失败。TryFrom 和 TryInto 提供了一种安全的方式来处理这些转换，并返回 Result 类型以表示成功或失败的状态。

1）TryFrom 用法。TryFrom trait 通常用于从一种类型转换为另一种类型，并在转换可能失败时返回一个 Result。让我们来看一个简单的例子：将 i32 类型转换为 u8 类型。如果 i32 类型的值超出了 u8 类型的范围（0~255），那么转换就会失败，示例如下：

```rust
use std::convert::TryFrom; // 引入 TryFrom trait

fn main() {
    let value: i32 = 88;

    // 尝试将 i32 类型转换为 u8 类型
    let result = u8::try_from(value);

    match result {
```

```
        Ok(v) => println!("成功转换为 u8: {}", v),
        Err(e) => println!("转换失败: {}", e),
    }
}
// ./tryFromExample1
// 成功转换为 u8: 88
```

在以上示例中，u8::try_from（value）尝试将一个 i32 类型的值转换为 u8 类型。如果转换成功，Result 的 Ok 分支将包含转换后的值；如果失败，则 Err 分支将包含错误信息。

2）TryInto 用法。TryInto 是 TryFrom 的对偶，所以它的工作原理与 TryFrom 类似，但需从目标类型的角度出发。只要开发者为类型实现了 TryFrom，就可以使用 TryInto 来完成相同的转换，示例如下：

```
use std::convert::TryInto; // 引入 TryInto trait

fn main() {
    let value: i32 = 88;

    // 使用 TryInto 进行类型转换
    let result: Result<u8, _> = value.try_into();

    match result {
        Ok(v) => println!("成功转换为 u8: {}", v),
        Err(e) => println!("转换失败: {}", e),
    }
}
// ./tryIntoExample1
// 成功转换为 u8: 88
```

在以上示例中，value.try_into() 使用 TryInto trait 从 i32 类型转换为 u8 类型。结果是一个 Result 类型，表明转换成功或失败。

4. 类型转换中的溢出处理

Rust 提供了多种检查溢出的方式。对于数值转换，可以使用 checked_、wrapping_、overflowing_ 和 saturating_ 等方法来控制溢出行为。

（1）checked_ 方法

checked_ 方法会在溢出时返回 None，示例如下：

```
fn main() {
    // 使用 checked_add 方法进行安全的加法运算,防止溢出
    let result = u8::checked_add(6, 250);
```

```rust
        // 使用 match 表达式匹配 result 的值
        match result {
            // 如果返回 Some(值),说明加法成功且未发生溢出
            Some(val) => println!("Sum: {}", val),          // 打印计算的和
            // 如果返回 None,说明加法结果超出 u8 的范围,发生溢出
            None => println!("溢出了"),                      // 打印溢出信息
        }
    }
    // ./checkedExample1
    // 溢出了
```

(2) saturating_ 方法

saturating_ 方法在溢出时会返回最大值或最小值,示例如下:

```rust
    fn main() {
        // 如果结果超出了 u8 类型的最大值(255),则返回 255(即饱和值)
        // 如果结果在范围内,则返回正常的加法结果
        let result = u8::saturating_add(250, 50);

        // 打印饱和加法的结果
        // 输出: Saturated sum: 255
        println!("Saturated sum: {}", result);
    }
    // ./saturatingExample1
    // Saturated sum: 255
```

5. 类型转换与泛型

在 Rust 中,类型转换通常与泛型和 trait 约束结合使用。例如,开发者可以为泛型类型实现 From 或 Into,从而实现通用的类型转换,示例如下:

```rust
    // 定义一个泛型函数 convert,它接收一个泛型参数 T
    // 泛型参数 T 必须实现 Into<String> 特征,这意味着 T 可以被转换为 String 类型
    fn convert<T: Into<String>>(input: T) -> String {
        // 使用 into() 方法将 input 转换为 String 类型
        input.into()
    }

    fn main() {
        // 调用 convert 函数,将字符串字面值 "Hi" 传入
        // 字符串字面值是 &str 类型,但它可以被转换为 String,因为 &str 实现了 Into<String> 特征
        let s: String = convert("Hi");

        // 打印转换后的字符串
        println!("{}", s);
```

```
}
// ./convertExample1
// Hi
```

对以上代码的说明如下：

- convert() 函数：一个泛型函数，接收一个类型为 T 的参数，要求类型 T 实现了 Into<String> 特征。这个特征表示任何实现了它的类型都可以被转换为 String。
- input.into()：调用 into() 方法将输入的 T 类型转换为 String。Rust 的类型系统会根据 T 实现的 Into<String> 特征来自动完成这个转换。

1.7 本章小结

本章讲解了 Rust 简介、第 1 个 Rust 程序、Rust 基础语法、Rust 数据类型、函数与闭包、类型系统 6 个小节的内容，帮助初学者了解 Rust 的基础知识，为后续章节打好基础。

第 2 章

Rust 基础

2.1 所有权系统

2.1.1 所有权机制

Rust 的所有权机制（Ownership System）是 Rust 语言独特的一种内存管理方式，它通过所有权（Ownership）、借用（Borrowing）和生命周期（Lifetime）的概念来保证内存安全，避免了手动内存管理（如 C/C++中的 malloc 和 free）所带来的各种问题。

1. 所有权的基本概念

在 Rust 中，每一个值都有一个所有者（owner），这个所有者负责该值的生命周期。当所有者离开作用域时，Rust 会自动释放该值的内存。这是所有权的核心原则。

Rust 的所有权系统遵循以下三个基本规则：
- 每个值都有且只有一个所有者。
- 某个值的所有者在任意时刻只能有一个。
- 当所有者离开作用域时，该值会被自动清理（也称为 drop）。

所有权的这种设计理念帮助 Rust 在编译时就能保证内存的安全性，避免数据竞争（Data Race）等问题。

2. 所有权的移动

在 Rust 中，当将一个值赋值给另一个变量时，默认情况下会发生所有权转移，即"移动"（Move），示例如下：

```
fn main() {
    let s1 = String::from("I love Rust");
```

```
        let s2 = s1;

        // println!("{}", s1);        // 这行代码会报错,s1 已经失去了所有权
        println!("{}", s2);           // s2 拥有了 String 的所有权
    }
```

在以上示例中,s1 的所有权被移动到 s2,因此 s1 不再有效,后续对 s1 的任何访问都会导致编译错误。

3. 克隆与复制

Rust 提供了克隆与复制两种方式来避免所有权的转移。

(1)克隆

通过显式调用 clone() 方法,可以深度复制(deep copy)数据,从而保留原数据的所有权,示例如下:

```
    fn main() {
        let s1 = String::from("Hi, Rust");
        let s2 = s1.clone(); // 这里进行了深度复制

        println!("s1 = {}, s2 = {}", s1, s2); // s1 和 s2 都有效
    }
    // ./ownerExample2
    // s1 = Hi, Rust, s2 = Hi, Rust
```

(2)复制

对于实现了 Copy trait 的类型(如整数、布尔值、浮点数等),赋值操作会自动复制数据,而不移动它们的所有权,示例如下:

```
    fn main() {
        let x = 8;
        let y = x; // 这里进行了按位复制

        println!("x = {}, y = {}", x, y); // x 和 y 都有效
    }
    // ./ownerExample3
    // x = 8, y = 8
```

Copy trait 一般用于简单的、在栈上存储的数据类型。String 和 Vec 这样的复杂类型不实现 Copy,因为它们可能涉及堆上内存的管理。

▶▶ 2.1.2 引用和借用

Rust 的引用(Reference)和借用(Borrowing)是该语言内存管理系统的重要组成部分,它

们为 Rust 提供了独特的所有权模型，确保内存安全性和数据的无并发争用。理解引用和借用的工作原理是掌握 Rust 编程的关键。

1. 什么是引用

引用是一个指向另一个值的地址，它允许开发者访问但不拥有该值。引用不会改变所有权，只是借用了该值。在 Rust 中，引用使用 & 符号来创建，示例如下：

```rust
fn main() {
    let s1 = String::from("Reference");
    let s2 = &s1; // s2 是 s1 的引用

    println!("s1: {}, s2: {}", s1, s2);
}
// ./ownerExample4
// s1: Reference, s2: Reference
```

在以上示例中，s2 是 s1 的引用。它指向 s1 所有的内存地址，因此可以读取该数据，但它不拥有数据的所有权。

2. 不可变引用

默认情况下，Rust 的引用是不可变的。这意味着开发者可以读取数据，但不能修改它。开发者可以拥有任意数量的不可变引用，只要它们同时存在。注意，不可变引用不能修改所引用的值，示例如下：

```rust
fn main() {
    let s1 = String::from("Reference");
    let len = calculate_len(&s1); // 传递不可变引用

    println!("The length of '{}' is {}.", s1, len);
}

fn calculate_len(s: &String) -> usize {
    s.len()
}
// ./ownerExample5
// The length of 'Reference' is 9.
```

在以上示例中，calculate_len() 函数接收一个 &String 类型的引用，并返回字符串的长度。通过传递引用，我们可以在不转移 s1 所有权的情况下使用它。

3. 可变引用

可变引用（Mutable Reference）允许开发者在借用数据的同时修改它。在同一作用域中，不能同时存在一个值的可变引用和不可变引用。开发者只能拥有一个可变引用，以防止数据竞争。

在 Rust 中，使用 &mut 来创建可变引用，示例如下：

```rust
fn main() {
    let mut s = String::from("Rust");
    change(&mut s); // 传递可变引用

    println!("{}", s);
}

fn change(s: &mut String) {
    s.push_str(", is good");
}
// ./ownerExample6
// Rust, is good
```

在以上示例中，change() 函数接收一个 &mut String 类型的可变引用，并修改字符串的内容。

▶▶ 2.1.3 生命周期

Rust 的生命周期（Lifetimes）系统是 Rust 内存安全性的重要组成部分。它帮助 Rust 编译器管理引用的有效性，确保引用在使用过程中不会指向无效的内存。理解生命周期对于掌握 Rust 的所有权、借用和引用机制至关重要。

1. 生命周期的基本概念

生命周期是引用在程序中保持有效的范围。Rust 编译器通过生命周期标注来跟踪引用的有效性，确保引用在其指向的值有效期间有效。

在大多数情况下，Rust 能够自动推断引用的生命周期，因此开发者不需要显式地标注它们。然而，在复杂的函数签名中，可能需要手动指定生命周期。

默认情况下，Rust 编译器遵循以下规则来推断生命周期：

- 每个引用参数都有它自己的生命周期参数。
- 如果有一个输入生命周期，那么输出生命周期与输入生命周期相同。
- 如果有多个输入生命周期，编译器无法自动推断输出的生命周期，必须显式指定。

2. 生命周期注解

生命周期注解使用撇号（'）和一个名称来表示，例如 'a。生命周期注解并不会改变引用的实际生命周期，它仅仅是为编译器提供的信息，示例如下：

```rust
// 定义一个函数 longer,该函数接收两个字符串切片参数 x 和 y,返回其中较长的字符串切片
fn longer<'a>(x: &'a str, y: &'a str) -> &'a str {
    // 判断 x 的长度是否大于 y 的长度
    if x.len() > y.len() {
```

```rust
        x // 如果 x 比 y 长,则返回 x
    } else {
        y // 否则,返回 y
    }
}

fn main() {
    // 创建一个 String 类型的变量 string1
    let string1 = String::from("Rust");
    // 创建一个字符串切片 string2
    let string2 = "Programming";

    // 调用 longer 函数,传入 string1 和 string2 的引用,获取较长的字符串
    let result = longer(&string1, string2);
    // 打印较长的字符串
    println!("The longer string is: {}", result);
}
// ./ownerExample7
// The longer string is: Programming
```

在以上示例中,'a 是生命周期注解,表示 x 和 y 的生命周期相同,返回值的生命周期与 x 和 y 的生命周期一致。

3. 生命周期的主要作用

Rust 的生命周期系统的主要作用是防止悬垂引用(dangling reference),即防止引用在其指向的值被释放后仍然存在,示例如下:

```rust
fn dangle() ->&String {
    let s = String::from("Rust");
    &s // 错误;返回了悬垂引用
} // s 离开作用域并被释放

fn main() {
    let reference_to_nothing = dangle();
    println!("{}", reference_to_nothing);
}
```

在以上示例中,dangle() 函数试图返回一个指向局部变量 s 的引用。由于 s 在函数结束时被释放,这个引用就变成了悬垂引用。Rust 编译器会捕捉到这个错误并拒绝编译。

2.2 宏

在 Rust 中,宏是一种在编译时定义和生成代码的方法。Rust 宏的一个常见用例是定义领域特定语言(Domain Specific Language,DSL),DSL 是一种可用于解决特定问题的专用语言。通过

提供针对特定用例定制的更高级别的抽象，DSL 可用于提高可读性并减少代码中的错误。

1. 声明式宏的定义和语法

声明式宏（Declarative Macros）也称为 macro_rules! 宏，声明式宏以 macro_rules! 关键字引入，使用模式匹配来定义。它们类似于其他语言中的模板或宏，允许在编译时生成重复的代码，语法如下：

```
macro_rules! say_hello {
    () => {
        println!("Hi, Rust!");
    };
}
```

对以上代码的解释如下：
- macro_rules!：宏定义的关键字。
- say_hello：宏的名称。调用这个宏时，开发者将使用它的名称。
- () => { ... }：匹配模式和替换模式。在以上示例中，() 是一个匹配模式，表示宏在没有参数时会匹配。=> 后面的大括号 {} 中的代码是宏的替换内容，即实际展开的代码。

使用宏时，开发者需要在宏的名称后面加上感叹号！，然后提供必要的输入，示例如下：

```
fn main() {
    say_hello!(); // 调用宏,输出: "Hi, Rust!"
}
```

2. 参数化宏

声明式宏可以接收参数，从而使其更为通用。例如，定义一个简单的求和宏的示例如下：

```
macro_rules! sum {
    ($a:expr, $b:expr) => {
        $a + $b
    };
}
```

其中，$a:expr 和 $b:expr：是模式匹配中的标记，$ 表示宏变量，expr 表示它期望的是一个表达式。

使用以上这个宏的方法如下：

```
fn main() {
    let result = sum!(6, 8);
    println!("Result: {}", result);
}
// ./macroExample2
// Result: 14
```

2.3 智能指针

2.3.1 什么是智能指针

在 Rust 中，智能指针（Smart Pointers）是一些具有特殊功能的结构体，它们不仅像普通指针一样指向某块内存，还能够自动管理内存的分配和释放，以及其他资源。智能指针在 Rust 中非常重要，因为它们使得内存管理更加安全和高效，同时提供了灵活的所有权和借用机制。

Rust 标准库中提供了几个常用的智能指针类型：

- Box<T>：用于在堆上分配内存。
- Rc<T>（Reference Counted）：用于引用计数，实现多所有权。
- RefCell<T> 和 Cell<T>：用于在编译时无法确定可变性时进行内部可变性（Interior Mutability）。

2.3.2 Box<T>

1. 什么是 Box<T>

在 Rust 中，Box<T> 是一种智能指针，提供了独占所有权（exclusive ownership）并将数据存储在堆上。Box 是 Rust 中最简单的智能指针类型之一，它允许开发者在堆上分配内存，而不是在栈上。Box<T>将一个值封装在堆上，并且开发者通过 Box 来访问这个值。因为 Rust 默认使用栈来存储变量，Box<T> 为开发者提供了一种在堆上存储数据的方法。

使用 Box<T> 通常有以下几个场景：

- 当开发者有一个在编译中无法确定大小的类型时。
- 当开发者有一个大的数据结构想要在堆上存储，而不是在栈上存储。
- 当开发者需要传递一个实现了特定 trait 的类型，但是开发者不确定具体的类型。

2. 创建一个 Box<T>

开发者可以使用 Box∷new( ) 函数来创建一个新的 Box 实例，示例如下：

```
fn main() {
    let b = Box::new(8);
    println!("b = {}", b);
}
```

在以上示例中，b 是一个 Box<i32> 类型，它在堆上存储了一个 i32 类型值 8。访问 Box 中的值与访问常规变量没有区别，b 会自动解引用。

3. Box<T> 的所有权与借用

Box<T> 遵循 Rust 的所有权规则。开发者可以将 Box 的所有权转移给其他变量,但在此过程中,原变量将不再有效,示例如下:

```
fn main() {
    let b1 = Box::new(8);
    let b2 = b1;                      // b1 的所有权转移到 b2

    // println!("b1 = {}", b1);       // 编译错误:b1 不再有效
    println!("b2 = {}", b2);
}
// ./boxExample2
// b2 = 8
```

在以上示例中,b1 的所有权被转移给了 b2,因此在转移后,b1 就不能再被使用了。

4. 解引用 Box<T>

Box<T> 可以被解引用,以访问它所指向的值。解引用使用 * 操作符,示例如下:

```
fn main() {
    let x = 8;
    let y = Box::new(x);

    assert_eq!(8, x);
    assert_eq!(8, *y); // 解引用 Box<T>

    println!("*y = {}", *y);
}
// ./boxExample3
// *y = 8
```

在以上示例中,y 是一个 Box<i32>,通过 *y 可以访问 Box 中存储的 i32 类型值。

▶▶ 2.3.3　Rc<T>

1. Rc<T> 的基本概念

在 Rust 中,Rc<T> 是一种用于共享所有权的智能指针。与 Box<T> 提供独占所有权不同,Rc<T> 允许多个所有者共享同一个数据,这在构建共享不可变数据的场景中非常有用。Rc 是单线程环境中的智能指针类型,它的全称是 "Reference Counting",即引用计数。

Rc<T> 允许开发者在多个地方共享一个值的所有权。当一个 Rc 的克隆副本被创建时,内部的引用计数器会增加;当一个克隆副本被丢弃时,计数器会减少。当引用计数器为 0 时,Rc 会

自动清理它所指向的数据。

2. 创建 Rc<T>

开发者可以使用 Rc∷new( ) 函数来创建一个新的 Rc 实例，示例如下：

```rust
use std::rc::Rc;

fn main() {
    let rc1 = Rc::new(String::from("Hi, Rc!"));
    println!("Reference count: {}", Rc::strong_count(&rc1));
}
// ./rcExample1
// Reference count: 1
```

在以上示例中，rc1 是一个 Rc<String>，它持有一个字符串值。Rc∷strong_count( ) 函数返回当前的引用计数。

3. 克隆 Rc<T>

Rc<T> 允许开发者通过 clone 方法创建一个新的 Rc 实例，这个实例与原来的 Rc 共享同一块数据，并增加引用计数，示例如下：

```rust
use std::rc::Rc;

fn main() {
    let rc1 = Rc::new(String::from("Hi, Rc!"));  //
    println!("创建后引用计数: {}", Rc::strong_count(&rc1));

    let _rc2 = Rc::clone(&rc1);         // 克隆 rc1,增加引用计数
    println!("克隆 rc1 后的引用计数: {}", Rc::strong_count(&rc1));

    {
        let _rc3 = Rc::clone(&rc1);     // 再次克隆 rc1,增加引用计数
        println!("再次克隆 rc1 后的引用计数: {}", Rc::strong_count(&rc1));
    } // rc3 超出作用域,引用计数减 1

    println!("rc3 超出作用域后的引用计数: {}", Rc::strong_count(&rc1));
}
// ./rcExample2
// 创建后引用计数: 1
// 克隆 rc1 后的引用计数: 2
// 再次克隆 rc1 后的引用计数: 3
// rc3 超出作用域后的引用计数: 2
```

在以上示例中，rc1、_rc2 和 _rc3 都指向同一个 String，并共享其所有权。每次调用 Rc∷clone( )

函数时,引用计数都会增加;当 _rc3 离开作用域时,引用计数会减少。

4. Rc<T> 和不可变性

Rc<T> 只能用于不可变数据。它保证了多个所有者可以同时安全地访问数据,但由于它只支持不可变引用,因此无法通过 Rc 修改数据,示例如下:

```
use std::rc::Rc;

fn main() {
    let rc1 = Rc::new(String::from("Hi, Rc!"));
    let rc2 = Rc::clone(&rc1);

    println!("rc1: {}", rc1);
    println!("rc2: {}", rc2);

    // 无法通过 Rc 修改数据
    // *rc1.push_str("!") // 错误: Rc<String> 不可变
}
// ./rcExample3
// rc1: Hi, Rc!
// rc2: Hi, Rc!
```

在以上示例中,rc1 和 rc2 都可以读取数据,但无法修改数据,因为 Rc 只允许不可变引用。

▶▶ 2.3.4　RefCell<T>

1. 什么是内部可变性

内部可变性是指开发者可以通过一个不可变的引用来修改数据,这通常是通过 RefCell<T> 或者类似的机制实现的。通常,Rust 的借用规则规定,如果开发者有一个不可变引用,那么开发者不能修改所引用的数据。然而,在某些场景下,开发者可能需要在数据结构中隐藏这种可变性,这就是内部可变性的用武之地。

2. RefCell<T> 的基本概念

在 Rust 中,RefCell<T> 是一种智能指针,它提供了一种方式来应对内部可变性(interior mutability),即使在拥有不可变引用的情况下,也能够修改其内部数据。RefCell<T> 允许开发者在运行时检查借用规则,而不是在编译时。它是 Rust 中唯一允许开发者违反不可变性规则的类型。

RefCell<T> 提供了与 Box<T> 类似的功能,但它允许在运行时进行可变借用检查。RefCell<T> 只能用于单线程场景。在多线程环境中,可以使用 Mutex<T> 或 RwLock<T> 来实现类似的功能。

RefCell<T> 通过以下两种方式提供内部可变性:

- borrow：获取一个不可变引用（&T）。
- borrow_mut：获取一个可变引用（&mut T）。

RefCell<T> 在运行时检查借用规则，如果开发者违反了这些规则，程序会在运行时崩溃（而不是在编译时出现错误）。

3. 使用 RefCell<T> 的示例

使用 RefCell<T> 的示例如下：

```rust
use std::cell::RefCell;

fn main() {
    let x = RefCell::new(5);

    // 不可变借用
    {
        let borrowed = x.borrow();
        println!("借用的值: {}", *borrowed);              // 输出："借用的值: 5"
    }

    // 可变借用
    {
        let mut borrowed_mut = x.borrow_mut();
        *borrowed_mut += 10;
        println!("修改后的值: {}", *borrowed_mut);        // 输出："修改后的值: 15"
    }

    // 再次不可变借用
    {
        let borrowed = x.borrow();
        println!("修改后再次借用的值: {}", *borrowed);    // 输出："修改后再次借用的值: 15"
    }
}
```

在以上示例中，x 是一个 RefCell<i32>，我们可以通过 borrow 获取它的不可变引用，通过 borrow_mut 获取可变引用。

> **注意**
>
> 每次借用都必须在借用的作用域内结束，否则会导致运行时错误。

4. RefCell<T> 的借用规则

RefCell<T> 遵循 Rust 的借用规则，但它们是在运行时检查的，而不是在编译时：

- 开发者可以同时拥有多个不可变借用。
- 开发者只能拥有一个可变借用。
- 在拥有可变借用时，不能同时拥有不可变借用。

如果开发者在违反这些规则时试图获取一个借用，则 RefCell 会在运行时引发一个 panic，示例如下：

```rust
use std::cell::RefCell;

fn main() {
    let x = RefCell::new(5);

    let borrowed = x.borrow();
    let borrowed_again = x.borrow();                    // 允许:多个不可变借用

    println!("第一次借用的值: {}", *borrowed);           // 输出:"第一次借用的值: 5"
    println!("再次借用的值: {}", *borrowed_again);       // 输出:"再次借用的值: 5"

    let mut borrowed_mut = x.borrow_mut();               // 错误:在有不可变借用时尝试可变借用
    *borrowed_mut += 10;
}
//./refCellExample2
// 第一次借用的值: 5
// 再次借用的值: 5
// thread 'main' panicked at refCellExample2.rs:12:30:
// already borrowed: BorrowMutError
// note: run with 'RUST_BACKTRACE=1' environment variable to display a backtrace
```

borrow( ) 允许多个不可变借用（borrowed 和 borrowed_again），这在 RefCell 中是合法的操作。当已经有不可变借用时，尝试调用 borrow_mut( ) 进行可变借用将导致运行时错误（panic），因为 RefCell 确保借用规则在运行时得到遵守。

在以上示例中，如果在不可变借用 borrowed 和 borrowed_again 存在的情况下尝试进行可变借用（borrow_mut），则程序将会在运行时崩溃。

5. RefCell<T> 与 Rc<T> 一起使用

RefCell<T> 常常与 Rc<T> 一起使用，以提供一种既可以共享所有权，又可以实现内部可变性的能力。Rc<T> 提供多所有者共享数据，而 RefCell<T> 允许修改这些共享的数据。

共享并可变的数据结构的示例如下：

```rust
use std::cell::RefCell;
use std::rc::{Rc, Weak};
```

```rust
#[derive(Debug)]
struct Node {
value: i32, // 节点的值
    next: Option<Rc<RefCell<Node>>>, // 指向下一个节点的可选 Rc<RefCell<Node>>,支持多所有权
    prev: Option<Weak<RefCell<Node>>>, // 指向前一个节点的可选 Weak<RefCell<Node>>,避免循环引用
}

fn main() {
    let node1 = Rc::new(RefCell::new(Node {
        value: 5,
        next: None,
        prev: None,
    }));

    // 创建第二个节点 node2,值为 10
    let node2 = Rc::new(RefCell::new(Node {
        value: 10,
        next: Some(Rc::clone(&node1)), // node2 的下一个节点指向 node1
        prev: None, // 初始化时没有前一个节点
    }));

    // 修改 node1 的 next 字段,使其指向 node2
    node1.borrow_mut().next = Some(Rc::clone(&node2));
    // 修改 node2 的 prev 字段,使其指向 node1
    node2.borrow_mut().prev = Some(Rc::downgrade(&node1)); // 使用弱引用避免循环引用

    // 打印节点的值
    println!("node1: {:?}, 值: {}", node1, node1.borrow().value);
    println!("node2: {:?}, 值: {}", node2, node2.borrow().value);
}
```

在以上示例中,Node 结构体使用了 Rc<RefCell<Node>> 来实现一个可变的、共享的链表结构。Rc 提供了共享所有权,而 RefCell 允许在拥有不可变引用的同时进行修改。

2.4 多线程

2.4.1 什么是多线程

在 Rust 中,多线程是一种允许多个线程同时执行代码的并发编程模型。Rust 的多线程编程模式非常关注安全性和性能,它允许开发者在程序中并发地执行多个任务,从而更好地利用多核处理器的计算能力。Rust 的所有权系统和编译器检查确保了多线程编程中的数据安全性,避

免了常见的并发编程问题，如数据竞争（Data Race）和死锁（Deadlock）。

多线程编程允许一个程序同时运行多个线程，每个线程都是一个独立的执行路径。线程可以共享内存，因此它们可以并发访问和修改相同的数据，这也是多线程编程的挑战所在。

Rust 通过所有权、借用、生命周期等概念，确保线程之间的数据共享是安全的。这些机制可以在编译时捕获潜在的并发问题，使得 Rust 的多线程编程更为可靠。

▶▶ 2.4.2 创建线程

Rust 中的多线程是通过 std∷thread 模块提供的。开发者可以使用 std∷thread∷spawn() 创建一个新的线程，并在该线程中执行代码。

```rust
use std::thread;
use std::time::Duration;

fn main() {
    let handle = thread::spawn(|| {
        for i in 1..6 {
            println!("Hi this is spawn thread: {}", i);
            thread::sleep(Duration::from_millis(1));
        }
    });

    for i in 1..3 {
        println!("Hi this is main thread: {}", i);
        thread::sleep(Duration::from_millis(1));
    }

    handle.join().unwrap();
}
// Hi this is main thread: 1
// Hi this is spawn thread: 1
// Hi this is main thread: 2
// Hi this is spawn thread: 2
// Hi this is spawn thread: 3
// Hi this is spawn thread: 4
// Hi this is spawn thread: 5
```

对以上代码的解释如下：

- thread∷spawn：启动一个新的线程，并运行一个闭包中的代码。
- thread∷sleep：模拟线程的执行时间，通过使线程休眠来减缓其执行速度。
- handle.join()：等待子线程完成执行。这是一个阻塞操作，确保主线程在子线程完成后才会继续执行。

2.4.3 线程间的数据共享

在多线程编程中,共享数据是非常常见的需求。Rust 提供了多种方式在多个线程间共享数据,并确保数据的访问是安全的。多个线程间共享数据的常用方式如下:

- Arc<T>:Arc 是一个原子引用计数类型(Atomic Reference Counting),允许在多线程中安全地共享数据。它的作用类似于 Rc,但 Arc 是线程安全的,可以跨线程使用。
- Mutex<T>:Mutex 提供了对共享数据的独占访问。只有一个线程可以在某个时间点获取 Mutex 锁,其他线程必须等待锁被释放。

使用 Arc<T> 和 Mutex<T> 共享可变数据的示例如下:

```rust
use std::sync::{Arc, Mutex};
use std::thread;

fn main() {
    // 创建一个线程安全的计数器,初始值为 0
    let counter = Arc::new(Mutex::new(0));
    // 创建一个空的线程句柄向量,用于存储线程
    let mut handles = vec![];

    // 创建 6 个线程,每个线程都会增加计数器的值
    for _ in 0..6 {
        // 克隆 Arc 指针,以便每个线程都能拥有计数器的共享所有权
        let counter = Arc::clone(&counter);
        // 创建线程,执行增加计数器的操作
        let handle = thread::spawn(move || {
            // 获取锁并访问计数器
            let mut num = counter.lock().unwrap();
            // 增加计数器的值
            *num += 1;
        });
        // 将线程句柄保存到句柄向量中
        handles.push(handle);
    }

    // 等待所有线程完成
    for handle in handles {
        handle.join().unwrap(); // 确保所有线程都已执行完毕
    }

    // 打印最终的计数器结果
    println!("Result: {}", *counter.lock().unwrap());
```

```
    }
    // Result: 6
```

对以上代码的解释如下：

- Arc::clone：克隆 Arc 的引用，增加引用计数。这确保多个线程可以共享同一个数据。
- Mutex::lock：获取 Mutex 的锁，返回一个 MutexGuard，它允许对数据进行修改。MutexGuard 在超出作用域时会自动释放锁。
- handle.join()：确保所有线程都完成执行后再读取 counter（计数器）的最终值。

▶▶ 2.4.4 线程间通信

Rust 提供了消息传递机制以便在线程间进行通信。消息传递可以避免共享内存的复杂性，通过将数据从一个线程发送到另一个线程来实现线程间的同步。

mpsc 代表"多生产者，单消费者"（Multiple Producer, Single Consumer），这意味着可以有多个生产者线程向同一个消费者线程发送消息。使用 mpsc 实现消息传递的示例如下：

```
use std::sync::mpsc;
use std::thread;
use std::time::Duration;

fn main() {
    // 创建一个通道,tx 是发送者(transmitter),rx 是接收者(receiver)
    let (tx, rx) = mpsc::channel();

    // 启动一个新的线程,在线程中发送数据
    thread::spawn(move || {
        // 定义一个字符串向量 vals,将要发送的消息存储在该向量中
        let vals = vec![
            String::from("I"),
            String::from("Love"),
            String::from("Rust"),
            String::from("Programming"),
        ];

        // 遍历向量中的每个字符串
        for val in vals {
            // 将字符串通过通道发送到接收端
            tx.send(val).unwrap();
            // 让当前线程休眠 1 s,模拟发送数据的间隔
            thread::sleep(Duration::from_secs(1));
        }
    });
```

```
        // 在主线程中接收并打印从通道接收到的数据
        for received in rx {
            println!("Result: {}", received);
        }
    }
    // Result: I
    // Result: Love
    // Result: Rust
    // Result: Programming
```

对以上代码的解释如下：

- mpsc::channel：创建一个通道，返回一个发送者（tx）和一个接收者（rx）。
- tx.send（val）：发送消息。send() 方法将所有权从发送者线程转移到接收者线程。
- rx.recv()：阻塞等待接收消息。如果没有消息可用，线程会阻塞等待。

2.4.5 线程池

1. 什么是线程池

（1）线程池的基本组成部分

一个线程池通常包含以下几个核心组件：

- 任务队列（Job Queue）：保存待执行任务的队列。任务可以是任意类型的函数或闭包，通常通过某种形式的任务包装（例如 Box<dyn FnOnce()>）来存储。
- 工作线程（Worker Threads）：实际执行任务的线程。这些线程通常是在线程池初始化时创建的，并持续等待和执行任务，直到线程池被关闭。
- 任务分配器（Task Dispatcher）：负责将任务放入任务队列，并通知工作线程有新的任务可以处理。任务分配器通常使用某种形式的同步机制（如信号量、条件变量、通道等）来协调任务的提交和执行。
- 同步原语（Synchronization Primitives）：确保多个线程之间的安全访问和操作。常见的同步原语有互斥锁（Mutex）、信号量（Semaphore）、条件变量（Condvar）等。

（2）线程池的工作流程

线程池的工作流程通常包括以下几个步骤：

1）初始化阶段。线程池在创建时初始化指定数量的工作线程（即 Worker），这些线程是长期存活的。每个工作线程在一个循环中运行，并等待任务队列中有新任务到来。

2）任务提交阶段。当一个新任务被提交给线程池时（通过 execute 方法），任务被放入任务队列中。Arc 和 Mutex 通常用于在多线程环境下共享和保护任务队列，确保任务的安全提交和提取。

3)任务分发和执行阶段。工作线程不断检查任务队列,当发现有新任务时,它们会从任务队列中取出任务并执行。任务执行完毕后,工作线程会返回循环等待新的任务。

4)关闭阶段。当线程池被关闭时,它会通知所有工作线程停止工作。这通常通过发送某种形式的"终止信号"或直接中断线程的等待状态来实现。所有工作线程在完成当前正在处理的任务后,都会安全地退出。

2. 线程池实战

在高并发编程中,创建和销毁线程的开销可能很大。线程池是一种预先创建好一组线程并复用它们的方法,避免了频繁的线程创建和销毁带来的性能损失。实现简单的线程池的示例如下:

```rust
use std::sync::{Arc, Mutex};
use std::sync::mpsc;
use std::thread;

// 定义一个线程池结构体
struct ThreadPool {
    workers: Vec<Worker>,              // 存储线程池中的工作线程
    sender: mpsc::Sender<Job>,         // 发送者,用于向线程池发送任务
}

// 定义一个任务类型,使用 Box 封装一个闭包,使其可以在堆上分配
type Job = Box<dyn FnOnce() + Send + 'static>;

impl ThreadPool {
    // 创建一个新的线程池
    fn new(size: usize) -> ThreadPool {
        assert!(size > 0);              // 确保线程池大小必须大于 0

        // 创建一个通道,用于在线程池中发送和接收任务
        let (sender, receiver) = mpsc::channel();
        // 使用 Arc 和 Mutex 包装接收者,使其可以在线程间安全地共享
        let receiver = Arc::new(Mutex::new(receiver));

        // 创建一个工作线程的向量,并预先分配空间
        let mut workers = Vec::with_capacity(size);

        // 创建指定数量的工作线程,并将其添加到线程池中
        for id in 0..size {
            workers.push(Worker::new(id, Arc::clone(&receiver)));
        }
```

```rust
        // 返回初始化后的线程池
        ThreadPool { workers, sender }
    }

    // 向线程池中提交一个任务
    fn execute<F>(&self, f: F)
    where
        F: FnOnce() + Send + 'static, // 限定 F 为一个闭包,该闭包可以在线程间传递(Send),并且生命周期为 'static
    {
        let job = Box::new(f); // 将任务包装成 Box 类型,以便在堆上分配
        self.sender.send(job).unwrap(); // 通过通道将任务发送给线程池中的工作线程
    }
}

// 定义一个工作线程结构体
struct Worker {
    id: usize, // 工作线程的唯一标识符
    thread: Option<thread::JoinHandle<()>>, // 工作线程的句柄,使用 Option 包装,允许为空
}

impl Worker {
    // 创建一个新的工作线程
    fn new(id: usize, receiver: Arc<Mutex<mpsc::Receiver<Job>>>) -> Worker {
        // 启动一个新线程,并在其中不断地接收和执行任务
        let thread = thread::spawn(move || loop {
            // 获取锁并接收任务
            let job = receiver.lock().unwrap().recv().unwrap();
            println!("Worker {} is executing.", id); // 打印当前工作线程正在执行任务的信息
            job(); // 执行任务
        });

        // 返回初始化后的工作线程
        Worker {
            id,
            thread: Some(thread),
        }
    }
}

fn main() {
    // 创建一个包含 4 个线程的线程池
    let pool = ThreadPool::new(4);
```

```rust
        // 向线程池提交 6 个任务
        for i in 0..6 {
            pool.execute(move || {
                println!("Task {} is being processed", i); // 每个任务的输出信息
            });
        }

        // 模拟主线程的其他工作
        std::thread::sleep(std::time::Duration::from_secs(2));
        println!("Main thread is finished"); // 主线程完成
}
// Worker 1 is executing.
// Task 1 is being processed
// Worker 1 is executing.
// Task 4 is being processed
// Worker 1 is executing.
// Task 5 is being processed
// Worker 2 is executing.
// Task 0 is being processed
// Worker 0 is executing.
// Task 2 is being processed
// Worker 3 is executing.
// Task 3 is being processed
// Main thread is finished
```

在以上代码中，main()函数创建一个线程池实例 pool，其中包含 4 个工作线程。使用 for 循环向线程池提交 6 个任务，每个任务只打印一条消息，表示当前任务的编号。主线程在提交任务后，等待 2s，模拟其他工作，然后打印"Main thread is finished"表示结束。ThreadPool 和 Worker 结构体：ThreadPool 是线程池的实现，其中包含工作线程的集合和用于发送任务的通道；Worker 表示工作线程，每个工作线程在一个无限循环中等待任务队列中的新任务，并执行这些任务。

▶▶ 2.4.6 异步并发

Rust 中的异步并发允许多个任务并发运行，而无须创建额外的线程，通过使用单个线程通过非阻塞 I/O 操作来处理多个任务。这种方法对于需要同时处理许多连接或事件的程序很有用。在 Rust 中，异步并发是使用 async 和 await 关键字以及 Rust 的 std::future 模块实现的，示例如下：

```rust
use std::io::{self, Read};
use tokio::io::AsyncReadExt;

#[tokio::main]
```

```rust
async fn main() -> io::Result<()> {
    // 创建一个大小为 1024 字节的缓冲区,用于存储读取的数据
    let mut buffer = [0; 1024];

    // 获取标准输入(stdin)的句柄
    let mut stdin = io::stdin();
    // 获取标准输出(stdout)的句柄
    let mut stdout = io::stdout();

    // 无限循环,持续读取和写入
    loop {
        // 异步地从标准输入读取数据到缓冲区
        let n = stdin.read(&mut buffer).await?;

        // 异步地将缓冲区中的数据写入标准输出
        stdout.write_all(&buffer[..n]).await?;
        // 刷新标准输出,确保数据立即输出
        stdout.flush().await?;
    }
}
```

以上代码创建一个从标准输入读取并写入标准输出的异步循环。tokio::io::AsyncReadExt 特性用于使用 read() 方法从 stdin 异步读取。同样,write_all() 方法用于异步写入 stdout,并调用 flush 以确保在进入循环的下一次迭代之前写入所有数据。

在 Rust 中实现异步并发的另一种方法是使用通道,就像在多线程并发中一样,示例如下:

```rust
use std::sync::mpsc;
use tokio::sync::mpsc as async_mpsc;

#[tokio::main]
async fn main() {
    // 创建一个异步的 mpsc 通道,缓冲区大小为 32,返回发送者和接收者
    let (sender, mut receiver) = async_mpsc::channel(32);

    // 启动一个异步任务,用于向通道发送消息
    tokio::spawn(async move {
        for i in 0..10 {
            // 发送格式化的消息到通道
            sender.send(format!("Hello from task {}", i)).await.unwrap();
        }
    });

    // 异步接收并打印通道中的消息
```

```
        while let Some(msg) = receiver.recv().await {
            println!("{}", msg);
        }
    }
```

以上示例使用 tokio::sync::mpsc::channel 创建一个异步通道,它类似于多线程并发中使用的同步通道,但专门用于异步任务。sender 变量用于向通道发送消息,而 receiver 变量用于使用 recv() 方法异步接收消息。生成一个单独的异步任务以将消息发送到通道,而主任务等待接收消息并将它们打印到控制台。

2.5 错误处理

Rust 的错误处理系统是其安全性和可靠性的重要组成部分。Rust 不支持像许多其他语言那样的异常处理机制(如 try-catch)。Rust 的错误处理机制主要分两类:可恢复错误和不可恢复错误。Rust 强调在编译期发现错误,通过类型系统和所有权机制确保内存安全。Rust 提供了两种主要的错误处理方式如下:

- 可恢复错误(Recoverable Errors):通常使用 Result 类型处理,表示一种可以恢复的错误。
- 不可恢复错误(Unrecoverable Errors):使用 panic! 宏,在程序遇到无法继续运行的严重错误时停止执行。

2.5.1 可恢复错误

Rust 中常用的 Result 枚举用于处理可恢复的错误。Result 类型用于表示操作的结果,它包含两个变体:

```
enum Result<T, E> {
    Ok(T), // 表示操作成功,并包含成功的值
    Err(E), // 表示操作失败,并包含错误信息
}
```

对以上代码的说明如下:

- T 是操作成功时返回的值的类型。
- E 是操作失败时返回的错误类型。

1. 使用 Result 处理错误

假设我们要打开一个文件,可以使用 Result 类型来处理可能的错误,示例如下:

```
use std::fs::File;
use std::io::{self, Read};
```

```rust
fn main() -> io::Result<()> {
    let mut file = File::open("test.txt")?;              // 使用？运算符自动传播错误
    let mut contents = String::new();
    file.read_to_string(&mut contents)?;
    println!("文件内容: {}", contents);
    Ok(())
}
//./resultExample2
// 文件内容: I love Rust Programming
```

对以上代码的说明如下：

- File::open（"test.txt"）：尝试打开文件 test.txt，返回一个 Result<File, io::Error>。
- ？运算符：如果 Result 是 Err，则立即返回错误；如果是 Ok，则继续执行。
- io::Result<( )>：返回类型表示可能发生 io::Error 类型的错误，如果一切正常则返回 Ok(())。

2. 手动处理 Result 类型

除了使用？运算符外，我们还可以手动匹配 Result，示例如下：

```rust
use std::fs::File;

fn main() {
    // 尝试打开名为 "test.txt" 的文件,返回一个 Result 类型
    let file = File::open("test.txt");

    // 使用 match 语句处理文件打开的结果
    match file {
        Ok(f) => println!("文件打开成功: {:?}", f), // 如果成功,打印文件句柄信息
        Err(e) => println!("文件打开失败: {:?}", e), // 如果失败,打印错误信息
    }
}
```

对以上代码的说明如下：

- File::open（"test.txt"）：尝试打开文件 test.txt，返回一个 Result 类型的值。
- 如果文件打开成功，则 Result 将是 Ok 变体，包含文件句柄。
- 如果文件打开失败（例如文件不存在或权限不足），则 Result 将是 Err 变体，包含错误信息。
- match 语句：用于匹配 Result 的返回值，根据是 Ok 还是 Err 执行相应的代码分支。

3. Result 的其他方法

Rust 提供了一些便捷的方法来处理 Result 类型：

- unwrap()：如果是 Ok，则返回值；如果是 Err，则直接 panic!。
- expect（msg）：类似 unwrap()，但可以提供自定义的错误信息。

示例如下：

```
let file = File::open("test.txt").expect("无法打开文件 test.txt");
```

2.5.2 不可恢复错误

panic! 是 Rust 用于处理不可恢复错误的宏。当程序遇到无法继续的严重错误时，panic! 宏会导致程序立即停止执行，并输出一个错误消息和调用栈。panic! 通常用于检测程序中的逻辑错误、内部不一致的状态或无法预期的条件。通常在以下情况使用 panic!：

- 逻辑错误：当程序的逻辑不可能满足特定条件时，如除以 0、不可能发生的枚举匹配分支等。
- 内部不一致状态：如果检测到内部数据结构不一致（例如违反不变性条件），程序应停止执行。
- 不可恢复的错误：程序遇到无法恢复的情况，如内存分配失败，或者缺少关键资源等。

在 Rust 中，panic! 的主要作用是：

- 停止程序执行：当 panic! 被触发时，程序立即停止执行，除非在某个特定的上下文中被捕获（如 std::panic::catch_unwind）。
- 输出错误信息：panic! 会输出自定义的错误消息以及错误发生时的调用栈（backtrace），帮助开发者调试和定位问题。
- 释放资源：Rust 会自动清理在 panic! 前已持有的资源，比如局部变量的内存。

1. 使用 panic!

我们可以直接调用 panic! 来停止程序，并输出自定义的错误信息，示例如下：

```
fn main() {
    let v = vec![1, 6, 8];
    println!("{}", v[8]); // 访问越界,导致 panic!
}
//./panicExample1
// thread 'main' panicked at panicExample1.rs:3:21:
// index out of bounds: the len is 3 but the index is 8
// note: run with 'RUST_BACKTRACE=1' environment variable to display a backtrace
```

在以上代码中，程序尝试访问不存在的索引 8，导致程序 panic!，显示错误信息并终止执行。

2. 自定义 panic! 信息

开发者也可以在代码中显式调用 panic!，并提供自定义的错误消息，示例如下：

```
fn main() {
    let age = -6;
    if age < 0 {
        panic!("年龄不可能为负数:{}", age);
    }
}
// ./panicExample2
// thread 'main' panicked at panicExample2.rs:4:9:
// 年龄不可能为负数:-6
// note: run with 'RUST_BACKTRACE=1' environment variable to display a backtrace
```

2.6 包和 crate

2.6.1 包

1. 什么是包

（1）包的定义

在 Rust 中，包（Package）是一个包含一个或多个 crate（单元包）的项目集合。它由一个 Cargo.toml 文件定义，该文件描述了包的元数据、依赖关系和构建配置。一个包可以包含一个库 crate 以及任意数量的二进制 crate。Rust 的包系统通过 Cargo（Rust 的构建和包管理工具）来管理，提供了一种模块化和组织代码的方式。一个包可以包含以下内容：

- Cargo.toml 文件：这是包的核心配置文件，包含包的元数据（如名称、版本、作者等）、依赖关系和其他构建设置。
- 一个或多个 crate：一个包必须至少包含一个 crate（库 crate 或二进制 crate）。每个 crate 都是 Rust 的一个编译单元。
- 源代码文件：Rust 源代码文件通常放置在 src 目录中。

（2）包和 crate 的关系

crate 是 Rust 的编译单元，可以是二进制的（binary crate）或库（library crate）。其中，binary crate 生成可执行文件，必须包含 main 函数。library crate 生成一个库，提供给其他 crate 使用，通常没有 main 函数。

Package 是 Rust 项目的集合，包含一个或多个 crate。其中每个包必须至少包含一个 crate（库 crate 或二进制 crate）。一个包最多可以包含一个库 crate，但可以包含多个二进制 crate。

2. 什么是 Cargo

Cargo 是 Rust 构建系统和包管理的工具，它使得 Rust 项目的管理、构建、测试、运行和发布更加容易。Cargo 的功能包括依赖管理、编译和构建管理、测试和发布等。Cargo 是 Rust 生态系统中最重要的工具之一，每个 Rust 开发者都会频繁使用它。

3. Cargo 基础

当安装 Rust 时，Cargo 就会自动安装。开发者可以在命令行中使用 Cargo 命令来管理 Rust 项目。以下是一些常用的 Cargo 命令：

- cargo new <project_name>：创建一个新的 Rust 项目。
- cargo build：构建当前项目。
- cargo run：构建并运行当前项目。
- cargo test：运行项目中的所有测试。
- cargo check：快速检查代码是否能成功编译，但不生成可执行文件。
- cargo update：更新依赖项到最新兼容版本。
- cargo clean：清理构建输出。
- cargo doc：生成文档。
- cargo publish：将包发布到 Crates.io（Rust 的官方包管理仓库）。

4. Cargo 实战示例

Cargo 使得创建和管理 Rust 项目非常简单。以下是如何使用 Cargo 创建一个新项目的实战示例。

（1）创建一个新项目

使用 cargo new 创建一个新项目：

```
$ cargo new hi_cargo --bin
```

以上代码将创建一个名为 hi_cargo 的目录，目录结构如下：

```
hi_cargo
├── Cargo.toml        # 配置文件
└── src
    └── main.rs       # 入口 Rust 文件
```

对以上代码的说明如下：

- Cargo.toml：Cargo 的配置文件，用于管理项目的元数据和依赖。
- src/main.rs：项目的入口文件。

（2）Cargo.toml 文件

Cargo.toml 文件是一个配置文件，用于管理项目的元数据、依赖项和其他构建配置。以下是一个 Cargo.toml 示例文件：

```
[package]
name = "hi_cargo"              # 包名
version = "0.1.0"              # 包的版本
edition = "2021"               # Rust 版本

[dependencies]
rand = "0.8"                   # 依赖的库
```

在以上代码中，[package] 用于配置包的基本信息部分。[dependencies] 用于定义项目的依赖项。rand 是一个随机数生成库。

2.6.2 crate

1. 什么是 crate

在 Rust 中，crate 是代码的基本单元，是 Rust 编译器理解和编译代码的最小单位。crate 可以是库（library）或可执行文件（binary）。Rust 使用 Cargo 作为包管理和构建系统，帮助开发者管理 crate 的依赖、构建、测试和发布。crate 是一个独立的编译单元，可以是库或者二进制可执行文件。每个 crate 都有自己的作用域，并且可以通过模块系统来组织代码。

2. 创建 crate

开发者可以使用 Cargo 命令来创建一个新的 crate。

1）创建一个新的二进制 crate，命令如下：

```
$ cargo new binary_crate
```

以上命令将创建一个包含 main.rs 的二进制 crate，结构如下：

```
binary_crate/
├── Cargo.toml
└── src
    └── main.rs
```

对以上代码的说明如下：

- Cargo.toml：配置文件，定义了 crate 的元数据和依赖。
- src/main.rs：二进制 crate 的入口文件，包含 main() 函数。

2）创建一个新的库 crate。

```
$ cargo new library_crate --lib
```

以上命令将创建一个包含 lib.rs 的库 crate，结构如下：

```
my_library_crate/
├── Cargo.toml
└── src
    └── lib.rs
```

以上代码中,src/lib.rs 是库 crate 的入口文件,可以包含公共 API、模块定义等。

3. 使用 crate

(1)使用标准库 crate

Rust 标准库提供了一组常用的功能,开发者可以直接在代码中使用这些功能。标准库默认可用,不需要在 Cargo.toml 中添加依赖,示例如下:

```rust
fn main() {
    let s = String::from("Hi, Rust!");
    println!("{}", s);
}
```

(2)使用外部 crate

要使用外部 crate,需要在 Cargo.toml 文件中添加依赖项。可以手动编辑 Cargo.toml 文件,或者使用 cargo add 命令,示例如下:

```
[dependencies]
serde = "1.0"
serde_json = "1.0"
```

然后在代码中通过 extern crate 或 use 关键字引入依赖的 crate,示例如下:

```rust
use serde_json::json;

fn main() {
    let data = json!({
"name": "Shirdon",
"good_at": "Programming"
    });
    println!("{}", data);
}
```

2.7 模块

1. 什么是模块

在 Rust 中,模块(Module)是组织代码和控制可见性的重要工具。模块系统允许开发者将代码分割成更小、更易管理的部分,同时控制哪些部分可以被其他模块或外部代码访问。通过模块系统,Rust 支持代码的封装、命名空间管理以及代码的可读性和可维护性。

模块可以包含其他模块、函数、结构体、枚举、常量、类型别名和静态变量。模块用于组织代码,使其结构更清晰。Rust 的模块系统还提供了控制模块内部元素可见性(即它们是公有的还是私有的)的能力。

开发者可以使用 mod 关键字在 Rust 中定义模块,模块的基本语法如下:

```
mod module_name {
    // 模块中的代码
}
```

在一个模块内部,可以定义子模块:

```
mod parent_module {
    pub mod child_module {
        // 子模块中的代码
    }
}
```

2. 模块的定义与使用

Rust 中的模块可以定义在 src 目录中的文件里,也可以直接嵌套在其他模块内部。下面是几种常见的模块定义和使用方式。

(1) 文件与目录结构

Rust 通过文件系统的目录结构来组织模块。模块的定义可以放在单个文件中,也可以放在多个文件中。常见的模块组织方式的示例如下:

```
// main.rs

mod module_a {
    pub fn function_a() {
        println!("这是模块 A 的函数");
    }
}

mod module_b {
    pub fn function_b() {
        println!("这是模块 B 的函数");
    }
}

fn main() {
```

```rust
    module_a::function_a();
    module_b::function_b();
}
// cargo run
// Finished 'dev' profile [unoptimized + debuginfo] target(s) in 0.00s
// Running 'target/debug/mod_example'
// 这是模块 A 的函数
// 这是模块 B 的函数
```

(2）嵌套模块

模块可以嵌套定义，这种方式通常用于组织相关联的功能，示例如下。

```rust
mod outer {
    pub fn outer_function() {
        println!("This is the outer function.");
    }

    pub mod inner {
        pub fn inner_function() {
            println!("This is the inner function.");
        }
    }
}

fn main() {
    outer::outer_function();
    outer::inner::inner_function();
}
```

在以上代码中，inner 是 outer 模块的子模块，通过路径 outer::inner::inner_function() 可以访问内部函数。

3. 控制模块的可见性

Rust 中，模块的内容默认是私有的（private）。开发者需要使用 pub 关键字显式地将模块内容声明为公有（public），以便在其他模块中使用。默认私有与公有的示例如下：

```rust
mod my_module {
    fn private_function() {
        println!("这是一个私有函数");
    }

    pub fn public_function() {
        println!("这是一个公有函数");
    }
```

```
    }

    fn main() {
        // my_module::private_function();        // 错误!无法访问私有函数
        my_module::public_function();            // 正确,可以访问公有函数
    }
```

对以上代码的说明如下:
- fn private_function()：一个私有函数，不能被模块外部的代码访问。
- pub fn public_function()：一个公有函数，可以被模块外部的代码访问。

4. 使用 use 关键字简化模块路径

当开发者需要频繁访问模块中的某个项目时，可以使用 use 关键字将其引入当前作用域，从而简化路径。使用 use 关键字的示例如下：

```
    mod my_module {
        pub fn hi_print() {
            println!("Hi from my_module!");
        }
    }

    use my_module::hi_print; // 使用 use 简化路径

    fn main() {
        hi_print(); // 直接调用 hi_print,而不是 my_module::hi_print
    }
```

在以上代码中，use my_module::hi_print 语句将 my_module 模块中的 hi_print() 函数引入当前作用域。

5. super 和 self 关键字

在 Rust 模块中，super 和 self 关键字可以更容易地在模块层次结构中进行导航，其中:
- self：表示当前模块。
- super：表示父模块。

super 和 self 的使用示例如下:

```
    mod parent {
        pub fn parent_function() {
            println!("这是父模块的函数");
        }

        pub mod child {
            pub fn child_function() {
```

```rust
            println!("这是子模块的函数");
            super::parent_function(); // 调用父模块的函数
        }
    }
}

fn main() {
    parent::child::child_function();
}
// cargo run
// 这是子模块的函数
// 这是父模块的函数
```

2.8 单元测试

1. 什么是单元测试

在 Rust 中，单元测试（unit test）是测试代码的重要组成部分。Rust 提供了强大的内置测试框架，使得编写和运行测试变得简单而高效。单元测试通常与被测试的代码放在同一个文件中，通过模块系统隔离开来，并且能够直接访问模块中的私有成员。下面将详细介绍如何编写、运行和管理 Rust 的单元测试。

一个单元通常是一个函数或方法。单元测试的目标是验证这个单元的逻辑是否正确，确保它在不同输入情况下都能返回预期的结果。

2. 编写单元测试

在 Rust 中，单元测试通常放在 #［cfg（test）］模块中，该模块会在测试时编译，并在正常构建时忽略。每个测试函数使用 #［test］属性标记。编写单元测试的示例如下。

（1）创建一个库项目

```
$ cargo new my_library --lib
```

以上命令将生成以下项目结构：

```
my_library
├── Cargo.toml        # 包的配置文件
└── src
    └── lib.rs        # 库文件
```

（2）编写代码和单元测试

在生成的 src 目录中的 lib.rs，添加想要测试的代码和测试模块。在 lib.rs 中编写了一个简单的加法函数的示例如下：

```
// src/lib.rs
pub fn add(left: u64, right: u64) -> u64 {
    left + right
}

#[cfg(test)]
mod tests {
    use super::*;

    #[test]
    fn it_works() {
        let result = add(3, 3);
        assert_eq!(result, 6);
    }
}
```

在以上代码中，add() 函数是我们要测试的功能单元，而 it_works() 函数是对应的测试。assert_eq! 宏用于断言 add (3, 3) 的结果应该是 6。

（3）使用 assert!、assert_eq! 和 assert_ne!

Rust 提供了一些常用的断言宏来帮助验证测试结果，如下所示：

- assert!：断言条件为 true，否则测试失败。
- assert_eq!：断言两个值相等，assert_eq! (a, b) 等价于 assert! (a == b)。
- assert_ne!：断言两个值不相等，assert_ne! (a, b) 等价于 assert! (a != b)。

使用 assert!、assert_eq! 和 assert_ne! 的示例如下：

```
#[cfg(test)]
mod tests {
    #[test]
    fn test_assert_macros() {
        assert!(1 + 1 == 2);
        assert_eq!(2 * 2, 4);
        assert_ne!(3 * 3, 8);
    }
}
```

（4）自定义错误信息

开发者可以为 assert!、assert_eq! 和 assert_ne! 提供自定义错误信息，以便在测试失败时输出更有意义的信息，示例如下：

```
#[cfg(test)]
mod tests {
    #[test]
    fn test_custom_error_message() {
```

```
        let result = 2 + 2;
        assert_eq!(result, 5, "Expected 2 + 2 to equal 5, but got {}", result);
    }
}
```

在以上代码中,如果 result 不等于 5,则测试将失败,并输出自定义的错误信息。

3. 运行测试

开发者可以使用 cargo test 命令来运行项目中的所有测试。Rust 会自动查找并运行所有标记了 #［test］属性的函数。运行测试命令如下:

```
$ cargo test
```

运行 cargo test 后,Rust 会编译代码,并运行所有测试。测试结果会显示在终端,包括通过的测试、失败的测试以及详细的输出信息。

1)过滤测试。

开发者可以通过在命令行中指定测试名称的子字符串来过滤测试,只运行匹配的测试,命令如下:

```
$ cargo test test_add
```

这个命令只运行名称中包含 test_add 的测试函数。

2)运行所有测试,即使部分失败。

默认情况下,cargo test 在遇到第一个失败的测试时会停止。开发者可以通过传递 --no-fail-fast 标志来强制运行所有测试,即使某些测试失败了,命令如下:

```
$ cargo test -- --no-fail-fast
```

3)显示测试输出。

默认情况下,测试函数中的标准输出(如 println! 的输出)只有在测试失败时才会显示。如果开发者希望在测试通过时也显示输出,可以使用 -- --nocapture 标志,命令如下:

```
$ cargo test -- --nocapture
```

4. 测试中处理 Result

在 Rust 中,测试函数默认返回（）类型,但是开发者可以让测试函数返回 Result 类型,这样开发者可以在测试中使用？操作符进行错误处理。

> **提示**
>
> 在 Rust 中,（）是一个特殊的类型,通常被称为单位类型(unit type)。它是一个没有任何值的类型,类似于其他编程语言中的 void 类型。单位类型只有一个值,即（）,这个值被称为单位值(unit value)。

如果测试函数返回 Err，则测试失败，示例如下：

```
#[cfg(test)]
mod tests {
    #[test]
    fn test_with_result() -> Result<(), String> {
        if 3 + 3 == 6 {
            Ok(())
        } else {
            Err(String::from("Test failed"))
        }
    }
}
```

在以上代码中，test_with_result() 函数返回一个 Result 类型。如果测试逻辑成功，返回 Ok(())，否则返回 Err，测试失败。

5. 使用 #［should_panic］测试 panic

在某些情况下，开发者可能希望测试代码在特定情况下是否会 panic 异常。可以使用 #［should_panic］属性标记这样的测试函数，示例如下：

```
pub fn divide(a: i32, b: i32) -> i32 {
    if b == 0 {
        panic!("division by zero");
    }
    a / b
}

#[cfg(test)]
mod tests {
    use super::*;

    #[test]
    #[should_panic(expected = "division by zero")]
    fn test_divide_by_zero() {
        divide(1, 0);
    }
}
```

在以上代码中，test_divide_by_zero() 测试函数会 panic，因为它试图除以 0。#［should_panic］属性告诉测试框架，这种行为是预期的。我们还可以使用 expected 参数指定 panic 信息的内容，以确保 panic 是由于预期的原因引发的。

6. 忽略特定测试

有时，开发者可能希望暂时忽略某些测试，可以使用 #[ignore] 属性来标记这些测试。被忽略的测试不会在默认的测试运行中执行，但开发者可以选择性地运行这些测试，示例如下：

```rust
#[cfg(test)]
mod tests {
    #[test]
    #[ignore]
    fn test_to_be_ignored() {
        assert_eq!(2 + 2, 5);
    }
}
```

运行所有测试，但不包括忽略的测试，命令如下：

```
$ cargo test
```

运行包括忽略的测试在内的所有测试，命令如下：

```
$ cargo test -- --ignored
```

2.9 调试

在 Rust 开发过程中，调试代码是非常重要的部分。Rust 提供了多种调试工具和技术，包括使用断点调试、日志记录、println! 宏以及各种集成开发环境（IDE）的调试功能。本节将详细介绍 Rust 的调试方法和最佳实践。

1. 使用 println! 进行调试

println! 是 Rust 中最简单的调试方法，通过在代码中插入 println! 宏，可以打印变量的值、函数的执行路径等信息，从而帮助开发者理解程序的行为，示例如下：

```rust
fn main() {
    let x = 66;
    println!("x is: {}", x);

    let result = add(5, 7);
    println!("result is: {}", result);
}

fn add(a: i32, b: i32) -> i32 {
    println!("a: {}, b: {}", a, b);
    a + b
}
// ./debugExample1
// x is: 66
```

```
// a: 5, b: 7
// result is: 12
```

使用 println! 是一种非侵入性的调试方式,但它有时可能无法提供足够的信息,尤其是在调试复杂的逻辑或大型应用程序时。

2. 使用 dbg! 宏

Rust 还提供了一个非常有用的 dbg! 宏,用于快速打印调试信息。dbg! 不仅打印表达式的值,还打印表达式的代码位置和行号,非常适合临时调试,示例如下:

```
fn main() {
    let x = 66;
    dbg!(x);

    let result = add(6, 8);
    dbg!(result);
}

fn add(a: i32, b: i32) -> i32 {
    dbg!(a + b)
}
// ./debugExample2
// [debugExample2.rs:3:5] x = 66
// [debugExample2.rs:10:5] a + b = 14
// [debugExample2.rs:6:5] result = 14
```

3. 使用日志进行调试

对于更加复杂的应用程序,尤其是在生产环境中,日志是调试的重要工具。Rust 提供了多种日志库,如 log 和 env_logger,可以方便地进行日志记录。

(1) 设置日志库

在 Cargo.toml 文件中添加 log 和 env_logger 依赖,示例如下:

```
[dependencies]
log = "0.4"
env_logger = "0.9"
```

(2) 使用日志库

在代码中,开发者可以使用 log 宏来记录不同级别的日志信息,示例如下:

```
use log::{debug, error, info, trace, warn};
use env_logger;

fn main() {
    env_logger::init();
```

```rust
    trace!("This is a trace message");
    debug!("This is a debug message");
    info!("This is an info message");
    warn!("This is a warning message");
    error!("This is an error message");

    let x = 42;
    info!("x is: {}", x);
}
```

运行代码时,可以通过环境变量 RUST_LOG 来控制日志的级别和输出,示例如下:

```
$ RUST_LOG=info cargo run
    Finished 'dev' profile [unoptimized + debuginfo] target(s) in 0.02s
     Running 'target/debug/log_debug'
[2024-01-05T10:56:41Z INFO log_debug] This is an info message
[2024-01-05T10:56:41Z WARN log_debug] This is a warning message
[2024-01-05T10:56:41Z ERROR log_debug] This is an error message
[2024-01-05T10:56:41Z INFO log_debug] x is: 66
```

4. 使用 Clippy 进行代码静态分析

Clippy 是 Rust 的代码静态分析工具,可以帮助开发者发现潜在的代码问题和优化建议。虽然 Clippy 不是传统意义上的调试工具,但它在早期发现潜在问题方面非常有用。

安装 Clippy 的命令如下:

```
$ rustup component add clippy
```

运行 Clippy 的命令如下:

```
$ cargo clippy
```

Clippy 会分析代码并提供改进建议,如性能优化、代码风格改进等。

5. 使用 cargo check 快速检查代码

cargo check 是 Rust 提供的快速检查代码工具,它只进行代码的类型检查,而不生成可执行文件。因此,cargo check 比 cargo build 更快,适合在编写代码时频繁使用,以尽早发现错误,命令如下:

```
$ cargo check
```

如果 cargo check 发现了错误或警告,则它们会显示在终端中,帮助开发者及时修复问题。

6. 调试 panic! 和错误处理

当代码触发 panic! 或错误时,可以通过以下方式进行调试。

(1) 捕获 panic!

在调试时，Rust 默认会展开栈（unwind）以清理资源，这使得调试器难以捕获 panic! 的位置。开发者可以通过设置环境变量 RUST_BACKTRACE 来打印栈回溯信息，或者直接在调试器中捕获 panic!，命令如下：

```
$ RUST_BACKTRACE=1 cargo run
```

(2) 使用 catch_unwind

使用 std::panic::catch_unwind 捕获 panic!，并在调试器中进一步分析问题，示例如下：

```rust
use std::panic;

fn main() {
    let result = panic::catch_unwind(|| {
        panic!("Something went wrong!");
    });

    if let Err(error) = result {
        println!("Caught a panic: {:?}", error);
    }
}
```

7. 使用 debug_assert! 进行调试

Rust 提供了 debug_assert! 宏，用于在调试模式下进行断言检查，而在发布模式下忽略这些检查。这非常适合在开发阶段验证某些不变式或前置条件，示例如下：

```rust
fn divide(a: i32, b: i32) -> i32 {
    debug_assert!(b != 0, "b should not be zero");
    a / b
}

fn main() {
    let result = divide(10, 0);
    println!("Result: {}", result);
}
```

在调试模式下运行以上代码时，如果 b 为 0，则会触发断言并 panic!；在发布模式下，debug_assert! 将被忽略。

2.10 本章小结

本章通过对 Rust 进阶知识的详细讲解，让读者学习 Rust 的高级技巧，为后续更加深入地学习 Rust Web 打好基础。

PART 2 第 2 篇

Rust Web 基础入门

第 3 章

Rust Web 入门

3.1 【实战】第 1 个 Rust Web 程序

Rust 是一种以其内存安全和性能特征而闻名的系统编程语言，在 Web 开发中也很受欢迎。Rust 中有多个 Web 框架，它们提供了有效构建 Web 应用程序的工具和抽象。Rocket 以其直观的 API 设计而闻名，非常适合初学者。Rocket 是一个用于 Rust 的 Web 框架，旨在提供快速、安全且易于使用的工具来构建 Web 应用程序。它利用 Rust 的类型系统和编译时检查来确保代码的安全性和性能。Rocket 提供了高层次的抽象，简化了路由、请求处理、响应生成等任务，并支持异步操作、请求体解析和模板渲染等功能。以下是详细步骤，带领开发者从安装 Rocket 到编写并运行一个简单的 Rust Web 应用程序。

1. 环境设置

开发者需要在本地安装 Rust 工具链。如果还没有安装，则请参考前面的步骤使用 rustup 来安装 Rust 和 Cargo。

Rocket 目前要求 Rust 的 nightly 版本，因为它依赖于一些还未稳定的特性。开发者可以使用以下命令切换到 nightly 版本：

```
$ rustup override set nightly
$ rustup update
```

2. 创建一个新项目

使用 Cargo 创建一个新的 Rust 项目：

```
$ cargo new rocket_web_app --bin
```

进入项目目录：

```
$ cd rocket_web_app
```

3. 添加 Rocket 依赖

打开 Cargo.toml 文件，并在 dependencies 部分添加 rocket 依赖：

```
[dependencies]
rocket = "0.5.0-rc.2"
```

以上代码会告诉 Cargo 在构建项目时下载并使用 Rocket 框架。

4. 编写第 1 个 Rocket Web 应用

打开 src/main.rs 文件，编写以下代码：

```
#[macro_use] extern crate rocket;

#[get("/")]
fn hi() -> &'static str {
"Hi, 1st Web"
}

#[launch]
fn rocket() -> _ {
    rocket::build().mount("/", routes![hi])
}
```

对以上的代码解释如下：

- #[macro_use] extern crate rocket;：引入 Rocket 库，并启用 Rocket 宏。
- #[get("/")]：定义一个 GET 路由，该路由匹配根路径 /。
- fn hi() -> &'static str：定义一个处理函数，当访问根路径时，返回 "Hi, 1st Web" 字符串。
- #[launch] fn rocket() -> _：定义并启动 Rocket 应用，使用 rocket::build() 创建 Rocket 实例，并通过 mount() 将路径和处理函数绑定。

5. 运行 Web 应用

使用 Cargo 构建并运行开发者的 Web 应用：

```
$ cargo run
```

打开浏览器，访问 http://127.0.0.1:8000，运行的结果如图 3-1 所示。

• 图 3-1 运行的结果

3.2 Web 工作原理简介

3.2.1 Web 基本原理

1. 什么是 Web

Web 是存储在网络服务器中并通过互联网连接到本地计算机的网站或网页的集合。这些网站包含文本页面、数字图像、音频、视频等。用户可以使用计算机、笔记本电脑、手机等设备从世界任何地方通过互联网访问这些网站的内容。

Web 应用程序使用 HTTP 协议，它是 TCP 协议之上的一层。而互联网应用程序可以使用 TCP 或 UDP 协议。为了形象化区别，可以将其视为互联网是由许多计算机连接在一起的网络，因此用户可以使用任何端口（例如 90）来发送或接收数据，而 Web 端口是固定的，因为 HTTP 使用端口 80 进行通信，并且数据发送的是 HTML、CSS 和 JavaScript。因此，如果用户想要体验互联网应用程序，请在随机端口建立套接字连接，并通过套接字将数据发送到另一台计算机。在这种情况下，用户使用的是互联网而不是网络进行通信。

因此，Web 为用户提供了一个通过 Internet 检索和交换信息的通信平台。与我们按顺序从一页移动到另一页的书不同，在万维网上，我们通过超文本链接网络访问网页，然后从该网页移动到其他网页。开发者需要在计算机上安装浏览器才能访问 Web。

2. Web 是如何运作的

Web 按照 Internet 的基本客户端–服务器端格式工作。当用户请求时，服务器端存储网页或信息并将其传输到网络上的用户计算机。网络服务器是一种软件程序，它为网络用户使用浏览器请求的网页提供服务。从服务器端请求文档的用户的计算机称为客户端。安装在用户计算机上的浏览器允许用户查看检索到的文档。

所有网站都存储在网络服务器中。就像有人住在房子里一样，网站在服务器中占据一个空间并一直存储在其中。每当用户请求其网页时，服务器都会托管网站，网站所有者必须为此支付托管费用。Web 的工作原理示意图如图 3-2 所示。

● 图 3-2　Web 的工作原理示意图

客户端（Client）是网络用户的互联网连接设备（例如，连接到 Wi-Fi 的计算机或连接到移动网络的手机）以及这些设备上可用的网络访问软件（通常是 Firefox、Edge 或 Chrome）。

服务器端（Server）是存储网页、网站或应用程序的计算机。当客户端设备请求网页时，网页的副本作为响应从服务器发回并显示在用户的网络浏览器中。

当开发者打开浏览器并在地址栏中输入 URL 或在 Google 上搜索内容时，WWW（万维网）就开始工作了。将信息（网页）从服务器端传输到客户端（用户的计算机）涉及三种主要技术。这些技术包括超文本标记语言（HTML）、超文本传输协议（HTTP）和 Web 浏览器。

那么当浏览器向服务器端发送请求时到底会发生什么：

1）DNS 查找。
2）浏览器发送 HTTP 请求。
3）服务器响应并发回请求的 HTML 文件。
4）浏览器开始渲染 HTML。
5）浏览器发送对 HTML 文件中嵌入的对象（如 CSS 文件、图像、JavaScript 文件等）的附加请求。
6）浏览器将页面呈现给用户。

▶▶ 3.2.2　什么是 HTTP

HTTP（Hypertext Transfer Protocol，超文本传输协议）是万维网上数据通信的基础。HTTP 定义了消息的格式化和传输方式，以及 Web 服务器端和浏览器应如何响应各种命令。当开发者访问网页时，浏览器会向托管该页面的服务器端发送 HTTP 请求。然后，服务器端使用 HTTP 请求进行响应，其中包括浏览器显示的网页内容。

HTTP 是一种无状态协议，这意味着它不记得以前的交互。从客户端到服务器端的每个请求都独立于上一个请求。在其初始版本 HTTP/1.0 中，对网页或网页中的元素（如图像、脚本等）的每个请求都会建立与服务器端的新连接，该连接在请求完成后关闭。随着 HTTP/1.1 的引入，这个过程得到了优化，它允许持久连接，从而减少了为每个请求建立新连接的开销。

HTTP/2 是 HTTP 网络协议的主要修订版，于 2015 年标准化。它通过允许在同一连接上进行多个并发交换，重点关注对 HTTP/1.1 的性能改进。它引入了标头压缩以减少开销，并允许服务器端主动将响应推送到客户端缓存中。

HTTP 在客户端-服务器端计算模型中充当请求-响应协议。例如，网络浏览器可以是客户端，而在托管网站的计算机上运行的应用程序可以是服务器。客户端向服务器端提交 HTTP 请求消息，然后服务器端返回响应消息。响应包含有关请求的完成状态信息，并且还可以在其消息正文中包含请求的内容。

安全方面，HTTPS（HTTP Secure）是 HTTP 的扩展。它用于通过计算机网络进行安全通信，并在互联网上广泛使用。在 HTTPS 中，通信协议使用传输层安全性（TLS）或以前的安全套接字层（SSL）进行加密，这就是其前身 HTTP 不安全的原因。

▶▶ 3.2.3 什么是 HTTP 请求

HTTP 请求是客户端（通常是 Web 浏览器或其他应用程序）向 Web 服务器发送的消息，用于请求特定资源，例如网页、图像、视频或服务器端上可用的任何其他类型的数据。

1. HTTP 请求的组件

（1）HTTP 方法

HTTP 方法定义了客户端希望服务器端执行的操作类型。常见的 HTTP 方法包含 GET、POST 等。

（2）HTTP 标头

HTTP 标头是向服务器端提供附加信息的请求的元数据。标头可以包含客户端的信息、客户端可以接受的内容类型、身份验证凭据等。

以下是一些常见的 HTTP 标头及其说明：

- Content-Type：指示请求或响应的媒体类型，如 Content-Type：text/html 表示返回的内容是 HTML 格式。
- Authorization：用于在请求中传递认证信息，如 Basic 认证或者 Bearer Token。
- Cookie：在请求中携带客户端存储的 Cookie 信息。
- Accept-Language：指示客户端可以接收的语言列表。
- Referer：指示引导请求的来源 URL。

（3）请求正文

HTTP 请求正文（Request Body）是 HTTP 请求的一部分，包含了客户端发送给服务器端的数据。在 HTTP 请求中，正文部分通常用于发送需要传输的大量数据，例如文件、表单、JSON 数据等。请求正文与请求标头相结合，可以为服务器端提供处理请求所需的所有信息。

2. HTTP 方法

HTTP 方法是 HTTP 协议的重要组成部分，定义要对指定资源执行的操作。每个方法都有特定的语义，并根据开发者要执行的操作进行选择。常用的 HTTP 方法及其说明见表 3-1。

表 3-1 常用的 HTTP 方法及其说明

方法	说明
GET	请求指定资源的表示，仅检索数据
POST	将数据提交到指定的资源，通常会导致状态更改或副作用
PUT	将目标资源的所有当前表示替换为请求负载
DELETE	删除指定的资源
HEAD	与 GET 类似，但仅请求标头（无正文）。对于检查 GET 请求将返回什么很有用
CONNECT	建立到目标资源标识的服务器端的隧道
OPTIONS	描述目标资源的通信选项
TRACE	沿到目标资源的路径执行消息环回测试
PATCH	对资源应用部分修改

每个 HTTP 方法在设计时都考虑到了幂等性和安全性：

- 幂等性：GET、HEAD、PUT、DELETE、OPTIONS 和 TRACE 被视为幂等，这意味着多个相同的请求应与单个请求具有相同的效果。
- 安全性：GET、HEAD、OPTIONS 和 TRACE 被认为是安全的，因为它们仅用于检索数据，不更改服务器的状态。

▶▶ 3.2.4 什么是 HTTP 响应

HTTP 响应是服务器端向客户端发送的消息，用于传达请求的处理结果和相应的数据。每当客户端（如浏览器或 API 客户端）向服务器端发出 HTTP 请求时，服务器端就会通过 HTTP 响应来反馈结果。HTTP 响应由响应行、响应标头和响应正文组成。

1. HTTP 响应行

响应行（Status Line）是 HTTP 响应的第 1 行，提供了关于请求处理结果的基本信息，格式如下：

（1）HTTP 版本

HTTP 版本是指 HTTP 协议的版本，例如 HTTP/1.1 或 HTTP/2。

（2）状态码

状态码用于表示请求的处理结果。常见状态码及说明见表 3-2。

表 3-2 常见状态码及说明

状 态 码	说 明
100 Continue	请求已被接收，客户端应继续发送请求的剩余部分
200 OK	请求成功
201 Created	请求已成功并在服务器上创建了新资源
202 Accepted	请求已接收，但尚未处理完成
204 No Content	请求成功但没有内容返回
301 Moved Permanently	资源已被永久移动到新位置
302 Found	资源暂时被移动到新位置
303 See Other	请求的资源存在于另一个位置
304 Not Modified	请求的资源未修改，自上次请求以来未更改
400 Bad Request	请求语法不正确或无法理解
401 Unauthorized	请求需要身份验证
403 Forbidden	服务器拒绝请求
404 Not Found	请求的资源未找到
405 Method Not Allowed	请求的方法不被允许
429 Too Many Requests	用户在给定的时间内发送的请求过多
500 Internal Server Error	服务器内部错误
501 Not Implemented	服务器不支持请求所需的功能
502 Bad Gateway	服务器作为网关或代理，从上游服务器收到无效响应
503 Service Unavailable	服务器暂时不可用
504 Gateway Timeout	服务器作为网关或代理，但未及时从上游服务器收到响应

2. HTTP 响应标头

HTTP 响应标头是位于响应行下方的键值对，提供关于响应和服务器的信息。常见的响应标头包括：

- Content-Type：指示响应正文的数据类型，如 Content-Type：text/html 表示 HTML 格式。
- Content-Length：指示响应正文的字节数。
- Date：指示响应的发送时间。
- Server：提供服务器端的名称或软件信息。
- Set-Cookie：用于设置客户端的 cookie。
- Cache-Control：指示如何缓存响应数据，如 Cache-Control：no-cache 表示不缓存数据。
- Location：在重定向时指示新资源的 URL。
- Expires：指示响应过期的时间。

3. 空行

空行是 HTTP 响应的组成部分之一，用于分隔响应标头和响应正文。这行实际上不包含任何内容，仅用于分隔标头部分和正文部分。

4. HTTP 响应正文

HTTP 响应正文（Body）是服务器端发送给客户端的实际数据内容。根据请求的不同类型和服务器端的响应，响应正文可以包含多种类型的数据：

- HTML 页面：通常在 Web 浏览器中显示的内容。
- JSON 或 XML 数据：API 调用返回的数据格式。
- 文件内容：如图片、文档、视频文件等。
- 纯文本：简单的文本信息。

5. HTTP 响应的示例

以下是一个典型的 HTTP 响应示例（箭头右边的部分是对左边的部分的说明）：

```
HTTP/1.1 200 OK<-----------------------------响应行
Date: Wed, 06 Sep 2024 12:00:00 GMT<----------表示响应的发送时间
Content-Type: text/html; charset=UTF-8<--------表示响应内容的类型为 HTML,使用 UTF-8 字符编码
Content-Length: 138<---------------------------表示响应正文的字节长度为 138
Connection: keep-alive<------------------------表示连接应该保持打开状态,以便进行后续的请求
<----------------------空行:分隔响应标头和响应正文
<!DOCTYPE html><------------------------------这行及下面的部分都是响应正文
<html>
<head>
<title>Example Page</title>
</head>
<body>
<h1>Hi, World! </h1>
</body>
</html>
```

▶▶ 3.2.5 什么是 URI、URL 与 URN

1. 什么是 URI

URI（Uniform Resource Identifier，统一资源标识符）是一种用于标识互联网资源的通用字符串。它可以用来唯一地标识一个资源（如网页、图像、文件等），并且提供了一个机制来区分和定位这些资源。URI 是用于唯一标识资源的字符串。URI 提供了引用资源的一致且标准化的方式，无论它们位于 Web 上还是其他上下文中。

2. 什么是 URL

URL（Uniform Resource Locator，统一资源定位符）是一种特定类型的 URI，其中包括资源的地址和用于访问该资源的协议。URL 用于指定资源在 Internet 上的位置以及如何检索它。URL 由多个组件组成，包括协议（例如 HTTP、HTTPS）、域或 IP 地址、路径以及可能的查询参数。

"URI：urn：isbn：0451450523" 是一个 URN，通过 ISBN（国际标准书号）唯一标识一本书。URN 旨在为资源提供持久且与位置无关的标识符。"https：//www.example.com/page.html" 是指定访问特定网页的协议（HTTP）、域（www.example.com）和路径（/page.html）的 URL。

实际上，术语 "URI" 和 "URL" 经常互换使用，因为 URL 是 URI 的子集。URN 是 URI 的另一个子集，用于标识而不必指定资源的位置。URI 和 URL 的概念构成了如何在互联网上寻址和访问资源的基础，使网络能够充当互连信息和服务的网络。

3. 什么是 URN

URN（Uniform Resource Name）是一种 URI，它唯一标识某一特定的资源，但不提供资源的具体位置。URN 的目标是通过一个全局唯一的名字来引用资源，而不依赖于资源的存储位置或访问方式。

URN 的特点和作用如下：

- 唯一性：URN 通过一个标准的命名方案确保每个 URN 在全世界范围内都是唯一的，不会和其他资源的 URN 冲突。例如，一个书籍的 URN 可能是基于它的 ISBN 编号来生成的，如 urn：isbn：0451450523。
- 持久性：URN 通常被设计为永久性标识符。无论资源的物理位置或访问方式如何变化，URN 始终不变。这在引用不易改变的资源时非常有用，例如学术文章、专利、标准文档、书籍等。
- 不依赖位置：与 URL 不同，URN 不包含资源的具体位置或访问协议。例如，一个 URN 可能简单地标识一个书籍的 ISBN（国际标准书号），而不说明这本书具体所在的网址或书店。

▶▶ 3.2.6 HTTPS 简介

HTTPS（Hypertext Transfer Protocol Secure，安全超文本传输协议）与 HTTP 基本相同，但有一个主要区别：安全性。HTTPS 是 HTTP 的安全版本，用于敏感用户数据的机密和私人共享。虽然可以通过捕获传输中的数据包来窃取通过 HTTP 协议在客户端和服务器端之间交换的数据，但通过 HTTPS 协议发送的数据和网页却无法做到这一点。

HTTPS 协议还以绿色挂锁的形式向开发者的网站添加了一个唯一标识符，任何其他为了克隆开发者的网站而设法购买与开发者的域名类似的域名的人都无法复制该标识符。这是 HTTPS

提高站点安全性的另一种方式。

HTTPS 代表安全超文本传输协议。它是用于通过互联网进行安全通信的标准 HTTP 协议的扩展。HTTPS 通过加密用户的 Web 浏览器和网站服务器之间交换的数据来增加额外的安全层。这种加密有助于保护敏感信息免遭恶意行为者拦截、操纵或窃取。HTTPS 的主要特点如下：

- 数据加密：当数据通过 HTTPS 连接传输时，会使用传输层安全（TLS）或其前身安全套接字层（SSL）等协议进行加密。这种加密确保即使被拦截，数据也将显示为没有解密密钥的随机字符。
- 数据完整性：HTTPS 确保客户端和服务器端之间交换的数据在传输过程中不被更改。这可以防止攻击者修改请求或响应的内容。
- 身份验证：HTTPS 通过使用数字证书来验证服务器端的身份。这些证书由称为证书颁发机构（CA）的受信任第 3 方实体颁发。用户可以确信他们正在连接到预期的网站，而不是冒充它的恶意服务器。
- 信任指示器：现代 Web 浏览器会显示视觉指示器，例如挂锁图标或"安全"标签，以表明网站受到 HTTPS 的保护。这有助于用户识别安全连接并建立信任。

要通过 HTTPS 访问网站，其服务器必须安装 SSL/TLS 证书。当用户访问 HTTPS 网站时，浏览器会使用证书启动与服务器的安全连接，以建立数据交换的安全通道。

▶ 3.2.7 什么是 HTTP/2

HTTP/2（Hypertext Transfer Protocol version 2）是 HTTP 协议的第二个主要版本，于 2015 年正式发布，旨在提高 Web 性能和效率。它是对 HTTP/1.1 的改进，解决了 HTTP/1.1 中存在的一些性能瓶颈问题。以下是 HTTP/2 的一些关键特性。

1. 二进制传输

HTTP/2 使用二进制格式传输数据，而不是像 HTTP/1.1 那样使用文本格式。这使得协议更加紧凑和高效，并减少了解析开销。

在 HTTP/2 中，"二进制传输"是相对于 HTTP/1.1 中"文本传输"而言的，是 HTTP/2 协议的一项重要改进。以下是对二进制传输的详细解释。

（1）HTTP/1.1 中的文本传输

在 HTTP/1.1 中，HTTP 消息是以纯文本格式进行传输的。请求行、头部信息，以及消息主体都是以 ASCII 编码的字符串形式发送的。这种文本格式虽然人类可读，但对于计算机来说，解析起来效率较低，而且容易受到空格、换行符等文本符号的影响。

（2）HTTP/2 中的二进制传输

HTTP/2 抛弃了文本格式，改用二进制格式进行传输。也就是说，所有的数据（包括 HTTP

头部和消息体）都被编码成二进制帧（Binary Frame）进行传输。

2. 多路复用

在 HTTP/1.1 中，一个连接只能处理一个请求-响应对。HTTP/2 通过多路复用允许在单个连接中同时处理多个请求-响应对，减少了延迟和带宽的浪费。

（1）HTTP/1.1 中的限制

在 HTTP/1.1 中，一个 TCP 连接只能同时处理一个 HTTP 请求-响应对。虽然可以通过打开多个 TCP 连接来并行处理多个请求，但每个连接都需要经历建立、维护的开销，特别是在高延迟网络环境下，这种方式的效率不高。

由于 HTTP/1.1 的这种"队头阻塞"（Head-of-Line Blocking）问题，如果一个请求需要较长时间才能完成，那么后续的请求就会被阻塞，直到前面的请求完成为止。

（2）多路复用的概念

HTTP/2 引入了多路复用机制，允许在单个 TCP 连接中同时发送和接收多个 HTTP 请求和响应。换句话说，同一连接上可以并行处理多个请求-响应对，不需要为每个请求建立新的连接。

多路复用通过将每个请求和响应数据分解成独立的帧（frame），这些帧可以交织在一起传输，即多个流（stream）可以共享同一条 TCP 连接。

3. 头部压缩

HTTP/2 中的头部压缩（Header Compression）是为了解决 HTTP/1.1 中每次请求都会重复发送相同或相似的头部信息所带来的传输开销问题。HTTP/2 采用了一种名为 HPACK 的压缩算法对 HTTP 头部进行压缩，从而减少了传输的数据量，提高了网络效率。以下是对头部压缩的详细解释。

（1）HTTP 头部的问题

在 HTTP/1.1 中，每个 HTTP 请求和响应都会包含头部信息，这些头部信息包括请求方法、URL、Cookie、User-Agent 等。对于一个网站上的多个请求，这些头部信息往往是相似甚至完全相同的，比如多个请求中的 Cookie 值或 User-Agent 基本不变。HTTP/1.1 的设计导致这些重复的头部信息每次都需要完全传输，增加了带宽消耗和传输延迟。

（2）HPACK 压缩算法

HTTP/2 通过引入 HPACK 压缩算法来解决这个问题。HPACK 是一种专门为 HTTP/2 设计的头部压缩机制，能够高效地压缩头部信息。HPACK 通过两种主要技术实现压缩：静态表和动态表。

1）静态表。

静态表是 HPACK 预定义的一组常用的头部字段及其值的列表，如: method: GET,: status: 200 等。每个静态表项都有一个固定的索引值，传输时可以直接引用这个索引值，而不需要重复发送完整的头部字段和值。

2）动态表。

动态表是 HPACK 在客户端和服务器端之间维护的一个随会话动态更新的表，用于存储在通信过程中频繁使用的头部字段及其值。每当一个新头部字段或值被发送时，它会被添加到动态表中，并赋予一个索引值。后续的请求和响应中可以通过引用该索引值来使用该字段或值，而不需要再次传输完整的内容。动态表的内容会根据实际的传输情况不断更新，确保其内容始终是最新且最常用的头部信息。

4. 服务器推送

服务器推送（Server Push）是 HTTP/2 引入的一项新功能，它允许服务器端在客户端未明确请求的情况下主动向客户端发送资源。此功能旨在加快网页加载速度，减少延迟，提升用户体验。以下是对服务器推送的详细讲解。

（1）传统的请求-响应模式

在 HTTP/1.1 及之前的版本中，通信是严格的请求-响应模式：客户端发送请求，服务器端根据请求返回相应的资源。只有当客户端请求某个资源时，服务器端才会将其发送回客户端。

在这种模式下，如果一个网页包含多个资源（例如 CSS 文件、JavaScript 文件、图片等），客户端需要依次请求每一个资源，而每个请求都需要经过网络延迟、服务器端处理时间等，这会增加页面的加载时间。

（2）服务器推送的概念

服务器推送打破了传统的请求-响应模式，允许服务器端在客户端请求一个初始资源时，预判并主动发送与该资源相关的其他资源。

例如，当客户端请求一个 HTML 页面时，服务器端可以"推送"与该页面相关的 CSS 文件、JavaScript 文件和图片资源，而不必等待客户端逐一请求这些资源。

（3）工作原理

客户端发送请求获取一个网页资源（例如 HTML 文件）。服务器端在返回初始资源的同时，发送一个特殊的帧，称为"推送承诺"（Push Promise）。这个帧告知客户端，服务器端将推送哪些资源。推送承诺包含资源的 URL、头部信息等，使客户端能够提前了解即将收到的资源。

服务器端在发送推送承诺后，会立即发送相关的资源数据。客户端接收这些资源，并将其缓存起来。当客户端解析初始 HTML 文件并发现需要加载的资源时，可以直接从缓存中获取服务器推送的资源，而不需要再次发出请求，从而减少了网络延迟。

5. 流优先级

HTTP/2 中的流优先级（Stream Priority）机制是为了更好地管理和调度不同流的传输顺序，

确保重要或关键内容能够优先传输，从而优化网络资源的利用，提高用户体验。以下是对流优先级的详细讲解。

（1）什么是流优先级

在 HTTP/2 中，一个流（Stream）是一个独立的双向字节流，通常代表一个 HTTP 请求-响应对。流优先级机制允许客户端为每个流分配一个优先级值，并定义流与流之间的依赖关系，以指导服务器端在处理和传输流时，合理分配带宽和资源。

流优先级的目的是确保关键资源（如页面布局的 CSS 文件）能够比其他次要资源（如图片、广告）更快地到达客户端，从而加快页面的关键路径加载速度。

（2）优先级值

HTTP/2 中的每个流都有一个整数形式的优先级值，范围从 0 到 255，数值越小，优先级越高。

优先级值通常是在客户端发起流时，通过 PRIORITY 帧或在 HEADERS 帧中指定。服务器端根据这些优先级值，决定如何调度流的传输顺序。

（3）流依赖关系

除了优先级值外，HTTP/2 还允许客户端定义流之间的依赖关系。每个流可以依赖于另一个流，这意味着依赖流的传输优先级低于其依赖的父流。依赖关系形成了一棵"优先级树"，其中根节点是一个虚拟的流（Stream ID 为 0），其他流作为树的节点，按优先级和依赖关系排列。流的优先级不仅取决于其自身的优先级值，还取决于它在优先级树中的位置。例如，如果流 A 依赖于流 B，那么流 A 只有在流 B 的数据传输完毕或资源允许的情况下，才会被传输。

（4）权重值

在定义流的依赖关系时，每个流还可以设置一个权重值（Weight），范围为 1 到 256，表示同一级别的流在争夺带宽时的优先级。权重值越高，流获取带宽的资源越大。例如，如果两个流 A 和 B 依赖于同一个父流 C，且 A 的权重为 100，B 的权重为 50，则在带宽分配时，流 A 将获得相对较多的带宽资源。

6. 单一连接

HTTP/2 中的单一连接（Single Connection）是指客户端与服务器端之间在同一会话期间仅使用一个 TCP 连接来传输所有数据的设计理念。这一特性与 HTTP/1.1 中的多个连接策略形成鲜明对比，带来了显著的性能改进。以下是对单一连接的详细讲解。

（1）HTTP/1.1 的连接问题

在 HTTP/1.1 中，每个 HTTP 请求-响应对通常都需要建立一个新的 TCP 连接。如果一个网页包含多个资源（例如多个 CSS 文件、JavaScript 文件、图片等），客户端需要为每个资源请求创建新的连接，这导致了大量的连接开销。为了解决单个连接的限制，HTTP/1.1 引入了"连接保持"（Keep-Alive）机制，允许在同一个连接上发送多个请求，但由于队头阻塞（Head-of-Line Blocking）问题，单个连接的效率仍然较低。

为了提高并行加载速度，浏览器通常会打开多个 TCP 连接（一般是 6 到 8 个）来并行下载资源。这种多连接的策略虽然提升了一定的性能，但也带来了更多的复杂性和网络资源浪费。

（2）HTTP/2 中的单一连接

HTTP/2 彻底改变了这一模式，采用了单一连接的设计。客户端和服务器端之间的所有通信都通过一个 TCP 连接来完成，无论网页需要加载多少资源，这些资源都会通过这个单一连接传输。

单一连接通过多路复用（Multiplexing）机制在一个连接中并行传输多个请求和响应，避免了 HTTP/1.1 中的队头阻塞问题。

（3）多路复用与单一连接的结合

多路复用允许在同一个 TCP 连接中同时发送和接收多个 HTTP 请求和响应。每个请求和响应被分成多个帧（Frame），这些帧可以交织在一起传输。接收端根据帧头中的流标识符将帧重新组合成完整的请求或响应。

在 HTTP/1.1 中，如果一个请求被阻塞，其他请求也会受到影响（队头阻塞）。而在 HTTP/2 中，由于所有请求和响应都在同一个连接中并行传输，即使某个请求的处理速度较慢，也不会阻塞其他请求。

3.3 了解 Rust HTML 模板原理

3.3.1 Rust 模板引擎

为 Rust Web 开发项目选择正确的模板引擎对于实现最佳性能、可维护性和开发人员生产力至关重要。讨论的每个模板引擎都提供独特的功能和优点，满足不同的项目要求和开发人员偏好。无论开发者重视简单性、控制、类型安全还是用户自定义，Rust 生态系统都为 HTML 模板处理提供了一系列强大的选项。

网络开发项目，Rust 在后端 Web 开发中的日益普及导致了几个强大而高效的模板引擎的出现，每个引擎都有其独特的优势和用例。本小节旨在帮助开发人员了解如何选择最适合其特定需求的模板引擎。

1. Handlebars

Handlebars 是一个著名的模板引擎，原本基于 JavaScript，现在已被移植到 Rust，提供类似 Mustache 的语法，既强大又直观。它因其简单性和可创建重用模板和部分的能力而广受欢迎。

Rust 中的 Handlebars 支持动态数据绑定和自定义帮助程序，是那些需要简单模板解决方案而不希望面对陡峭学习曲线的项目的绝佳选择。Handlebars 的主要特点包括：

- 轻松与 Rust Web 框架集成：简化了在 Rust 环境中使用模板引擎的过程。
- 广泛的帮助程序和内置功能库：提供多种实用工具以增强模板功能。
- 强大的社区支持和详尽的文档：为开发者提供丰富的资源和帮助。

2. Tera

Tera 是一个受 Jinja2 和 Django 模板语言启发的模板引擎，提供丰富的 HTML 渲染功能。它专为需要对模板过程进行更多控制的开发人员设计，提供强大的工具来处理条件语句、循环、过滤器和宏。Tera 的语法既富有表现力又高效，使其成为构建复杂 Web 应用程序的理想选择。其主要特点包括如下：

- 高性能渲染：确保快速、高效地生成页面。
- 自动转义：确保模板输出的安全性，防止常见的安全漏洞。
- DRY（不要重复自己）原则的模板继承和超级块：通过模板继承简化代码维护，提高开发效率。

3. Askama

Askama 将模板引擎的便利性与 Rust 的类型安全性和性能完美结合。通过将模板编译为原生 Rust 代码，Askama 能在编译时检查模板，从而减少运行时错误并提升性能。对于希望在 Web 应用程序开发中实现快速和安全性的 Rust 开发人员来说，Askama 是一个理想的选择。其主要特点如下：

- 编译时模板验证：确保代码在编译阶段就能检测出错误，减少运行时问题。
- 无缝集成 Rust 的类型系统：让开发过程更加顺畅，减少类型错误。
- 支持异步渲染：适用于现代 Web 应用程序的高效性能需求。

4. Liquid

Liquid 是 Rust Web 开发人员中的另一个流行选择，最初为 Shopify 开发并用 Ruby 编写。Rust 版的 Liquid 模板引擎提供了一种安全且用户友好的模板语言，非常适合需要最终用户定制模板的项目。它支持多种标准对象、标签和过滤器，使其适用于各种 Web 开发任务。Liquid 的主要特点如下：

- 用户友好语法：适合非开发人员使用，简化了模板编写过程。
- 可扩展性：通过自定义标签和过滤器，用户可以根据需要扩展功能。
- 安全渲染上下文：确保模板渲染过程安全，避免执行不安全代码。

▶▶ 3.3.2 基础模板语法

在 Rust 中，HTML 模板涉及使用填充动态值的占位符生成 HTML 内容。HTML 模板库提供了一种使用占位符创建 HTML 模板的方法，然后在呈现模板时用实际数据填充这些模板。这种方法通常用于 Web 开发，利用应用程序中的数据动态生成 HTML 页面。

Askama 是在 Rust 中使用 HTML 模板的一个流行库。Askama 库允许开发者使用类似于 Python 中的 Jinja 或 Django 模板的语法来定义 HTML 模板。Askama 模板语法如下。

（1）模板定义

使用带有 #［derive（Template）］属性的结构定义模板。该结构代表模板的上下文，示例如下：

```
#[derive(Template)]
#[template(path = "hi.html")]
struct TemplateExample<'a> {
    name: &'a str,
}
```

（2）变量插值

要在模板中插入变量，可以使用双大括号 {{ ... }}，例如：

```
<p>Hi, {{ name }}!</p>
```

以上的 name 是传递给模板的一个上下文变量，渲染后的输出可能是：Hi, John! 。

（3）条件语句

Askama 使用 {% if ... %} 和 {% endif %} 来创建条件语句，示例如下：

```
{% if is_logged_in %}
<p>Welcome, {{ name }}!</p>
{% else %}
<p>Please log in.</p>
{% endif %}
```

开发者还可以使用 {% elif ... %} 来添加多个条件。

（4）循环

循环用于遍历数组或集合，使用 {% for ... in ... %} 和 {% endfor %}，示例如下：

```
<ul>
{% for item in items %}
<li>{{ item }}</li>
{% endfor %}
</ul>
```

如果 items 是一个数组 ["Go", "Rust", "Python"]，则输出如下：

```
<ul>
<li>Go</li>
<li>Rust</li>
```

```
<li>Python</li>
</ul>
```

(5)模板继承

模板继承允许开发者定义一个基础模板，然后创建子模板来扩展它。使用 {% extends "base.html" %} 和 {% block ... %}。创建父模板文件 base.html，其代码如下：

```
<html>
<head><title>{% block title %}父模板内容{% endblock %}</title></head>
<body>
{% block content %}
<p>父模板内容</p>
{% endblock %}
</body>
</html>
```

创建子模板文件 child.html，其代码如下：

```
{% extends "base.html" %}

{% block title %}子模板内容{% endblock %}
```

通过模板继承，开发者可以在子模板中只定义需要自定义的部分，而其他部分会继承自基础模板。以上模板的运行结果如下：

```
<html>
<head><title>子模板内容</title></head>
<body>

<p>父模板内容</p>

</body>
</html>
```

(6)注释

使用 {# ... #} 来添加注释，这些注释不会在最终的 HTML 中显示，示例如下：

```
{# 这是一个注释 #}
```

3.4 了解常用 Rust Web 框架

3.4.1 Rocket

Rocket 是一个非常受欢迎的 Rust Web 框架，以其简洁易用的 API 和强大的类型安全著称。

它专注于开发者体验，旨在让开发者更轻松地构建安全、快速和稳定的 Web 应用程序。

1. Rocket 基本概念

Rocket 的设计理念是"让 Rust 开发者轻松构建 Web 应用"。它通过简洁的语法和友好的 API，减少了开发 Web 应用的复杂性。同时，Rocket 利用 Rust 的类型系统来确保代码的安全性和可靠性。Rocket 使用 Rust 的强类型系统在编译时捕获许多常见错误，避免了在运行时才发现问题。这种类型安全性使得开发者可以更自信地编写和维护代码。Rocket 提供了直观且简洁的 API，减少了开发者需要编写的代码量。它对常见的 Web 开发任务（如路由、请求解析和响应生成等）进行了高度优化。

2. 核心功能与特性

1）简洁的路由系统。Rocket 提供了一个简洁的路由系统，开发者可以通过简单的宏定义来实现路由。例如，可以通过 #[get("/")] 来定义一个处理 HTTP GET 请求的路由。

2）类型安全的数据处理。Rocket 支持从请求中安全地解析数据，如路径参数、查询字符串、JSON 和表单数据。它在编译时验证类型，确保传入的数据类型与处理函数匹配。

3）内置功能强大。Rocket 提供了简化的请求和响应处理机制，可以轻松定义中间件、解析器和响应转换器。

Rocket 支持多种数据库驱动，如 PostgreSQL、MySQL 和 SQLite，通过 Diesel 或 SQLx 等库进行集成。内置对 JSON 和表单数据的解析和处理支持，非常适合构建 API 服务。

4）中间件支持。Rocket 允许开发者定义和使用中间件，来实现如身份验证、日志记录、错误处理等常见的 Web 应用功能。

5）异步支持。从 0.5 版本开始，Rocket 提供了对异步编程的支持，使得它能够处理更高的并发请求。

6）丰富的错误处理。Rocket 使用 Rust 的错误处理机制，为开发者提供了详尽的错误信息，帮助快速定位和解决问题。

3. Rocket 的优势

1）易于使用。Rocket 提供了直观的语法和友好的开发者体验，适合快速上手和原型开发。开发者可以通过简洁的代码构建功能强大的 Web 应用。

2）类型安全。Rocket 强调类型安全，利用 Rust 的类型系统和编译时检查，确保在编写时就能发现错误，减少了运行时错误和漏洞。

3）高效的开发。通过简化的 API 和内置的常用功能，Rocket 能够显著加快 Web 应用的开发速度。

4）灵活性。Rocket 提供了足够的灵活性，允许开发者自定义路由、中间件和错误处理器等。

3.4.2 Actix

Actix 是 Rust 生态系统中最受欢迎的 Web 框架之一，其以高性能、强大的并发处理能力和灵活性著称。它基于 Rust 的 Actor 模型构建，非常适合处理高并发、高负载的应用场景。

1. Actix 基本概念

1）Actor 模型。Actix 基于 Actor 模型，Actor 是一种并发编程的抽象概念，每个 Actor 是一个独立的实体，可以处理消息、保存状态，并与其他 Actor 通信。Actor 模型提供了一种天然的并发处理方式，使 Actix 能够高效地管理大量并发连接。

2）异步编程。Actix 完全基于异步编程模型，充分利用 Rust 的 async/await 语法和 Tokio 异步运行时，以实现高效的非阻塞 I/O 操作。这使得 Actix 能够处理大量并发请求，而不需要大量的系统资源。

3）Actix Web。Actix Web 是基于 Actix Actor 系统的一个高性能 HTTP 框架，专门用于构建 Web 应用程序。它提供了路由、请求处理、中间件支持等 Web 应用开发所需的所有基本功能。

2. 核心功能与特性

1）高性能。Actix Web 是 Rust 中性能最高的 Web 框架之一，在各种基准测试中表现优异。其性能来自于对异步编程和 Actor 模型的充分利用，使得它在处理并发请求时非常高效。

2）灵活的路由系统。支持基于路径、方法等多种路由匹配方式，允许开发者自定义复杂的路由规则。

3）中间件支持。Actix 提供了丰富的中间件支持，可以用来实现日志记录、身份验证、CORS、压缩等常见功能。此外，还可以自定义中间件来处理特定的应用需求。

4）强大的请求处理。支持多种请求数据类型的解析，包括 JSON、表单数据、文件上传等，内置了表单验证和错误处理机制。

5）WebSocket 和 SSE 支持。Actix Web 具有原生的 WebSocket 和服务器推送事件（SSE）支持，使其能够轻松地构建实时通信的 Web 应用。

3. Actix 的优势

1）高并发和性能。Actix 利用 Actor 模型和异步编程的优势，使其在高并发场景下表现出色，能够处理大量的并发连接和请求。

2）成熟的生态系统。Actix 拥有一个活跃的社区和丰富的插件和中间件，可以满足各种开发需求。

3）安全性。利用 Rust 的类型系统和所有权模型，Actix 能够在编译时捕获大多数常见错误，从而减少运行时错误和安全漏洞的风险。

4）灵活性。Actix 的设计使得它非常灵活，可以适应多种应用场景，从简单的 REST API 到复杂的实时 Web 应用。

4. Actix 实战示例

（1）创建一个新的 Rust 项目

使用 cargo 命令创建一个新的 Rust 项目。在终端中执行以下命令：

```
$ cargo new actix_example --bin
$ cd actix_example
```

（2）配置 Cargo.toml 文件

打开 Cargo.toml 文件，并添加 actix-web 和 tokio 的依赖项。actix-web 是 Web 框架，而 tokio 是其所需的异步运行时。更新后的 Cargo.toml 文件内容如下：

```toml
[package]
name = "actix_example"
version = "0.1.0"
edition = "2021"

[dependencies]
actix-web = "4.0"
tokio = { version = "1", features = ["full"] }
```

（3）编写 main.rs 文件

在 src 目录下打开 main.rs 文件，编写一个简单的 Actix Web 应用程序，示例如下：

```rust
use actix_web::{web, App, HttpServer, HttpResponse, Responder};

// 定义一个异步处理函数，返回简单的文本响应
async fn greet() -> impl Responder {
    HttpResponse::Ok().body("Hi, Actix!")
}

#[actix_web::main]
async fn main() -> std::io::Result<()> {
    // 创建 HTTP 服务器
    HttpServer::new(|| {
        App::new()
            .route("/", web::get().to(greet)) // 定义根路径的 GET 路由
    })
    .bind("127.0.0.1:8080")? // 绑定到指定的地址和端口
    .run()
    .await
}
```

在以上示例中，我们创建了一个简单的 Actix Web 服务器，监听 127.0.0.1∶8080，并且在访

问根路径（/）时返回"Hi, Actix！"的响应。

▶▶ 3.4.3　Warp

Warp 是一个现代化的 Rust Web 框架，以安全性、类型安全和高性能为主要特点。它是基于 Tokio 异步运行时构建的，并且使用了 Hyper 作为 HTTP 库。Warp 的设计目标是提供一个简单、功能强大且类型安全的 API，使开发者能够轻松构建现代 Web 应用程序。

1. 核心功能与特性

1）类型安全。Warp 利用 Rust 的类型系统，确保在编译时检查所有请求处理逻辑，减少运行时错误的风险。类型安全的设计使得 Warp 非常适合构建可靠的 Web 应用。

2）强大的路由系统。Warp 提供了一个灵活的路由系统，允许开发者通过组合不同的过滤器来定义复杂的路由规则。这种组合式的路由设计使得 Warp 非常灵活和可扩展。

3）内置功能丰富。Warp 提供了简洁的请求和响应处理 API，支持 JSON 解析、表单处理、文件上传等常见的 Web 开发任务。Warp 原生支持 WebSocket 协议，非常适合构建实时应用，如聊天应用、实时通知系统等。

4）支持 HTTP/2、TLS、压缩（如 Gzip）等现代 Web 功能。通过组合过滤器，Warp 可以轻松实现中间件功能，例如日志记录、身份验证、错误处理等。Warp 提供了默认的安全防护措施，防止常见的 Web 攻击，如跨站请求伪造（CSRF）和 SQL 注入。同时，Warp 依赖于 Rust 的安全特性（如内存安全和并发安全）来减少漏洞风险。

2. Warp 的优势

1）高性能。Warp 基于 Tokio 异步运行时和 Hyper 底层 HTTP 库，具有极高的性能，能够高效处理大量并发请求。

2）类型安全。利用 Rust 的类型系统，Warp 确保所有请求处理逻辑的类型安全，大大减少了开发过程中可能出现的错误。

3）灵活性。通过组合过滤器，开发者可以非常灵活地定义和扩展应用逻辑，适应各种复杂的应用场景。

4）易于扩展。Warp 提供了一种简单的方法来扩展功能和自定义中间件，使其适合于各种应用需求。

5）现代 Web 功能支持。Warp 内置支持许多现代 Web 功能，如 HTTP/2、WebSocket、TLS、压缩等，使得开发者可以构建功能丰富的应用程序。

3. Warp 实战示例

（1）创建一个新的 Rust 项目

使用 cargo 命令创建一个新的 Rust 项目。在终端中执行以下命令：

```
$ cargo new warp_example --bin
$ cd warp_example
```

(2) 配置 Cargo.toml 文件

打开 Cargo.toml 文件，并添加 actix-web 和 tokio 的依赖项。actix-web 是 Web 框架，而 tokio 是其所需的异步运行时。更新后的 Cargo.toml 文件内容如下：

```toml
[package]
name = "actix_example"
version = "0.1.0"
edition = "2021"

[dependencies]
actix-web = "4.0"
tokio = { version = "1", features = ["full"] }
```

(3) 编写 main.rs 文件

在 src 目录下打开 main.rs 文件，编写一个简单的 Warp Web 应用程序，示例如下：

```rust
use warp::Filter;

#[tokio::main]
async fn main() {
    // 定义一个路由,响应 GET 请求
    let hi = warp::path::end()
        .map(|| "Hi, Warp!");

    // 启动 Warp 服务器,监听 127.0.0.1:3030
    warp::serve(hi)
        .run(([127, 0, 0, 1], 3030))
        .await;
}
```

在以上示例中，我们创建了一个简单的 Warp Web 服务器，监听 127.0.0.1：3030，并且在访问根路径（/）时返回"Hi, Warp!"的响应。

3.5 本章小结

本章讲解了【实战】第 1 个 Rust Web 程序、Web 工作原理简介、了解 Rust HTML 模板原理、了解常用 Rust Web 框架。帮助读者理解 Web 的基础知识，为后期进一步开发打好坚实的基础。

第4章

处理 Web 请求和响应

4.1 请求处理

4.1.1 请求方法

在 Rocket 框架中,请求方法是通过在路由上指定相应的属性来实现的。Rocket 支持标准的 HTTP 方法,如 GET、PUT、POST、DELETE、HEAD、PATCH 和 OPTIONS 等。这些属性不仅定义了请求的类型,还允许开发者为每种类型的请求指定不同的处理逻辑。

在 Rocket 中,可以通过在路由前加上 #[get("/<path>")] 来定义一个处理 GET 请求的函数,示例如下:

```
#[get("/hi")]
fn handler() -> &'static str {
    "Hello, world!"
}
```

使用 #[post("/<path>")] 来定义一个处理 POST 请求的函数,示例如下:

```
#[post("/submit")]
fn submit_data() -> String {
    // 假设这里从请求体中获取数据并处理
    "Data received".to_string()
}
```

使用 #[put("/<path>")] 来定义一个处理 PUT 请求的函数,示例如下:

```
#[put("/update/<id>")]
fn update_item(id: usize) -> String {
```

```
    // 更新操作
    format!("Item {} updated", id)
}
```

使用 #[delete("/<path>")] 来定义一个处理 DELETE 请求的函数，示例如下：

```
#[delete("/delete/<id>")]
fn delete_item(id: usize) -> String {
    // 删除操作
    format!("Item {} deleted", id)
}
```

4.1.2 路由匹配

1. 动态路径

开发者可以通过在路由路径中的变量名称周围使用尖括号来声明路径段为动态路径。例如，如果我们想在路由中捕获一个名称参数，可以像下面这样声明一个路由：

```
#[get("/hi/<name>")]
fn handler1(name: &str) -> String {
    format!("Hi, {}!", name)
}
```

启动程序，在浏览器输入 URL "http://127.0.0.1:8000/hi/Barry"，应用程序将响应 "Hi, Barry!"。浏览器中的返回结果如图 4-1 所示。

• 图 4-1 浏览器中的返回结果

任何数量的动态路径段都是允许的。路径段可以是任意类型，包括自定义类型，只要该类型实现了 FromParam 特性。我们称这些类型为参数守卫。Rocket 为许多标准库类型以及一些特殊的 Rocket 类型实现了 FromParam。完整的实现列表可以在 FromParam API 文档中找到。下面是一个更完整的路由，展示了各种使用情况：

```
#[get("/hi/<name>/<good_at>/<boo>")]
fn handler2(name: &str, good_at: &str, boo: bool) -> String {
    if boo {
```

```
            format!("I am good at {} programming, {}!", good_at, name)
        } else {
            format!("{}, Let's go.", name)
        }
    }
```

启动程序，在浏览器输入 URL "http://127.0.0.1:8000/hi/Barry/Rust/true"，浏览器中的返回结果如图 4-2 所示。

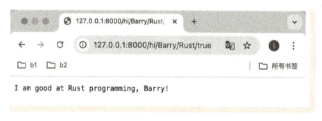

● 图 4-2　浏览器中的返回结果

2. 多段匹配

开发者还可以使用 <param..> 在路由路径中匹配多个段。此类参数的类型（称为段守卫）必须实现 FromSegments。段守卫必须是路径的最终组件：路径后面的任何文本都会导致编译时错误。例如，以下路由匹配所有以 /page 开头的路径：

```
use std::path::PathBuf;

#[get("/page/<path..>")]
fn get_page(path: PathBuf) { /* ... */ }
```

在 /page/ 之后的路径将保存在 path 参数中，对于仅为 /page、/page/、/page// 等的路径，该参数可能为空。PathBuf 的 FromSegments 实现确保路径不会导致路径遍历攻击。通过这个方法，可以在几行代码内实现一个安全的静态文件服务器，示例如下：

```
use std::path::{Path, PathBuf};
use rocket::fs::NamedFile;

#[get("/<file..>")]
async fn files(file: PathBuf) -> Option<NamedFile> {
    NamedFile::open(Path::new("static/").join(file)).await.ok()
}
```

例如，我们在根目录创建一个 static 目录，在 static 目录里有一个名为 Rust_programming.png 的文件，启动服务器，在浏览器里输入 URL "http://127.0.0.1:8000/Rust_programming.png"，浏

览器中的返回结果如图 4-3 所示。

- 图 4-3　浏览器中的返回结果

3. 路由转发

在 Rocket 中，路由转发（Route Forwarding）是一种将请求从一个路由转发到另一个路由的机制。这在需要重定向请求或者在一个路由内未能满足请求条件时将请求转交给另一个路由进行进一步处理的情况下非常有用。

当参数类型不匹配时，Rocket 将请求转发到下一个匹配的路由。这种转发会一直持续到某个路由成功或失败，或者没有其他匹配的路由为止。当没有剩余的路由时，将调用与最后一个转发守卫设置的状态相关联的错误捕获器。路由将按升序尝试匹配。每个路由都有一个关联的优先级（rank）。如果没有明确指定，则 Rocket 会选择一个默认的优先级，也可以通过 rank 属性手动设置路由的优先级。为了说明这个概念，参考以下路由：

```rust
#[get("/user/<id>")]
fn user(id: usize) -> String {
    format!("user {}", id)
}

#[get("/user/<id>", rank = 2)]
fn user_int(id: isize) -> String {
    format!("user_int {}", id)
}

#[get("/user/<id>", rank = 3)]
fn user_str(id: &str) -> String {
    format!("user_str {}", id)
```

```
}

#[launch]
fn rocket() -> _ {
    rocket::build().mount("/", routes![user, user_int, user_str])
}
```

在以上代码示例中，我们定义了 3 个路由处理函数，它们都匹配相同的路径 /user/<id>，但它们的参数类型不同，并且使用了 rank 属性来指定路由的优先级。以上代码中，rocket() 函数将这些路由挂载在根路径上，针对 /user/<id> 的请求（如 /user/168，/user/Shirdon 等）将按以下方式路由：如果 <id> 位置的字符串是一个无符号整数，则调用 user 处理程序。如果不是，则请求转发到下一个匹配的路由 user_int。如果 <id> 是一个有符号整数，则调用 user_int。否则，请求继续转发。由于 <id> 总是一个字符串，该路由总是匹配，调用 user_str 处理程序。

▶▶ 4.1.3 数据守卫

1. 请求守卫

请求守卫是 Rocket 最强大的功能之一。顾名思义，请求守卫保护处理程序不会因为请求中包含的信息错误而被错误调用。更具体地说，请求守卫是表示任意验证策略的类型。验证策略是通过 FromRequest 特性实现的。每个实现 FromRequest 的类型都是一个请求守卫。

请求守卫出现在处理程序的输入参数中。在一个路由处理程序中可以出现任意数量的请求守卫。Rocket 在调用处理程序之前会自动为请求守卫调用 FromRequest 实现。只有当所有请求守卫都通过时，Rocket 才会将请求分发给处理程序。

例如，以下虚拟处理程序使用了 3 个请求守卫：A、B 和 C。如果一个输入在路由属性中没有命名，则它就可以被识别为请求守卫。

```
#[get("/<param>")]
fn index(param: isize, a: A, b: B, c: C) { /* ... */ }
```

请求守卫总是按照从左到右的声明顺序触发。在上面的例子中，顺序首先是 A，然后是 B，接着是 C。如果某个守卫失败（例如验证失败或条件不满足），则会中止后续的守卫检查，并且请求将不会继续处理。这种行为称为"短路"（Short-Circuiting）。换句话说，只有在所有守卫都成功的情况下，路由处理函数才会被调用。

2. 转发守卫

请求守卫和转发守卫的组合是执行策略的强大工具。为了说明，我们考虑如何使用这些机制来实现一个简单的授权系统。例如，我们定义两个请求守卫：

- User：一个常规的已认证用户。User 的 FromRequest 实现检查 Cookie 是否标识了一个用户，如果是，则返回一个 User 值。如果无法认证用户，守卫将以 401 Unauthorized（未授权）状态转发。
- AdminUser：一个已认证为管理员的用户。AdminUser 的 FromRequest 实现检查 Cookie 是否标识了一个管理员用户，如果是，则返回一个 AdminUser 值。如果无法认证用户，守卫将以 401 Unauthorized（未授权）状态转发。

我们现在结合转发来使用这两个守卫来实现以下 3 个路由，每个都通向 /admin 的管理控制面板，示例如下：

```
use rocket::response::Redirect;

#[get("/login")]
fn login() -> Template { /* .. */ }

#[get("/admin")]
fn admin_panel(admin: AdminUser) ->&'static str {
    "H, administrator. This is the admin panel!"
}

#[get("/admin", rank = 2)]
fn admin_panel_user(user: User) ->&'static str {
    "Sorry, you must be an administrator to access this page."
}

#[get("/admin", rank = 3)]
fn admin_panel_redirect() -> Redirect {
    Redirect::to(uri!(login))
}
```

上述 3 个路由编码了认证和授权。admin_panel() 函数的路由表示只有在管理员登录时才能成功，只有在这种情况下才会显示管理面板。如果用户不是管理员，则 AdminUser 守卫将转发请求。由于 admin_panel_user() 函数的路由的优先级（rank）接下来最高，将会尝试该路由。如果有任何用户登录，则该路由将成功，并显示授权错误消息。最后，如果用户未登录，则将尝试 admin_panel_redirect() 函数的路由。由于此路由没有守卫，它总是成功，用户被重定向到登录页面。

4.1.4 请求体数据

请求体（Request Body）是 HTTP 请求中包含的数据部分。请求体可以包含各种类型的数据，例如表单数据、JSON、XML、文件等。Rocket 提供了多种方式来处理这些数据，使得开发者可以方便地解析和使用请求体内容。

1. Data 守卫

Rocket 提供了一个叫 Data 的内置守卫，用于处理原始请求体数据。Data 是一个流类型（stream），可以用于读取任意大小的数据。通常用于处理文件上传或大数据量的请求。处理原始数据流的示例如下：

```rust
#[macro_use] extern crate rocket;
use rocket::Data;
use rocket::data::ToByteUnit;
use std::io::Result;
use rocket::tokio::io::AsyncReadExt; // 导入异步读取扩展

#[post("/upload", data = "<data>")]
async fn upload(data: Data<'_>) -> &'static str {
    let mut buffer = Vec::new();
    let mut stream = data.open(1u64.megabytes());

    // 使用异步方法读取数据流到缓冲区中
    if let Err(_) = stream.read_to_end(&mut buffer).await {
        return "Failed to read data";
    }

    // 处理数据...
    "File uploaded successfully"
}

#[launch]
fn rocket() -> _ {
    rocket::build().mount("/", routes![upload])
}
```

对以上代码的解释如下：

- 导入 AsyncReadExt：需要导入 rocket::tokio::io::AsyncReadExt 来使用异步方法 read_to_end()。
- 异步读取数据：使用 .await 调用 read_to_end() 方法，以异步方式读取数据。
- 保持 async fn 环境：确保函数 upload() 是异步的，这样可以处理异步操作。

2. Json 守卫

Rocket 提供了对 JSON 数据的内置支持。Json（rocket::serde::json::Json 的简称）是一个守卫，能够自动将请求体解析为特定的 Rust 类型。要使用 Json 守卫，必须启用 serde 功能并确保数据结构实现了 serde::Deserialize 特性。

使用 Json 守卫解析 JSON 的示例如下：

```
#[macro_use] extern crate rocket;

use rocket::serde::json::Json;
use rocket::serde::Deserialize;

/// 定义 JSON 数据结构
#[derive(Deserialize)]
#[serde(crate = "rocket::serde")]
struct Task {
    title: String,
    description: Option<String>,
}

#[post("/task", data = "<task>")]
fn new_task(task: Json<Task>) -> String {
    format!("New task: {} - {:?}", task.title, task.description)
}

#[launch]
fn rocket() -> _ {
    rocket::build().mount("/", routes![new_task])
}
```

对以上代码的解释如下：

- Json<Task> 守卫：自动将请求体解析为 Task 类型。Rocket 使用 serde 提供的功能来解析 JSON 数据。
- 自动序列化/反序列化：通过 serde，开发者可以轻松地将 Rust 类型与 JSON 数据互相转换。

打开终端，在命令行使用 curl 命令执行 POST 请求的结果如下：

```
$ curl -X POST http://localhost:8000/task \
    -H "Content-Type: application/json" \
    -d '{"title": "模拟 POST 请求", "description": "请求结果描述"}'
New task: 模拟 POST 请求 - Some("请求结果描述")%
```

3. 流式处理

有时候，开发者可能希望直接处理传入的数据。例如，开发者可能希望将传入的数据流式传输到某个接收端。Rocket 通过 Data 类型使这一过程尽可能简单，示例如下：

```
use rocket::tokio;
```

```rust
use rocket::data::{Data, ToByteUnit};

#[post("/debug", data = "<data>")]
async fn debug(data: Data<'_>) -> std::io::Result<()> {
    // 将最多 512KiB 的请求体数据流式输出到 stdout。
    data.open(512.kibibytes())
        .stream_to(tokio::io::stdout())
        .await?;

    Ok(())
}
```

上面的路由接受对 /debug 路径的任何 POST 请求，最多 512KiB 的传入数据被流式传输到 stdout。如果上传失败，则将返回错误响应。

> **提示**
>
> 为了帮助防止 DoS 攻击，Rocket 要求开发者在打开数据流时，以 ByteUnit 指定开发者愿意从客户端接受的数据量。ToByteUnit 特性使得指定这样的值像 128.kibibytes() 这样简洁易懂。
>
> KiB（Kibibyte）和 KB（Kilobyte）都表示存储单位，但它们的定义不同，具体区别如下：
> - KB（Kilobyte）：通常指的是 1000 字节。它基于十进制系统，其中 1 KB = 1000 字节。这种定义符合国际标准，常用于硬盘、网络传输等领域。
> - KiB（Kibibyte）：基于二进制系统，1 KiB = 1024 字节。KiB 的定义更加严格，符合二进制计算标准，通常用于内存、操作系统和某些程序中，尤其在技术领域中需要精确区分时，KiB 是更常见的单位。

▶▶ 4.1.5 表单

表单是 Web 应用程序中最常见的数据类型之一，而 Rocket 使处理表单变得非常简单。Rocket 原生支持 multipart 和 x-www-form-urlencoded 类型的表单，这得益于 Form 数据保护和可派生的 FromForm 特性。

1. Multipart

在 Rust 中，处理多部分表单（Multipart Form）请求，通常是为了处理文件上传或复杂的表单数据。在 Rocket 框架中，多部分表单的处理非常透明，无须额外付出。大多数 FromForm 类型都可以从传入的数据流中解析自身。

例如，以下是一个使用 TempFile 接收 multipart 文件上传的表单和路由，要在 upload_form()

函数中处理文件上传，我们定义了一个结构体 Upload 来表示 multipart 表单数据，并使用 TempFile 类型来处理上传的文件。TempFile 是 Rocket 提供的一种类型，用于表示一个临时存储的文件，可以从 multipart 请求体中自动解析出来，使用 persist_to() 方法来将文件保存到磁盘，示例如下：

```rust
#[macro_use] extern crate rocket;
use rocket::form::Form;
use rocket::fs::TempFile;

#[derive(FromForm)]
struct Upload<'r> {
    save: bool,
    file: TempFile<'r>,
}

#[post("/upload", data = "<upload>")]
async fn upload_form(mut upload: Form<Upload<'_>>) -> &'static str {
    // 提取文件名
    let file_name = upload.file.name().unwrap_or("uploaded_file").to_string();

    // 保存文件到指定路径
    if let Err(_e) = upload.file.persist_to(format!("/tmp/{}", file_name)).await {
        // 可以根据需要打印或记录错误,例如"eprintln!("Error: {}", _e);"
        return "Failed to save file.";
    }

    if upload.save {
        // 如果选择保存文件,则返回成功消息
        "File uploaded and saved successfully."
    } else {
        // 如果选择不保存文件,则返回不同的消息
        "File uploaded but not saved."
    }
}

#[launch]
fn rocket() -> _ {
    rocket::build().mount("/", routes![upload_form])
}
```

2. 解析策略

在 Rocket 框架中，FromForm 的解析策略默认是宽松的（Lenient）。这意味着当开发者使用 Form<T> 解析表单数据时，即使表单包含额外的字段、重复的字段或缺失的字段，Rocket 仍然会

成功地进行解析。

(1) 宽松模式

在宽松模式（Lenient Mode）下，Rocket 的 Form<T> 解析器具有以下行为：

- 额外字段（Extra Fields）：如果表单中包含未在目标结构体中定义的字段，则这些字段会被忽略，不会触发错误。
- 重复字段（Duplicate Fields）：如果表单中有多个相同名称的字段，则 Rocket 会选择第一个有效的字段值，而忽略其余的重复字段。
- 缺失字段（Missing Fields）：如果表单中缺少某些字段，则 Rocket 会使用字段的默认值（如果有默认值的话）来填充该字段，没有默认值的字段会被设置为该字段类型的初始值。

这种宽松的解析模式非常适合处理可能带有可选参数或不严格要求字段的表单数据。然而，如果开发者希望表单数据必须完全符合定义，即不允许任何多余的字段或缺少任何必要的字段，则开发者需要切换到严格模式。

(2) 严格模式

在严格模式（Strict Mode）下，Rocket 提供了 Form<Strict<T>> 数据类型来增强解析的严格性。与宽松模式不同，严格模式下有更严格的约束条件：

- 额外字段（Extra Fields）：如果表单中存在目标结构体中未定义的任何字段，则解析会失败，并返回一个错误。
- 重复字段（Duplicate Fields）：如果表单中出现重复的字段，则解析会失败，因为它不允许字段重复出现。
- 缺失字段（Missing Fields）：如果表单缺少目标结构体中定义的任何字段（不论该字段是否有默认值），则解析也会失败。

换句话说，严格模式会确保传入的表单数据完全匹配目标结构体的定义，没有多余的字段，也没有缺失的字段。这样做可以强制数据的完整性和一致性。

(3) 使用 Form<Strict<T>>

开发者可以在任何使用 Form<T> 的地方切换为 Form<Strict<T>>，以启用严格的表单解析模式。它的泛型参数 T 必须实现 FromForm 特征。例如，假设我们有一个 Task 结构体定义，想要用严格模式解析数据，可以这样写：

```
use rocket::form::{Form, Strict};

#[derive(FromForm)]
struct Task<'r> {
    complete: bool,
```

```
        r#type: &'r str,
    }

    #[post("/todo", data = "<task>")]
    fn new(task: Form<Strict<Task<'_>>>) {
        // 在这里,Rocket 将严格验证表单数据,确保没有多余或缺失字段
        /* 处理代码 */
    }
```

在以上示例中,new()函数中的 task 参数是 Form<Strict<Task<'_>>> 类型。请求体中的表单数据将被严格解析为 Task 结构体的格式。如果数据有任何多余的字段或缺少必要的字段,则 Rocket 会返回一个错误响应。

3. 字段重命名

在 Rocket 框架中,默认情况下,传入表单数据的字段名称与结构体中的字段名称必须相匹配。这种行为通常适用于大多数场景,但有时我们可能希望使用与结构体字段名称不同的表单字段名称,例如与外部服务或前端的表单字段名称保持一致。

(1) 字段重命名的用途

通过使用字段重命名,开发者可以指定 Rocket 在解析表单数据时查找的字段名称,这样即使传入的数据字段名与结构体字段名不同,Rocket 仍能按预期进行解析。

(2) 如何重命名字段

Rocket 提供了 #[field(name = "name")] 和 #[field(name = uncased("name"))] 注解,用于指定表单数据中的字段名称。

- #[field(name = "name")]:该注解表示表单字段必须与指定名称 name 完全匹配。
- #[field(name = uncased("name"))]:该注解表示表单字段名称可以与 name 不区分大小写匹配。例如,"FirstName"、"firstname" 和 "FIRSTNAME" 都将匹配 uncased("first-Name")。

(3) 使用示例

假设我们正在编写一个应用程序,需要从外部服务接收数据。外部服务通过 POST 请求发送一个表单,其中包含一个名为 "first-Name" 的字段。我们希望在 Rust 中将该字段映射为结构体中的 first_name 字段,可以按以下方式定义结构体:

```
#[derive(FromForm)]
struct External<'r> {
    #[field(name = "first-Name")]        // 指定表单中的字段名为 "first-Name"
    first_name: &'r str                   // 在 Rust 中使用 "first_name"
}
```

在以上示例中，Rocket 将在解析表单时查找名为 "first-Name" 的字段，并将其值解析为结构体中的 first_name 字段。

4. 即时验证

在 Rocket 框架中，开发者可以通过使用 #[field(validate)] 属性为表单字段进行即时验证。即时验证使得我们可以在接收到表单数据后立刻检查其有效性，确保数据符合特定的规则或约束条件。

（1）使用即时验证的场景

即时验证非常适合在以下场景中使用：

- 数据合法性检查：在处理数据之前，确保数据在特定的范围内或符合某些格式。
- 防止无效数据：立即拒绝不符合要求的数据，减少后续的错误处理。
- 增强安全性：避免潜在的恶意输入数据导致的安全问题。

（2）如何使用即时验证

Rocket 提供了多种内置的验证函数，例如 range、eq、omits 等，可以使用 #[field(validate)] 属性轻松添加到结构体字段上。例如，考虑一个字段 age: u16，我们希望确保它大于 21，以下结构体实现了这一目标：

```rust
#[derive(FromForm)]
struct Person {
    #[field(validate = range(21..))]
    age: u16
}
```

在以上示例中，range(21..) 是一个内置的验证函数，表示接受一个范围（range），含义是"必须大于或等于 21"。当表单被提交时，Rocket 会检查 age 字段的值，如果值小于 21，则返回验证错误。

5. 任意集合

在 Rocket 框架中，可以使用 FromForm 特性来解析复杂的嵌套数据结构。表单支持任意嵌套、映射（map）和序列（list）集合的组合，这使得在处理复杂的表单数据时更加灵活。通过使用这些集合类型，开发者可以表达和解析几乎任何形式的数据结构。

以下是一个使用 Rust 数据结构来表示复杂嵌套集合的示例。在如下示例中，我们有一个多层次嵌套的类型：

```rust
use std::collections::{BTreeMap, HashMap};

// 定义一个 Person 结构体来表示人的名字和年龄
#[derive(FromForm, Debug, PartialEq, Eq, Hash, PartialOrd, Ord)]
struct Person {
```

```
    name: String,         // 人的名字
    age: usize            // 人的年龄
}

// 定义一个复杂的嵌套集合类型
// 该类型是一个哈希映射,键是一个包含多层嵌套的向量
// 值是另一个哈希映射,映射的键是 usize,值是 Person
HashMap<Vec<BTreeMap<Person, usize>>, HashMap<usize, Person>>
```

6. 上下文

在 Rocket 框架中,Contextual 是一种特殊的表单保护,它作为其他任何表单保护的代理,允许开发者记录所有提交的表单值以及产生的错误,并将它们与相应的字段名称进行关联。这样,当表单提交失败时,开发者可以轻松地显示之前用户输入的值和对应的错误消息,从而改善用户体验。

(1) Contextual 的用途

Contextual 特别适合在需要重新渲染表单的场景中使用,例如用户输入错误数据后需要在页面上显示错误消息并保留用户的输入数据。它帮助开发者记录:

- 提交的表单值:所有用户输入的数据都会被记录。
- 表单错误:解析或验证过程中发生的错误也会被记录,并与相应的字段名称关联起来。

(2) 如何使用 Contextual

要在 Rocket 中使用 Contextual,需要将表单的数据类型指定为 Form<Contextual<'_, T>>,其中 T 是实现了 FromForm 特性的结构体类型。例如,假设我们有一个表单需要用户提交数据,并且我们希望在提交错误时显示错误信息和之前的输入数据,示例如下:

```
use rocket::form::{Form, Contextual};

#[derive(FromForm, Debug)]          // 为 UserInput 结构体派生 Debug 特性
struct UserInput {
    name: String,
    age: u16,
}

#[post("/submit", data = "<form>")]
fn submit(form: Form<Contextual<'_, UserInput>>) {
    if let Some(ref value) = form.value {
// 表单成功解析,value 是 UserInput 类型
        println!("Form submitted successfully: {:?}", value);
    } else {
        // 获取上下文中的错误和字段值
```

```
            let name_errors: Vec<_> = form.context.field_errors("name").collect(); // 将迭
代器转换为 Vec
            let age_errors: Vec<_> = form.context.field_errors("age").collect(); // 将迭代
器转换为 Vec

            let name_value = form.context.field_value("name").unwrap_or_default();
            let age_value = form.context.field_value("age").unwrap_or_default();

            println!("Error in name field: {:?}", name_errors);
            println!("Error in age field: {:?}", age_errors);
            println!("Previous input - Name: {}, Age: {}", name_value, age_value);
        }
    }

#[launch]
fn rocket() -> _ {
    rocket::build().mount("/", routes![submit])
}
```

4.2 响应生成

4.2.1 WrappingResponder

在 Rocket 框架中，响应器（Responder）用于生成 HTTP 响应。一个响应器通常会"包装"另一个响应器，这意味着它会修改或增强被包装响应器的响应内容或元数据（如状态码或 Content-Type）。这种方法使开发者能够灵活地定制和组合响应器，以满足不同的应用需求。

WrappingResponder 是指一个响应器本身包含了另一个响应器，并在其基础上做出某些修改或增强。包装响应器的形式通常如下：

```
struct WrappingResponder<R>(R);
```

以上代码中，R 是实现了 Responder 特性的某种类型。包装响应器的功能在于，它在返回响应之前，可以修改 R 返回的响应内容。例如，Rocket 提供的 status 模块中的一些类型就属于包装响应器。

假设我们需要定义一个路由，它返回一个响应，且该响应的 HTTP 状态码为 202。可以使用 Rocket 中的 status::Accepted 响应器来实现，示例如下：

```
use rocket::response::status;

#[post("/<id>")]
```

```rust
fn get_id(id: usize) -> status::Accepted<String> {
    status::Accepted(format!("id: '{}'", id))
}
```

在以上示例中，status::Accepted<String> 是一个包装响应器，它包装了一个 String 类型的响应，同时将状态码设置为 202（Accepted）。format!("id: '{}'", id) 用来生成响应的内容部分（即 String 类型）。

有时，开发者可能希望同时覆盖响应的 Content-Type 和状态码，可以使用 content 模块中的类型来实现。例如，下面的代码将响应的 Content-Type 设置为 JSON 格式，并将状态码设置为 200：

```rust
use rocket::http::Status;
use rocket::response::{content, status};

#[get("/")]
fn json() -> status::Custom<content::RawJson<&'static str>> {
    // 使用 Status::Ok (200) 或者其他合适的状态码
    status::Custom(Status::Ok, content::RawJson("{ \"hi\": \"Rust\" }"))
}
```

在以上示例中，status::Custom<content::RawJson<&'static str>> 是一个双重包装响应器，它首先使用 content::RawJson 将响应内容指定为 JSON 格式的字符串，然后用 status::Custom 将状态码设为 200。{"hi":"Rust"} 是实际的 JSON 响应数据。

> **注意**
>
> 以上示例中的 content::RawJson 与 serde::json::Json 不同。content::RawJson 用于直接处理已经是 JSON 格式的字符串，而 serde::json::Json 用于将可序列化的 Rust 结构体转换为 JSON 格式。

为了简化代码和提高可重用性，建议派生一个自定义响应器。例如，以下是一个自定义的 RawForbiddenJson 响应器：

```rust
#[derive(Responder)]
#[response(status = 403, content_type = "json")]
struct RawForbiddenJson(&'static str);

#[get("/")]
fn json() -> RawForbiddenJson {
    RawForbiddenJson("{ \"403\": \"Forbidden\" }")
}
```

```
#[launch]
fn rocket() -> _ {
    rocket::build().mount("/", routes![json])
}
```

在以上示例中：#[derive(Responder)] 自动为 RawForbiddenJson 结构体生成了 Responder 实现。#[response(status = 403, content_type = "json")] 属性指定了这个响应器的默认状态码和 Content-Type。当调用 json() 函数时，它会返回一个 RawForbiddenJson 响应器，带有内容 "{ \"403\": \"Forbidden\" }"，并且状态码为 403，Content-Type 为 JSON 格式的字符串。

▶▶ 4.2.2 错误处理

在 Rocket 中，响应器可能会返回一个 Err 和一个状态码，而不是生成一个正常的响应。当这种情况发生时，Rocket 会将请求转发到该状态码的错误捕获器（Error Catcher）。

错误捕获器的工作原理如下。

（1）注册错误捕获器

每个错误状态码都可以有一个自定义的错误捕获器。错误捕获器是一个特殊的函数，用来处理特定的 HTTP 错误状态码（如 404、500 等）。当 Rocket 发现某个状态码有对应的错误捕获器时，就会调用这个捕获器函数来处理该请求。捕获器生成一个自定义响应，并将其返回给客户端。

（2）默认错误捕获器

如果没有为某个错误状态码注册自定义的错误捕获器，并且该状态码是标准的 HTTP 状态码之一（如 404、500 等），则 Rocket 将使用默认的错误捕获器。默认的错误捕获器会返回一个包含状态码和简短描述的 HTML 页面，例如：

- 对于 404 错误，返回的页面可能会显示 "404 - Not Found"。
- 对于 500 错误，返回的页面可能会显示 "500 - Internal Server Error"。

（3）处理非标准状态码

如果没有为自定义状态码注册任何错误捕获器，Rocket 则将尝试使用 500 错误捕获器来返回响应。这意味着，任何无法匹配的错误状态码，Rocket 都会默认使用 500 错误捕获器来生成一个响应。

假设我们有一个 Rocket 应用，并希望自定义 404 和 500 错误页面，示例如下：

```
#[catch(404)]
fn not_found() -> &'static str {
    "Sorry, the requested resource was not found!"
```

```
}

#[catch(500)]
fn internal_error()->&'static str {
"Something went wrong. Please try again later."
}

#[launch]
fn rocket() -> _ {
rocket::build()
      .register("/", catchers![not_found, internal_error])
}
```

在以上示例中，not_found()函数将处理所有 404 错误。任何请求找不到的资源都会得到"Sorry, the requested resource was not found!"的响应。internal_error()函数将处理所有 500 错误。当服务器遇到未预期的错误时，将会返回"Something went wrong.Please try again later."。

4.3 中间件

在 Rocket 中，中间件的概念是通过"Fairing"实现的。Fairing 是一种能够在请求或响应的生命周期内注入自定义逻辑的机制。它们可以用于多种用途，例如请求和响应的预处理、日志记录、修改响应头、统计数据收集等。

Rocket 提供了两种类型的 Fairing：
- Attach Fairings：在 Rocket 实例启动时运行，通常用于全局设置。
- Request/Response Fairings：在请求处理之前或响应发送之后运行，允许开发者在这些阶段插入自定义逻辑。

1. Attach Fairings

Attach Fairings 在 Rocket 实例启动时运行，用于配置或初始化某些全局设置。例如，开发者可以使用它来挂载数据库连接池，或者设置全局的响应头。

使用 Attach Fairing 设置全局响应头的示例代码如下：

```
#[macro_use] extern crate rocket;
use rocket::fairing::{Fairing, Info, Kind};
use rocket::{Request, Response, Data};

pub struct AddHeader;

#[rocket::async_trait]
```

```
impl Fairing for AddHeader {
    fn info(&self) -> Info {
        Info {
            name: "Add Custom Header",
            kind: Kind::Response,
        }
    }

    async fn on_response<'r>(&self, _request: &'r Request<'_>, response: &mut Response<'r>) {
        response.set_raw_header("X-Custom-Header", "Fairing was here");
    }
}

#[launch]
fn rocket() -> _ {
    rocket::build()
        .attach(AddHeader) // 使用 attach() 方法来挂载 Fairing
        .mount("/", routes![])
}
```

对以上代码的解释如下：

- Fairing 特性：一个异步 trait，开发者需要实现它的 info() 方法来定义 Fairing 的名称和类型，以及实现 on_response() 方法来在每个响应中添加自定义头。
- Kind::Response：指定这个 Fairing 是一个 Response 类型的 Fairing，它将在响应发送之前执行。
- attach() 方法：在 Rocket 实例启动时使用 attach() 方法来挂载开发者的 Fairing。以上示例中，我们将 AddHeader Fairing 挂载到了 Rocket 实例上。
- on_response() 方法：这个方法在每次响应生成时都会被调用。开发者可以使用它来修改响应，例如在这里添加了一个自定义的响应头 X-Custom-Header。

2. Request/Response Fairings

Request/Response Fairings 是在处理请求和生成响应的过程中运行的。它们可以在请求到达之前进行预处理，或在响应发送之后进行后处理。

使用 Request/Response Fairing 进行日志记录的示例如下：

```
#[macro_use] extern crate rocket;
use rocket::fairing::{Fairing, Info, Kind};
use rocket::{Request, Data};

// 定义一个 Logger 结构体,用于日志记录
```

```rust
pub struct Logger;

// 实现 Logger 的 Fairing 特性
#[rocket::async_trait]
impl Fairing for Logger {
    // Fairing 的信息,包括名称和类型(在请求和响应时触发)
    fn info(&self) -> Info {
        Info {
            name: "Request Logger",
            kind: Kind::Request | Kind::Response,
        }
    }

    // 请求处理时的逻辑,记录请求方法和 URI
    async fn on_request(&self, request: &mut Request<'_>, _data: &mut Data<'_>) {
        println!("Received request: {} {}", request.method(), request.uri());
    }

    // 响应处理时的逻辑,记录响应状态
    async fn on_response<'r>(&self, request: &'r Request<'_>, response: &mut rocket::Response<'r>) {
        println!("Response status for {}: {}", request.uri(), response.status());
    }
}

// 启动 Rocket 服务器并附加 Logger Fairing
#[launch]
fn rocket() -> _ {
    rocket::build()
        .attach(Logger) // 附加自定义的 Logger Fairing
        .mount("/", routes![]) // 没有定义具体的路由
}
```

对以上代码的解释如下:

- Kind::Request | Kind::Response:以上示例使用了按位或操作符 |,将 Request 和 Response 两种类型组合在一起,表示这个 Fairing 会在请求和响应的两个阶段执行。
- on_request() 方法:该方法会在每次请求到达时被调用。我们在这里记录请求的 HTTP 方法和 URI。
- on_response() 方法:该方法会在响应生成之后被调用。在以上示例中,我们记录了响应的状态码以及对应的请求 URI。
- 日志记录:运行这个 Rocket 应用时,服务器会在控制台输出每个请求的日志信息以及对应的响应状态。

3. 使用 Fairing 进行高级功能

Fairing 可以用于实现各种复杂功能，例如：

- 身份验证：开发者可以在 Request Fairing 中检查请求的头信息，验证是否包含有效的认证信息。
- 统计和监控：开发者可以在 Response Fairing 中收集统计数据，例如请求的响应时间、响应大小等。
- 跨域资源共享（CORS）：在 Response Fairing 中设置适当的 CORS 头信息，允许跨域请求。

实现简单的 CORS 支持的示例代码如下：

```rust
#[macro_use] extern crate rocket;
use rocket::fairing::{Fairing, Info, Kind};
use rocket::{Request, Response};

// 定义一个名为 CORS 的结构体,用于处理跨域资源共享(CORS)策略
pub struct CORS;

// 为 CORS 结构体实现 Fairing 特性
#[rocket::async_trait]
impl Fairing for CORS {
    // 定义 Fairing 的信息,包括名称和类型(在响应阶段触发)
    fn info(&self) -> Info {
        Info {
            name: "CORS Fairing",           // 拦截器的名称,标识它是一个 CORS 处理器
            kind: Kind::Response,           // 拦截器的类型,在响应阶段触发
        }
    }

    // 定义在响应阶段执行的逻辑
    async fn on_response<'r>(&self, _request: &'r Request<'_>, response: &mut Response<'r>) {
        // 设置 CORS 相关的 HTTP 头信息,允许所有来源的请求
        response.set_raw_header("Access-Control-Allow-Origin", "*");
        // 设置允许的 HTTP 方法
        response.set_raw_header("Access-Control-Allow-Methods", "GET, POST, PUT, DELETE");
        // 设置允许的自定义请求头
        response.set_raw_header("Access-Control-Allow-Headers", "Content-Type, Authorization");
    }
}
```

```
#[launch]
fn rocket() -> _ {
    rocket::build()
        .attach(CORS)                    // 附加自定义的 CORS Fairing
        .mount("/", routes![])
}
```

在以上示例中,我们创建了一个简单的 CORS Fairing,它在每个响应中添加了适当的 CORS 头信息,允许所有来源的跨域请求。

4.4 安全请求

在 Web 开发中,安全性是一个至关重要的方面。Rust 的 Rocket 框架提供了多种工具和最佳实践来帮助开发者处理安全请求,防止常见的 Web 攻击,如 CSRF、XSS、SQL 注入,以及数据泄露等。本节将详细介绍如何在 Rocket 中实现安全的请求处理。

1. 输入验证与数据清理

输入验证是确保请求中的数据有效且安全的第一道防线。在 Rocket 中,开发者可以通过多种方式验证输入数据。验证查询参数的示例代码如下:

```
#[macro_use] extern crate rocket;
use rocket::http::Status;

#[get("/search?<query>")]
fn search(query: Option<String>) -> Result<String, Status> {
    if let Some(q) = query {                        // 检查查询参数是否存在
        if q.len() > 256 {                          // 验证查询参数的长度是否超过 256 个字符
            return Err(Status::BadRequest);         // 如果超过,则返回 400 Bad Request 状态码
        }
        Ok(format!("Search results for: {}", q))
    } else {
        Err(Status::BadRequest) // 如果查询参数不存在,则返回 400 Bad Request 状态码
    }
}

#[launch]
fn rocket() -> _ {
    rocket::build().mount("/", routes![search])
}
```

在以上示例中,我们验证查询参数 query 的长度,确保它不超过 256 个字符。如果输入无

效，则返回 400 Bad Request 状态码。

2. 跨站脚本攻击防护

跨站脚本攻击（XSS，Cross-Site Scripting）是一种常见的网络攻击，攻击者通过注入恶意脚本，使用户在浏览器中执行未经授权的代码，导致用户数据泄露、会话劫持等安全问题。

Rocket 框架本身并不直接处理 HTML 输出，因此开发者需要手动确保所有用户输入在输出到 HTML 页面之前进行适当的转义。这样可以防止用户输入被解释为 HTML 标签或脚本，从而有效防止 XSS 攻击。

以下是一个使用 Rocket 框架防止 XSS 攻击的示例代码：

```rust
#[macro_use] extern crate rocket;
use rocket::response::content::RawHtml;
use html_escape::encode_text;                    // 使用 html_escape 库的 encode_text 函数

#[get("/hi/<name>")]
fn greet(name: &str) -> RawHtml<String> {
    let safe_name = encode_text(name);           // 对用户输入的 name 参数进行 HTML 转义
    RawHtml(format!("<h1>Hi, {}!</h1>", safe_name))   // 将转义后的内容插入到 HTML 模板中
}

#[launch]
fn rocket() -> _ {
    rocket::build().mount("/", routes![greet])
}
```

在以上示例中，RawHtml<String> 用于指定响应类型为原始 HTML 内容。在 Rocket 中，RawHtml 表示返回的内容不需要额外的 HTML 转义，内容将被直接输出到客户端浏览器。html_escape::encode_text（name）是用来对用户输入的 name 参数进行 HTML 转义的方法。该方法会将字符串中的特殊字符（如 <、>、& 等）转义成其对应的 HTML 实体，确保这些字符不会被浏览器解释为 HTML 标签或脚本。

4.5 日志记录

Rocket 使用 env_logger 库进行日志记录，该库允许开发者控制日志的详细程度，并将日志输出到标准输出或文件中。日志记录可以用来监控请求和响应、调试应用程序、追踪错误和性能问题等。

1. 日志级别

Rocket 提供了以下几种日志级别，从最低到最高分别为：

- Off:关闭日志记录,不输出任何日志。
- Error:仅记录错误信息,表示应用程序遇到了问题。
- Warn:记录警告信息,表示应用程序遇到潜在问题。
- Info:记录常规信息,例如启动消息、状态更新等。
- Debug:记录调试信息,用于深入了解应用程序的内部工作。
- Trace:记录详细的调试信息,包括每个请求和响应的完整细节。

Rocket 的日志记录是自动启用的,默认情况下会输出到标准输出(通常是终端)。开发者可以通过环境变量或代码配置来控制日志的级别和行为。

(1)配置日志级别

Rocket 通过 ROCKET_LOG 环境变量控制日志级别。例如:

在 Linux/macOS 上使用命令行:

```
$ ROCKET_LOG=debug cargo run
```

在 Windows 上使用命令行:

```
$ set ROCKET_LOG=debug
$ cargo run
```

这些命令会设置日志级别为 debug,使 Rocket 输出详细的调试信息。

(2)在代码中设置日志级别

开发者也可以通过代码设置日志级别,需要在 Rocket.toml 配置文件中指定:

```
[default]
log = "debug"
```

将日志级别设置为 debug。当开发者运行应用时,Rocket 将读取 Rocket.toml 文件中的设置,并相应地调整日志输出。

2. 自定义日志记录

如果需要更高级的日志记录控制,可以使用 Rocket 的 Fairing 来记录请求和响应。例如,开发者可以创建一个简单的请求/响应日志记录器,代码如下:

```
use rocket::fairing::{Fairing, Info, Kind};
use rocket::{Request, Response};

// 自定义一个日志记录器的结构体
pub struct Logger;

// 实现 Fairing 特性
```

```rust
#[rocket::async_trait]
impl Fairing for Logger {
    fn info(&self) -> Info {
        Info {
            name: "Request/Response Logger",
            kind: Kind::Request | Kind::Response,
        }
    }

    // 修改 _data 参数类型为可变引用
    async fn on_request(&self, request: &mut Request<'_>, _data: &mut rocket::Data<'_>) {
        println!("Received request: {} {}", request.method(), request.uri());
    }

    async fn on_response<'r>(&self, request: &'r Request<'_>, response: &mut Response<'r>) {
        println!("Response status for {}: {}", request.uri(), response.status());
    }
}

#[launch]
fn rocket() -> _ {
    rocket::build()
        .attach(Logger)              // 附加自定义的日志记录器
        .mount("/", routes![])       // 没有定义具体的路由
}
```

对以上代码的解释如下：

- **Fairing 特性**：通过实现 Fairing 特性，开发者可以在请求或响应的生命周期中插入自定义逻辑。这里的日志记录器将记录每个请求的路径和方法，以及每个响应的状态。
- **on_request() 和 on_response() 方法**：分别在请求到达和响应返回时执行，记录详细的请求和响应信息。

3. 使用 env_logger 自定义日志

Rocket 使用 env_logger 作为其默认的日志记录库。开发者可以在 main.rs 文件中初始化 env_logger 来自定义日志格式和级别，示例如下：

```rust
#[macro_use] extern crate rocket;
use rocket::fairing::{Fairing, Info, Kind};
use rocket::{Request, Response};
use log::{info, LevelFilter};

// 自定义日志记录的 Fairing
pub struct Logger;
```

```
#[rocket::async_trait]
impl Fairing for Logger {
    fn info(&self) -> Info {
        Info {
            name: "Request Logger",
            kind: Kind::Response | Kind::Request,
        }
    }

    async fn on_request(&self, request: &mut Request<'_>, _: &mut rocket::Data<'_>) {
        // 在每次请求时记录日志
        info!("Received request: {} {}", request.method(), request.uri());
    }

    async fn on_response<'r>(&self, _: &'r Request<'_>, response: &mut Response<'r>) {
        // 在每次响应时记录日志
        info!("Sending response: {}", response.status());
    }
}

#[launch]
fn rocket() -> _ {
    // 初始化 env_logger 并设置默认日志级别
    env_logger::Builder::from_default_env()
        .filter(None, LevelFilter::Info)
        .init();

    rocket::build()
        .attach(Logger)
        .mount("/", routes![])
}
```

可以通过设置 RUST_LOG 环境变量，控制 env_logger 的行为。例如，开发者可以通过在命令行中设置环境变量 "RUST_LOG=rocket=debug" 来设置日志级别为 debug：

```
$ RUST_LOG=rocket=debug cargo run
```

通过运行以上命令行，所有与 Rocket 相关的日志都会以 debug 级别输出。

4.6 本章小结

本章以 Rocket 框架为例，讲解了请求处理、响应生成、中间件、安全请求、日志记录，涵盖了处理 Web 请求和响应的各种方法和技巧，帮助读者更加深入地理解 Rust Web 开发。

第 5 章

用 Rust 访问数据库

5.1 常见数据库简介

5.1.1 关系型数据库

关系型数据库（Relational Database）是一种数据库类型，其结构允许以高效的方式组织和访问数据。术语"关系"来自这样的事实：数据被组织成表，并且这些表之间的关系是基于公共字段定义的。关系型数据库的理论基础基于 E.F. Codd 博士在 20 世纪 70 年代初提出的原理。

1. 关系型数据库模型

关系型数据库模型由 IBM 的 E.F. Codd 于 20 世纪 70 年代开发，它允许使用通用特性将任何表与另一个表相关联。Codd 没有使用层次结构来组织数据，而是提议改用一种数据模型，在表中存储、访问和关联数据，而无须重新组织包含数据的表。

关系型数据库模型通常是高度结构化的，并且能理解 SQL 编程语言。许多数据库使用关系模型，因为它们旨在组织数据和标识关键数据点之间的关系，因此可以轻松地排序和查找信息。大多数关系模型遵循传统的基于列和行的表结构，提供一种高效、直观且灵活的方式来存储结构化数据。关系模型还解决了数据库中多个任意数据结构的问题。

关系型数据库模型的范围包括从小型桌面系统到基于云的大型系统。它们使用 SQL 数据库，或者可以处理请求和更新的 SQL 语句。关系模型由逻辑数据结构（如表、索引和视图等）定义，并与物理存储结构（物理文件）保持独立。数据一致性是关系型数据库模型的标志，因为它们在应用程序和数据库副本（也称为实例）之间保持数据完整性。对于关系型数据库，数据库的多个实例始终具有相同的数据。

2. 原子性、一致性、隔离性和持久性

关系型数据库具有基于 4 个条件的一致性模式或完整性：原子性、一致性、隔离性和持久性（ACID）。以下是每个 ACID 数据库属性的值：

- 原子性定义构成完整事务的元素。
- 一致性定义在事务后维护数据完整性的规则。
- 隔离性会使事务对其他人不可见，这样它们就不会相互争用。
- 持久性可确保数据更改在每次提交事务后成为永久性更改。

这些条件使得关系型数据库在需要高准确性的应用程序（如金融和零售交易，也称为联机事务处理（OLTP））中很有用。金融机构依靠数据库来跟踪大量客户交易，从余额查询到账户之间的转账。关系型数据库是银行业务的理想选择，因为它旨在处理大量客户、事务中频繁发生的数据更改以及快速响应时间。

3. 常见的关系型数据库

以下是一些市场上常见的关系型数据库系统的简介。

（1）Oracle Database

Oracle Database 是一个功能强大的商业关系型数据库管理系统，由甲骨文公司（Oracle Corporation）开发。它支持大规模的数据库操作，广泛应用于企业级应用中。Oracle 提供了高级的数据管理功能，如分区、复制和高可用性解决方案。

（2）MySQL

MySQL 是一个流行的开源关系型数据库管理系统，现在是 Oracle Corporation 的一部分。它以其高性能、可靠性、简单的配置和易于管理而闻名。MySQL 广泛应用于网络应用，特别是在动态网站和服务器应用程序中。

（3）Microsoft SQL Server

Microsoft SQL Server 是一个由微软开发的关系型数据库管理系统，为各种企业级应用提供数据存储解决方案。它提供了广泛的数据分析工具、全面的安全功能和商业智能集成。

（4）PostgreSQL

PostgreSQL 是一个高度可扩展的开源关系型数据库系统，以其标准的 SQL 兼容性、强大的功能集以及对事务和并发的支持而受到赞赏。它支持大量的编程接口，包括库和插件，广泛应用于复杂的查询和数据处理任务。

5.1.2 非关系型数据库

1. 非关系型数据库定义与特点

非关系型数据库（NoSQL 数据库）不使用传统的关系模型（如表格、行、列等）来组织和

存储数据，而是采用其他的数据结构，如文档、键值对、列族、图等。这种数据库设计旨在满足大数据时代的多样化需求，具有以下几个显著特点：

- 高性能：非关系型数据库采用优化的数据存储和查询技术，能够快速处理大量数据和高频查询请求，适合需要低延迟、高吞吐量的应用场景。
- 可扩展性：支持分布式架构，能够通过增加服务器节点来扩展存储和计算能力，适应大规模数据和高并发请求的需求。
- 灵活性：数据结构可以动态调整，无须预先定义固定的模式（Schema），可以随时添加或修改字段和属性，方便应对业务需求的快速变化。
- 高可用性和容错性：数据可以在多个节点上进行复制，支持自动故障转移和数据恢复，确保系统的稳定运行和数据安全。

2. 非关系型数据库类型

非关系型数据库主要分为以下几种类型：

1）文档型数据库。数据以文档的形式存储，每个文档可以包含不同的字段和数据类型，适合存储结构化或半结构化数据。常见的文档型数据库有 MongoDB 和 CouchDB。

2）键值对型数据库。通过键值对的方式存储数据，每个键对应一个值，操作简单且高效，通常用于高速读写的场景。常见的键值对型数据库有 Redis 和 Voldemort。

3）列式数据库。也称列族型数据库以列为单位进行存储，每列的数据具有相同的数据类型，擅长处理海量数据的批量读写操作，常用于数据分析和仓储。常见的列式数据库有 Cassandra 和 HBase。

4）图结构数据库。基于图结构来存储数据，节点表示实体，边表示实体之间的关系，特别适合社交网络、推荐系统等场景。常见的图结构数据库有 Neo4j 和 InfoGrid。

3. 非关系型数据库应用场景

非关系型数据库在许多场景中都能发挥重要作用，包括但不限于：

- 大规模数据存储：如社交媒体数据、物联网数据等，非关系型数据库可以处理海量数据，并提供高效的查询性能。
- 高并发读写：在电商网站、在线游戏等需要处理大量并发访问和实时响应的场景下，非关系型数据库能够保证高性能。
- 实时数据处理：如金融风控系统、实时交通信息处理等场景，非关系型数据库能够提供低延迟的实时数据处理能力。
- 灵活的数据模型：适用于需要快速迭代和频繁变化的应用，非关系型数据库可以快速适应数据模型的调整和优化。

4. 常见非关系型数据库介绍

- **MongoDB**：当前最流行的文档型数据库之一，数据以 BSON（类似 JSON 的二进制格式）格式存储，支持动态查询、索引、负载均衡、自动故障转移等功能，适合互联网应用的快速开发。
- **Cassandra**：开源的分布式数据库管理系统，采用分布式哈希表（DHT）来存储数据，支持多数据中心的复制、故障自动转移和高可用性，常用于需要高度可扩展性和可用性的场景。
- **Redis**：基于内存的键值对型数据库管理系统，支持丰富的数据结构（如字符串、哈希、列表、集合等），读写性能极高，同时支持数据持久化，常用于缓存、会话存储等场景。
- **Neo4j**：图结构数据库管理系统，支持高效的图查询和遍历，特别适合用于网络关系分析、推荐系统、社交网络等领域。

5.2 Rust 访问 MySQL

5.2.1 RBatis

RBatis 是一种轻量级的 MyBatis 风格的 ORM（Object-Relational Mapping，对象关系映射）框架，基于 Rust 编程语言开发。它旨在为 Rust 项目提供类似 MyBatis 的功能，用于 ORM、动态 SQL 和数据库操作。RBatis 利用了 Rust 的类型系统和宏来实现类型安全、高效的数据库操作。

1. RBatis 的特点

（1）轻量级

RBatis 是一个轻量级的 ORM 框架，其核心库体积小，安装和使用非常简单。这意味着在项目中引入 RBatis 不会带来额外的负担，非常适合对性能和资源使用要求较高的场景，如嵌入式项目或需要较少依赖的微服务架构。此外，由于 RBatis 使用 Rust 的静态编译特性，整个框架和应用都可以编译成一个独立的可执行文件，这在需要小型化部署时显得特别有用。

（2）MyBatis 风格

RBatis 的 API 设计和操作风格与 Java 中流行的 MyBatis 非常相似，提供了动态 SQL、注解支持、XML 配置等功能。这种设计让已经熟悉 MyBatis 的开发者可以轻松上手，无须额外学习新的编程范式。RBatis 保持了 MyBatis 灵活的 SQL 构建能力，允许开发者直接编写原生 SQL，同时结合 Rust 的类型安全特性，避免了手写 SQL 的安全隐患。

（3）类型安全

Rust 语言本身以其严格的类型系统和所有权机制著称，RBatis 充分利用了这些特性来确保数据库查询和操作的类型安全。通过使用 Rust 的泛型和特征（traits），RBatis 可以在编译期捕获和防止类型错误，减少运行时异常的可能性。这种类型安全特性不仅提高了代码的可靠性，还降低了常见的安全漏洞（如 SQL 注入）的风险，使得开发者可以更加专注于业务逻辑的开发。

（4）高性能

RBatis 基于 Rust 的高性能特性构建，充分利用了 Rust 的零成本抽象和内存安全性来提供极快的数据库操作速度。与许多其他语言（如 Java 或 Python 等）的 ORM 框架相比，RBatis 在执行数据库查询时几乎没有运行时开销，因为 Rust 编译器在编译时就已经进行了许多优化。RBatis 使用异步操作模式，这对于高并发的 Web 应用程序和实时系统尤为重要，能够充分利用系统资源，提高应用的吞吐量。

（5）异步支持

RBatis 原生支持异步编程模型，基于 Rust 的 async/await 特性，使得它可以很好地与 Rust 异步生态系统中的其他工具和库（如 tokio、async-std 等）进行集成。异步支持使得 RBatis 在处理大量并发数据库请求时表现出色，可以有效地避免阻塞 I/O 操作，提高应用的响应速度和整体性能。

2. RBatis 安装

（1）更新 Cargo.toml 文件

在开发者的项目目录下找到 Cargo.toml 文件，或者在创建新项目时（使用 cargo new project_name 命令）生成的 Cargo.toml 文件。在 [dependencies] 部分中添加以下依赖项：

```toml
[dependencies]
rocket = { version = "0.5.0-rc.3", features = ["tls","json"] }
rbatis = { version = "4.5" } # 使用最新版本的 Rbatis
rbdc-mysql = { version = "4.5" } # 添加 MySQL 驱动
serde = { version = "1.0", features = ["derive"] }
tokio = { version = "1", features = ["full"] }
dotenv = "0.15"
```

（2）选择适合的数据库驱动

RBatis 支持多种数据库，开发者需要根据实际情况选择合适的数据库驱动。例如，如果开发者使用 MySQL，则 Cargo.toml 文件中的 rbdc-mysql 依赖项应如下所示：

```toml
[dependencies]
rbdc-mysql = { version = "4.5" } # 添加 MySQL 驱动
```

（3）安装和编译项目

一旦 Cargo.toml 文件配置完成，运行以下命令来安装和编译项目所需的依赖：

```
$ cargo build
```

以上命令将下载 RBatis 及其所有依赖项，并编译项目。如果一切正常，则开发者应该会看到编译成功的信息。

3. 初始化 RBatis

Rocket 是 Rust 的一个流行 Web 框架，它以快速、安全、易用著称。在构建 Web 应用时，通常需要数据库支持来持久化数据。RBatis 可以与 Rocket 集成，以实现数据库操作。

（1）初始化函数定义的语句

```
async fn init_rbatis() -> Arc<RBatis> {
```

以上代码中，init_rbatis( )是一个异步函数，意味着它可以在执行过程中进行异步操作（如数据库连接），不会阻塞主线程。函数的返回类型是一个 Arc（原子引用计数指针），它指向 RBatis 实例。Arc 用于在多线程环境下共享数据，因此 RBatis 实例可以在线程间安全地共享。

（2）加载环境变量的语句

```
dotenv::dotenv().ok();        // 加载 .env 文件中的环境变量
```

以上代码调用 dotenv 库的 dotenv 函数来加载 .env 文件中的环境变量。.env 文件通常用于存储配置数据（如数据库连接字符串）。ok( )函数用于忽略错误，即使 .env 文件不存在也不会导致程序崩溃。

（3）创建 RBatis 实例的语句

```
let rbatis = RBatis::new();
```

（4）读取数据库 URL 的语句

```
let database_url = std::env::var("DATABASE_URL").expect("DATABASE_URL must be set");
```

在以上代码中，std::env::var（"DATABASE_URL"）是从环境变量中读取数据库连接 URL，环境变量名为 DATABASE_URL。

（5）连接到数据库的语句

```
rbatis.link(MysqlDriver {}, &database_url).await
    .expect("rbatis link database failed");
```

在以上代码中，rbatis.link（MysqlDriver {}，&database_url）.await 语句用于异步地将 RBatis 实例连接到数据库。MysqlDriver {}用于指定数据库驱动类型为 MySQL。

（6）返回 RBatis 实例的语句

```
Arc::new(rbatis)
```

Arc::new（rbatis）用于创建一个原子引用计数（Arc）指针来封装 RBatis 实例。这允许 RBatis 实例在线程间安全共享。Arc 是多线程环境下共享数据的安全方式，通常用于 Web 框架

（如 Rocket）中管理全局状态。

4. 定义表结构体

（1）定义派生宏

```
#[derive(Debug, Clone, Serialize, Deserialize)]
```

对以上代码的说明如下：

- #[derive(...)]：一个派生宏，用于自动为结构体实现一些常见的特性。这些特性使得结构体在代码中更易于使用。
- Debug：让结构体支持调试格式输出，这意味着开发者可以使用"println!("{:?}", user);"这样的代码来打印 User 结构体的内容。
- Clone：让结构体支持克隆操作。通过实现 Clone 特性，可以轻松地创建结构体实例的深拷贝。
- Serialize：让结构体支持序列化。它来自于 serde 库，用于将 User 结构体转换为 JSON、XML 或其他格式的数据，这在与外部系统交互时（如发送 HTTP 请求时）非常有用。
- Deserialize：让结构体支持反序列化。它同样来自于 serde 库，用于将 JSON、XML 或其他格式的数据转换为 User 结构体。这在从外部系统接收数据时（如处理 HTTP 响应时）非常有用。

（2）定义表结构体

```
pub struct User {
    pub id: Option<u64>,
    pub name: Option<String>,
    pub email: Option<String>,
    pub created_at: Option<i64>,
    pub updated_at: Option<i64>,
}
```

在以上代码中，pub struct User 语句用于定义一个名为 User 的结构体，并将其设为公有（pub），这样它可以在模块或外部包中使用。

5. 常见数据库操作

（1）数据库查询

query_decode() 方法用于执行 SQL 查询并将结果映射到指定的 Rust 结构体类型上。它的主要作用是将数据库查询的结果解码为特定类型的对象（如结构体 User）。使用这个方法可以很方便地将查询的结果集转换成 Rust 类型，避免手动解析和映射结果集，示例如下：

```
// 查询所有用户(GET /users)
#[get("/users")]
```

```
async fn get_users(rbatis: &State<Arc<RBatis>>) -> Json<Vec<User>> {
    let rbatis_ref = rbatis.inner().as_ref();

    // 查询所有用户
    let users: Vec<User> = rbatis_ref
        .query_decode("SELECT id, name, email, created_at, updated_at FROM users", vec![])
        .await
        .unwrap_or_else(|_| vec![]);

    Json(users)
}
```

对以上代码的解释如下：

- rbatis_ref.query_decode(…)：使用 RBatis 库提供的 query_decode() 方法来执行 SQL 查询。
- SQL 查询："SELECT id, name, email, created_at, updated_at FROM users" 是执行的查询语句，用于从 users 表中选择所有用户的数据。
- 参数：vec![] 表示 SQL 查询的参数，这里为空向量，因为我们不需要参数化查询。
- await：异步等待 query_decode() 方法的执行完成。RBatis 的查询方法是异步的，需要使用 await 等待结果。
- unwrap_or_else(|_| vec![])：处理可能的错误。如果查询失败，则返回一个空的 Vec<User>。unwrap_or_else 是一种安全的解包方法，可以在发生错误时提供一个替代值。

（2）数据库插入

1）定义表结构体，代码如下：

```
#[derive(Deserialize, Serialize, Clone, Debug)]
pub struct User {
    pub id: Option<u64>,
    pub name: Option<String>,
    pub email: Option<String>,
    pub created_at: Option<i64>,
    pub updated_at: Option<i64>,
}
```

2）使用 impl_update! 宏自定义更新方法，代码如下：

```
impl_insert!(User {});
```

3）编写 create_user() 函数插入数据，代码如下：

```
#[post("/user", format = "json", data = "<user>")]
async fn create_user(rbatis: &State<Arc<RBatis>>, user: Json<User>) ->&'static str {
    let rbatis_ref = rbatis.inner().as_ref();
```

```rust
        let mut user = user.into_inner();
        let now = DateTime::now().unix_timestamp();
        user.created_at = Some(now);
        user.updated_at = Some(now);

        match User::insert(rbatis_ref, &user).await {
            Ok(_) =>"User created successfully",
            Err(_) =>"Failed to create user",
        }
    }
```

(3)数据库更新

1)定义表结构体,代码如下:

```rust
#[derive(Debug, Clone, Serialize, Deserialize)]
pub struct Users {
    pub id: Option<u64>,
    pub name: Option<String>,
    pub email: Option<String>,
    pub created_at: Option<i64>,
    pub updated_at: Option<i64>,
}
```

2)使用 impl_update! 宏自定义更新方法,只更新 name 字段,代码如下:

```rust
impl_update!(Users {
    update_name_by_id(name: &str, id: u64) =>"' where id = #{id}'"
});
```

3)编写 update_user_name() 函数来接受 PUT 请求,并更新数据库,代码如下:

```rust
#[put("/user/<id>/name", format = "json", data = "<user>")]
async fn update_user_name(rbatis: &State<Arc<RBatis>>, id: u64, user: Json<Users>) ->&
'static str {
    let rbatis_ref = rbatis.inner().as_ref();        // 获取 RBatis 实例的引用
    let user = user.into_inner();                    // 从 JSON 数据中提取 User 结构体

    if let Some(name) = &user.name {
        // 使用自定义的更新方法 update_name_by_id 更新用户的 name 字段
        match Users::update_name_by_id(rbatis_ref, &user, name, id).await {
            Ok(_) =>"User name updated successfully",  // 如果成功,返回成功消息
            Err(_) =>"Failed to update user name",     // 如果失败,返回失败消息
        }
    } else {
        "No name provided to update"                   // 如果没有提供 name,返回错误消息
    }
}
```

(4)表数据删除

1)使用 impl_delete! 宏自定义删除方法,代码如下:

```
impl_delete!(User {
    delete_by_name(name: &str) =>"' WHERE name = #{name}'"
});
```

2)编写 delete_user() 函数用来接受 DELETE 请求以删除表数据,代码如下:

```
#[delete("/user? <name>")]
async fn delete_user(rbatis: &State<Arc<RBatis>>, name: String) ->&'static str {
    let rbatis_ref = rbatis.inner().as_ref();

    match User::delete_by_name(rbatis_ref, &name).await {
        Ok(_) =>"User deleted successfully",
        Err(_) =>"Failed to delete user",
    }
}
```

6. 原始 SQL

RBatis 实例的 exec() 方法的定义如下:

```
async fn exec(&self, sql: &str, args: Vec<rbs::Value>) -> Result<ExecResult, rbatis::Error>
```

在以上代码中:

- sql: &str 参数表示要执行的 SQL 语句。例如"INSERT INTO users(name, email)VALUES(?, ?)"。SQL 语句可以包含占位符 ?,用于参数化查询。
- args: Vec<rbs::Value>是一个向量,包含 SQL 语句中的参数。rbs::Value 是 rbs 库中的类型,用于表示 SQL 查询的参数值。开发者可以使用 to_value! 宏将 Rust 类型的值转换为 rbs::Value,并将这些转换后的值作为 SQL 查询的参数传递给 exec。
- Result<ExecResult, rbatis::Error>返回一个 Result 类型。如果执行成功,则将返回一个 ExecResult 类型,包含 SQL 操作的结果(如受影响的行数);如果执行失败,则返回一个 rbatis::Error 错误。

使用 exec() 方法来执行原始 SQL 实战示例如下:

```
// 增加用户(POST /user)
#[post("/user", format = "json", data = "<user>")]
async fn create_user(rbatis: &State<Arc<RBatis>>, user: Json<User>) ->&'static str {
    let rbatis_ref = rbatis.inner().as_ref();
    let user = user.into_inner();

    // 插入用户数据
```

```rust
    let sql = r#"
        INSERT INTO users (name, email, created_at, updated_at)
        VALUES (?, ?, ?, ?)
    "#;

    match rbatis_ref.exec(sql, vec![
        to_value!(user.name),
        to_value!(user.email),
        to_value!(user.created_at),
        to_value!(user.updated_at)
    ]).await {
        Ok(_) =>"User created successfully",
        Err(_) =>"Failed to create user",
    }
}
```

7. 事务

在数据库操作中，事务（transaction）是一个逻辑单元，它确保一系列操作要么全部成功（提交（commit）），要么全部失败（回滚（rollback））。Rust 中可以使用异步数据库来管理事务，确保数据操作的原子性和一致性，示例如下：

```rust
#[delete("/user_tx? <name>")]
async fn delete_user_tx(rbatis: &State<Arc<RBatis>>, name: String) ->&'static str {
    let rbatis_ref = rbatis.inner().as_ref();

    // 启动事务
    let mut tx = match rbatis_ref.acquire_begin().await {
        Ok(transaction) => transaction,
        Err(_) => return "Failed to start transaction", // 启动事务失败
    };

    // 执行删除操作
    match User::delete_by_name(&tx, &name).await {
        Ok(_) => {
            // 提交事务
            match tx.commit().await {
                Ok(_) =>"User deleted successfully",
                Err(_) =>"Failed to commit transaction", // 提交事务失败
            }
        },
        Err(_) => {
```

```
            // 删除失败,回滚事务
            let _ = tx.rollback().await;
"Failed to delete user"
        }
    }
}
```

5.2.2 【实战】将 MySQL 的数据导出到 CSV 文件中

将 MySQL 数据库中的数据导出到 CSV 文件是一个常见的需求。在 Rust 中，开发者可以使用 mysql 库来查询 MySQL 数据库中的数据，然后将数据写入 CSV 文件中。以下是实现这一过程的详细步骤。

1. 安装依赖

在 Cargo.toml 中添加 mysql 和 csv 两个依赖库，代码如下：

```
[package]
name = "rust_database"
version = "0.1.0"
edition = "2021"

# 依赖项配置
[dependencies]
rocket = { version = "0.5.0-rc.2", features = ["json"] }
serde = { version = "1.0", features = ["derive"] }
serde_json = "1.0"
rbatis = "4.0" # 根据开发者使用的 rbatis 版本
rbdc-mysql = "4.0" # 示例数据库驱动,根据开发者使用的数据库选择合适的驱动
tokio = { version = "1", features = ["full"] }
csv = "1.1"
```

2. 连接 MySQL 数据库

创建一个与 MySQL 数据库的连接，代码如下：

```
async fn init_rbatis() -> Arc<RBatis> {
    let rbatis = RBatis::new();
    let database_url = "mysql://root:a123456@127.0.0.1:3306/rust_database";
    rbatis
        .link(MysqlDriver {}, &database_url)
        .await
        .expect("rbatis link database failed");
```

```
        Arc::new(rbatis)
    }
```

3. 查询数据

接下来，从数据库中查询数据。在这个例子中，我们假设有一个名为 users 的表，其中包含 id、name、email 三个字段。

```
// 查询所有用户并导出为 CSV 文件
#[get("/users/export")]
async fn export_users<'r>(rbatis: &'r State<Arc<RBatis>>) -> Result<(ContentType, Vec<u8>), rocket::http::Status> {
    let rbatis_ref = rbatis.inner().as_ref();

    // 查询所有用户
    let users: Vec<User> = rbatis_ref
        .query_decode("SELECT id, name, email, created_at, updated_at FROM users", vec![])
        .await
        .unwrap_or_else(|_| vec![]);

    // 创建一个 CSV writer
    let mut wtr = Writer::from_writer(Cursor::new(Vec::new()));

    // 将用户数据写入 CSV
    for user in users {
        if let Err(e) = wtr.serialize(user) {
            eprintln!("Failed to serialize user: {:?}", e);
            return Err(rocket::http::Status::InternalServerError);
        }
    }

    // 完成写入并转换为字节向量
    let csv_data = wtr.into_inner().unwrap().into_inner();

    // 设置内容类型和下载头,并返回数据
    Ok((ContentType::new("text", "csv").with_params([("charset", "utf-8")]), csv_data))
}
```

4. 运行程序

确保已经正确配置了数据库连接信息，并且 Cargo.toml 中添加了所需的依赖项。然后运行程序，它将从数据库中查询数据，打开浏览器，访问 http://localhost:8000/users/export，浏览器会自动提示下载 CSV 文件。

5.3 Rust 访问 Redis

5.3.1 Rust 中调用 Redis

1. redis 库的基本介绍

redis 库是 Rust 生态系统中最常用的 Redis 客户端库之一。它提供了与 Redis 服务器进行通信的接口,支持同步和异步操作。该库封装了 Redis 的所有命令,使得开发者能够在 Rust 中高效、简洁地与 Redis 进行交互。

redis 库的设计目标是为 Rust 提供一个简单易用的 Redis 客户端,支持常见的 Redis 操作(如字符串操作、哈希、列表、集合等),并与 Rust 的类型系统很好地结合,确保类型安全。

2. 安装和使用

在 Cargo.toml 中添加如下依赖:

```
[dependencies]
redis = { version = "0.26", features = ["tokio-comp"] }
tokio = { version = "1", features = ["full"] }
```

在以上代码中,tokio 是 Rust 的异步运行时库,用于支持 async/await 异步操作。redis 是 Redis 客户端库,启用了 tokio-comp 特性以支持异步操作。

3. 连接 Redis

使用 redis 库,首先需要创建一个 Redis 客户端,并使用它来获取连接对象。以下是连接到 Redis 服务器的基本方法。创建 Redis 客户端并获取异步连接的示例如下:

```
use redis::AsyncCommands;
use tokio;

#[tokio::main]
async fn main() -> redis::RedisResult<()> {
    // 创建 Redis 客户端
    let client = redis::Client::open("redis://127.0.0.1/")?; // 连接到本地的 Redis 服务器

    // 获取异步连接
    let mut con = client.get_async_connection().await?;

    // 执行一些 Redis 操作
    con.set("key_88", 88).await?; // 设置一个键值对
    let value: i32 = con.get("key_88").await?; // 获取该键的值
```

```
        println!("The value for 'key_88' is: {}", value);

        Ok(())
    }
    // The value for 'key_88' is: 88
```

4. 常用的 Redis 操作方法

redis 库封装了许多 Redis 命令，使其可以在 Rust 中使用。这些操作被实现为异步和同步方法，我们以异步方法为例。

(1) 字符串操作

Redis 中的字符串操作是最基本的数据操作类型之一。设置指定键的值的示例如下：

```
con.set("test_key", "test_value").await?;
```

获取指定键的值的示例如下：

```
let value: String = con.get("test_key").await?;
```

将指定键的整数值增加 1 的示例如下：

```
con.incr("counter", 1).await?;
```

将一个值追加到指定键的值末尾的示例如下：

```
con.append("test_key", " appended text").await?;
```

(2) 哈希操作

Redis 哈希（Hash）是一个键值对集合，适用于存储对象。设置哈希表中指定字段的值的示例如下：

```
con.hset("test_hash", "field1", "value1").await?;
```

获取哈希表中指定字段的值的示例如下：

```
let field_value: String = con.hget("test_hash", "field1").await?;
```

获取哈希表中所有字段和值的示例如下：

```
let all_fields: std::collections::HashMap<String, String> = con.hgetall("test_hash").await?;
```

(3) 列表操作

Redis 列表是简单的字符串列表，按照插入顺序排序。将一个值插入到列表头部的示例如下：

```
con.lpush("test_list", "value1").await?;
```

将一个值插入到列表尾部的示例如下：

```
con.rpush("test_list", "value2").await?;
```

移除并返回列表头部的元素的示例如下：

```
let head: String = con.lpop("test_list").await?;
```

获取列表中指定范围的元素的示例如下：

```
let range: Vec<String> = con.lrange("test_list", 0, -1).await?;
```

5. 集合操作

Redis 集合是唯一的字符串集合，集合中的元素没有顺序。

向集合添加一个或多个成员的示例如下：

```
con.sadd("test_set", "member1").await?;
```

移除集合中的一个或多个成员的示例如下：

```
con.srem("test_set", "member1").await?;
```

返回集合中的所有成员的示例如下：

```
let members: Vec<String> = con.smembers("test_set").await?;
```

6. 有序集合操作

Redis 有序集合类似于集合，但每个成员都有一个分数（score），集合中的成员按照分数从小到大排序。向有序集合添加一个或多个成员，或者更新现有成员的分数的示例如下：

```
con.zadd("test_sorted_set", "member1", 1).await?;
```

通过索引范围返回有序集合指定区间内的成员的示例如下：

```
let range: Vec<String> = con.zrange("test_sorted_set", 0, -1).await?;
```

移除有序集合中的一个或多个成员的示例如下：

```
con.zrem("test_sorted_set", "member1").await?;
```

7. 键操作

删除一个或多个键的示例如下：

```
con.del("test_key").await?;
```

检查给定键是否存在的示例如下：

```
let exists: bool = con.exists("test_key").await?;
```

设置键的过期时间（s）的示例如下：

```
con.expire("test_key", 60).await?;
```

8. 管道和事务

redis 库支持 Redis 的管道（pipeline）和事务（transaction）操作，帮助开发者高效地执行多个命令。创建一个管道，并一次性执行多个命令的示例如下：

```
let mut pipe = redis::pipe();
pipe.set("key1", 42).ignore()
    .incr("key2", 1)
    .get("key2");
let (key2_value,): (i32,) = pipe.query_async(&mut con).await?;
println!("key2_value: {}", key2_value);
```

9. 订阅/发布

Redis 提供订阅/发布消息系统，开发者可以使用 redis 库中的 publish 进行订阅和发布。发布消息的示例如下：

```
con.publish("channel_name", "Hi, Redis!").await?;
```

订阅消息的示例如下：

```
let mut pubsub = con.as_pubsub();
pubsub.subscribe("channel_name").await?;

while let Some(msg) = pubsub.on_message().next().await {
    let payload: String = msg.get_payload()?;
    println!("Received: {}", payload);
}
```

▶ 5.3.2 【实战】使用 Redis 实现队列并获取前 10 条数据

在 Redis 中实现队列可以通过列表（List）数据结构来实现。Redis 列表是一个双向链表，适用于实现队列（First In First Out，FIFO）和栈（Last In First Out，LIFO）等数据结构。

1. 设置 Redis 和 Rust 环境

确保 Rust 项目中包含 redis 库和 tokio 库，以支持 Redis 操作和异步编程。在 Cargo.toml 文件中添加以下依赖项：

```
[dependencies]
redis = { version = "0.26", features = ["tokio-comp"] }
tokio = { version = "1", features = ["full"] }
```

2. 初始化 Redis 客户端

创建一个 Redis 客户端并使用它来连接 Redis 服务器，代码如下：

```rust
use redis::AsyncCommands;
use tokio;

#[tokio::main]
async fn main() -> redis::RedisResult<()> {
    // 创建 Redis 客户端并连接本地 Redis 服务器
    let client = redis::Client::open("redis://127.0.0.1/")?;
    let mut con = client.get_async_connection().await?;
    Ok(())
}
```

3. 插入数据到队列中

使用 lpush 命令将新元素插入列表的左端。lpush 是一个异步命令，它接收列表名称（队列名称）和一个或多个值，将这些值从左侧依次插入列表中，示例如下：

```rust
// 将数据插入队列 my_queue 中
con.lpush("my_queue", format!("message {}", i)).await?;
```

在以上循环中，我们插入 15 条数据到队列 my_queue 中，数据内容为 "message 1" 到 "message 15"。

4. 获取队列中的前 10 条数据

使用 lrange 命令从列表中获取指定范围的元素。lrange 接收 3 个参数：列表名称、起始索引和结束索引。起始索引为 0，表示从第 1 个元素开始；结束索引为 9，表示获取到第 10 个元素（因为索引是从 0 开始的）。

```rust
// 获取队列 my_queue 的前 10 条数据
let first_ten: Vec<String> = con.lrange("my_queue", 0, 9).await?;
```

5.4 r2d2 连接池

在 Web 开发中，数据库连接池是一个常见的工具，用于管理与数据库的连接。Rust 的 r2d2 库是一个轻量级的连接池管理库，它被广泛用于管理数据库连接池，以提高性能并确保数据库连接的稳定性。在 Diesel 框架中，开发者可以结合 r2d2 库来管理数据库连接池，从而高效地处理多个并发请求。本节将结合 Diesel 框架，讲解 r2d2 库的常见使用方法和技巧。

r2d2 是 Rust 生态中一个常用的数据库连接池库，它提供了高效、安全的数据库连接池管理。

在 Rust 应用程序中使用 r2d2 可以提高性能，因为它允许多个线程复用数据库连接，而不是每次操作都建立和关闭新的连接。使用 r2d2 连接池连接 MySQL 的详细步骤如下。

1. 在 Cargo.toml 中添加依赖项

在 Cargo.toml 文件中添加以下依赖项：

```toml
[dependencies]
r2d2 = "0.8" # r2d2 连接池库
r2d2-diesel = "1.0" # 用于与 diesel 兼容的 r2d2 支持
diesel = { version = "2.0.3", features = ["mysql", "r2d2", "chrono"] } # diesel ORM 和 MySQL 支持
dotenv = "0.15" # 用于加载 .env 配置文件
```

2. 创建 MySQL 数据库和配置 .env 文件

确保 MySQL 服务器正在运行，并且开发者已经创建了一个用于测试的数据库。假设开发者创建了一个名为 test_db 的数据库，创建一个 .env 文件来存储数据库的连接信息：

```
DATABASE_URL=mysql://username:password@localhost:3306/test_db
```

将 username 和 password 替换为开发者的 MySQL 数据库的用户名和密码。

3. 使用 Diesel 初始化数据库

Diesel 是 Rust 中的一个对象关系映射（Object-Relational Mapping，ORM）工具，可以与 r2d2 集成以提供更方便的数据库操作。以下是如何使用 Diesel 初始化数据库的步骤。

1）安装 Diesel CLI 工具，代码如下：

```
$ cargo install diesel_cli --no-default-features --features mysql
```

2）初始化 Diesel 项目，代码如下：

```
$ diesel setup
```

以上命令将创建一个新的 migrations 目录，用于管理数据库迁移。

4. 配置连接池

配置 r2d2 连接池以管理与 MySQL 的连接，示例如下：

```rust
use diesel::prelude::*;
use diesel::mysql::MysqlConnection;
use diesel::r2d2::{self, ConnectionManager};
use std::env;
use dotenv::dotenv;

// 定义类型别名以便更容易引用 r2d2 的连接池
```

```rust
type Pool = r2d2::Pool<ConnectionManager<MysqlConnection>>;

// 建立数据库连接池
fn establish_connection_pool() -> Pool {
    dotenv().ok();

    // 获取 DATABASE_URL 环境变量
    let database_url = env::var("DATABASE_URL").expect("DATABASE_URL must be set");

    // 创建连接管理器
    let manager = ConnectionManager::<MysqlConnection>::new(database_url);

    // 创建 r2d2 连接池
    r2d2::Pool::builder()
        .build(manager)
        .expect("Failed to create pool.")
}

fn main() {
    // 初始化数据库连接池
    let pool = establish_connection_pool();

    // 使用连接池获取连接
    let conn = pool.get().expect("Failed to get a database connection from the pool.");

    // 现在开发者可以使用 conn 执行数据库操作
    println!("Successfully connected to the database.");
}
```

5. 使用连接池执行数据库操作

使用 r2d2 提供的连接池来执行数据库操作。以下是一个使用 Diesel 和 r2d2 执行简单查询的示例。

（1）创建并运行迁移

如果开发者还没有创建迁移，则可以使用以下命令创建一个新的迁移：

```
$ diesel migration generate create_users
```

然后编辑生成的迁移文件 migrations/{timestamp}_create_users/up.sql 以包含创建 users 表的 SQL 语句。假设我们有一个名为 users 的表：

```
CREATE TABLE users (
    id INT AUTO_INCREMENT PRIMARY KEY,
    name VARCHAR(255) NOT NULL,
```

```
    email VARCHAR(255) UNIQUE NOT NULL
);
```

编辑生成的迁移文件 migrations/{timestamp}_create_users/down.sql 文件：

```
DROP TABLE users;
```

运行数据库迁移：

```
$ diesel migration run
```

以上命令将创建 users 表，并在项目的 src 目录中生成 schema.rs 文件，编辑该 schema.rs 文件的代码如下：

```
// 在此文件中生成的代码通常包括表模式
diesel::table! {
    users (id) {
        id -> Integer,
        name -> Varchar,
        email -> Varchar,
    }
}
```

（2）使用 Diesel 模型和连接池执行查询

新建一个名为 models.rs 的文件，代码如下：

```
use diesel::prelude::*;
use diesel::Queryable;
use crate::schema::users;            // 正确导入 schema 模块中的 users 表

// 使用 Diesel 的宏派生 Queryable 和 Selectable 来匹配数据库字段
#[derive(Queryable, Selectable)]
#[diesel(table_name = users)]        // 引用 schema 模块中的 users 表
pub struct User {
    pub id: i32,
    pub name: String,
    pub email: String,
}
```

编辑 main.rs 文件，代码如下：

```
#[macro_use]
extern crate diesel;

mod models;
```

```rust
mod schema;

use self::models::*;
use self::schema::users::dsl::*; // 正确导入 schema 模块
use diesel::prelude::*;
use diesel::mysql::MysqlConnection;
use diesel::r2d2::{self, ConnectionManager};
use std::env;
use dotenv::dotenv;

// 定义类型别名以便更容易引用 r2d2 的连接池
type Pool = r2d2::Pool<ConnectionManager<MysqlConnection>>;

// 建立数据库连接池
fn establish_connection_pool() -> Pool {
    dotenv().ok();

    // 获取 DATABASE_URL 环境变量
    let database_url = env::var("DATABASE_URL").expect("DATABASE_URL must be set");

    // 创建连接管理器
    let manager = ConnectionManager::<MysqlConnection>::new(database_url);

    // 创建 r2d2 连接池
    r2d2::Pool::builder()
        .build(manager)
        .expect("Failed to create pool.")
}

fn main() {
    // 初始化数据库连接池
    let pool = establish_connection_pool();

    // 使用连接池获取可变连接
    let mut conn = pool.get().expect("Failed to get a database connection from the pool.");

    // 查询所有用户
    let results = users
        .limit(10)
        .load::<User>(&mut conn) // 使用可变引用
        .expect("Error loading users");

    for user in results {
```

```
            println!("Name: {}, Email: {}", user.name, user.email);
        }
}
// cargo run
// Name: barry, Email: barry@gmail.com
```

5.5 本章小结

本章讲解了常见数据库简介、Rust 访问 MySQL、Rust 访问 Redis、r2d2 连接池，系统讲解了 Rust 访问数据库的方法和技巧，帮助读者更加深入地学习 Rust 访问数据库的知识。

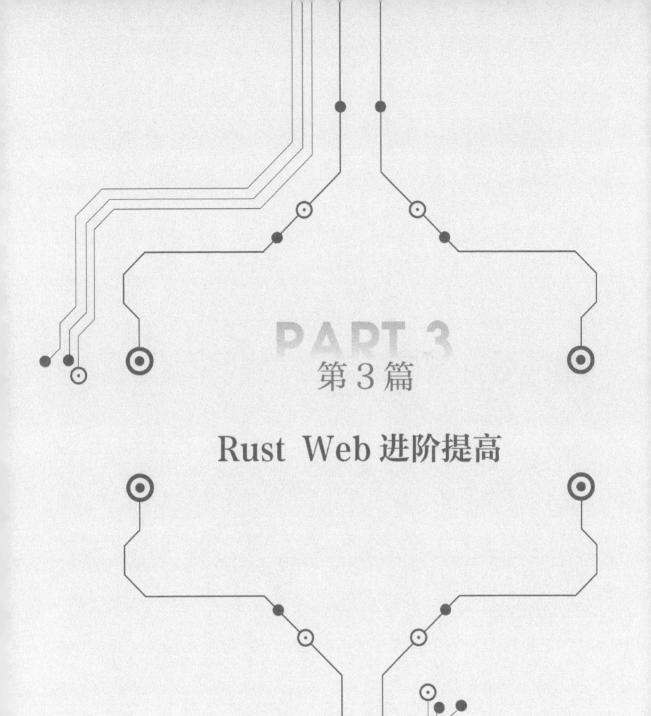

PART 3
第 3 篇

Rust Web 进阶提高

第6章

Rust Socket 编程

6.1 什么是 Socket

1. Socket 概念

Socket（套接字）是网络通信中的一个基础概念，它提供了应用程序之间在网络上交换数据的端点。Socket 可以看作是两台计算机之间的通信接口，通过它，程序能够发送和接收数据。它是操作系统提供的一个抽象层，用来屏蔽底层的网络协议细节，使程序员能够专注于应用层的逻辑。

Socket 构成了软件中网络通信的基础构建块，使程序能够使用传输控制协议（TCP）或用户数据报协议（UDP）等跨网络进行通信。Socket 允许在网络上的设备之间或同一设备内的进程之间建立网络连接、传输数据以及终止连接。

2. Socket 的基本原理

Socket 的工作原理基于客户端-服务器模型（Client-Server Model），即一个程序充当服务器端（Server），等待连接请求；另一个程序充当客户端（Client），向服务器端发起连接请求。

当创建一个 Socket 时，需要指定使用的网络协议（如 TCP 或 UDP）和通信模式（如 IPv4 或 IPv6）。通过这些信息，Socket 将被绑定到特定的地址和端口上，用于数据的传输。

3. Socket 通信过程

Socket 通信一般涉及以下几个步骤。

（1）服务器端步骤

1）创建 Socket，服务器端通过调用 socket() 函数首先创建一个 Socket 对象。

2）绑定地址和端口。通过 bind() 函数将 Socket 绑定到一个特定的 IP 地址和端口。

3）监听连接请求。服务器端调用 listen() 函数开始监听来自客户端的连接请求。

4）接受连接。当有客户端请求连接时，服务器端通过 accept() 函数接受连接请求，并返回一个新的 Socket 对象，用于与客户端进行通信。

5）数据传输。服务器端使用 send() 和 recv() 或 sendall() 等函数发送和接收数据。

6）关闭连接。通信完成后，服务器端调用 close() 函数关闭 Socket。

服务器端和客户端 Socket 通信示意图如图 6-1 所示。

（2）客户端步骤

1）创建 Socket。客户端通过调用 socket() 函数，首先创建一个 Socket 对象。

2）连接服务器。客户端调用 connect() 函数向服务器端发起连接请求。

3）数据传输。客户端使用 send() 和 recv() 或 sendall() 等函数发送和接收数据。

4）关闭连接。通信完成后，客户端调用 close() 函数关闭 Socket。

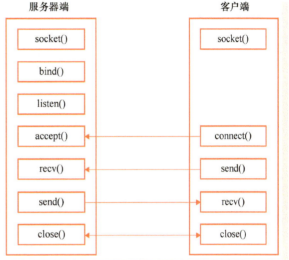

● 图 6-1　服务器端和客户端 Socket 通信示意图

4. TCP 和 UDP Socket 的区别

1）TCP Socket 基于 TCP，提供可靠的、面向连接的数据传输服务。需要在数据传输前建立连接（三次握手），并在数据传输后断开连接（四次挥手）。使用流模式（Stream）传输数据，适用于传输大量数据的场景，如文件传输、HTTP 请求等。

2）UDP Socket 基于 UDP，提供不可靠的、无连接的数据传输服务。不需要建立连接，数据包直接发给对方，速度快，但数据可能丢失或无序。使用数据报模式（Datagram）传输数据，适用于对速度要求高、不在意数据丢失的场景，如视频流、实时游戏等。

5. Socket 的底层工作机制

Socket 的底层依赖于操作系统的网络栈（Network Stack），通常分为以下几个层次：

- 应用层（Application Layer）：通过 Socket API 进行应用程序的网络通信，使用高层协议如 HTTP、FTP、SMTP 等。
- 传输层（Transport Layer）：TCP 或 UDP 负责数据的可靠传输（TCP）或快速传输（UDP）。
- 网络层（Network Layer）：IP 负责数据的路由和转发。
- 链路层（Link Layer）：负责设备之间的实际数据传输。

6.2 Rust 标准库

6.2.1 Rust 标准库概述

Rust 标准库中的 std∷net 模块提供了网络功能。它包括多种有助于处理网络操作的类型，例如创建 TCP 和 UDP 套接字、处理 IP 地址以及执行域名解析。std∷net 模块的设计既全面又简单，使开发人员能够在其应用程序中高效地实现网络通信功能。

1. std∷net 模块的主要组件

std∷net 模块中的核心类型如下：

- TcpListener：用于监听 TCP 连接请求的服务器端。
- TcpStream：用于 TCP 连接的客户端或服务器端的通信通道。
- UdpSocket：用于 UDP 数据报的发送和接收。
- IpAddr、Ipv4Addr、Ipv6Addr：表示 IP 地址的类型。
- SocketAddr、SocketAddrV4、SocketAddrV6：表示套接字地址（IP 地址和端口组合）。

以上类型为网络应用程序提供了基本的构建块，用于在 IPv4 或 IPv6 网络上进行数据传输。

2. TcpListener

TcpListener 是用于创建和管理服务器的监听端口的工具。它负责建立在服务器端的初始连接，并处理来自客户端的入站连接请求。TcpListener 用于监听传入的 TCP 连接请求，使用 TcpListener，开发者可以将其视为一个在特定的 IP 地址和端口上等待连接的网络服务器。TcpListener 类型的主要方法及其用途见表 6-1。

表 6-1 TcpListener 类型的主要方法及其用途

方 法 名	描 述
bind ()	绑定监听器到指定的 IP 地址和端口
accept ()	阻塞直到一个新的 TCP 连接建立，并返回一个 TcpStream
incoming ()	返回一个迭代器，用于不断产生新的 TcpStream

3. TcpStream

TcpStream 表示一个已建立的客户端和服务器之间的 TCP 连接。它提供了基本的读写功能，允许服务器和客户端通过网络交换数据。使用 TcpStream，开发者可以发送数据到连接的客户端，或者从客户端接收数据。这是实现基于 TCP 的通信协议（如 HTTP、FTP 等）的关键组件，使得双向数据流动成为可能。TcpStream 类型的主要方法及其用途见表 6-2。

表 6-2 TcpStream 类型的主要方法及其用途

方法名	描述
read()	从 TCP 连接中读取数据到缓冲区
write()	向 TCP 连接写入数据
connect()	客户端使用连接到服务器
peer_addr()	获取连接的另一端（对方）的 Socket 地址
local_addr()	获取本地端的 Socket 地址

4. UdpSocket

UdpSocket 用于发送和接收 UDP 数据报。UDP 是一种无连接协议，不保证数据的到达顺序或数据包的送达。

UdpSocket 对象的常用方法如下：

- bind(addr: &str) -> Result<UdpSocket>：绑定到一个指定的地址和端口。
- send_to(&[u8], addr: &str) -> Result<usize>：向指定的目标地址发送数据。
- recv_from(&mut [u8]) -> Result<(usize, SocketAddr)>：从套接字接收数据，并返回数据的长度和源地址。

5. IP 地址相关类型

IP 地址相关类型如下：

- IpAddr：一个枚举类型，表示一个 IP 地址，可以是 V4（IPv4）或 V6（IPv6）。
- Ipv4Addr 和 Ipv6Addr：分别表示 IPv4 和 IPv6 地址。
- SocketAddr：表示一个套接字地址，它可以是 IPv4 或 IPv6 地址加端口号的组合。

IP 地址相关类型的使用示例如下：

```
use std::net::{IpAddr, Ipv4Addr, SocketAddr};

fn main() {
    // 创建一个 IPv4 地址
    let localhost = Ipv4Addr::new(127, 0, 0, 1);
    println!("Localhost IPv4: {}", localhost);

    // 创建一个套接字地址
    let socket_addr = SocketAddr::new(IpAddr::V4(localhost), 8080);
    println!("Socket Address: {}", socket_addr);
}
// ./ipAddrExample
// Localhost IPv4: 127.0.0.1
// Socket Address: 127.0.0.1:8080
```

6.2.2 TCP Socket

1. 创建 TCP 服务器端

（1）导入模块

```
use std::net::{TcpListener, TcpStream};
use std::io::{Read, Write};
```

以上代码导入了 Rust 标准库中的网络（net）和输入/输出（io）相关功能模块。TcpListener 用于监听网络连接，TcpStream 用于管理单个连接的数据读写。

（2）处理客户端连接的函数

```
fn handle_client(mut stream: TcpStream) {
    let mut buffer = [0; 1024];
    match stream.read(&mut buffer) {
        Ok(_) => {
            println!("Received: {}", String::from_utf8_lossy(&buffer));
            // 回送一个响应
            stream.write_all(b"Hi from server").unwrap();
        }
        Err(e) => println!("Failed to read from socket: {}", e),
    }
}
```

以上代码中，函数 handle_client() 接收一个 TcpStream 参数，表示与客户端的连接。该函数内部执行以下操作：

- 数据接收：创建一个 1024 字节的缓冲区 buffer，用于接收来自客户端的数据。使用 read() 方法从流中读取数据到缓冲区。
- 数据处理和响应：如果成功读取数据（Ok（_）），则使用 String::from_utf8_lossy 函数将字节转换为字符串，并打印出来。之后使用 write_all() 方法向客户端发送固定的响应消息 "Hi from server"。
- 错误处理：如果在读取过程中出现错误，则会打印错误信息。

（3）编写 main() 函数

main() 函数的代码如下：

```
fn main() -> std::io::Result<()> {
    let listener = TcpListener::bind("127.0.0.1:8080")?;
    println!("Server listening on port 8080");

    for stream in listener.incoming() {
```

```
            match stream {
                Ok(stream) => {
                    println!("New connection: {}", stream.peer_addr().unwrap());
                    handle_client(stream);
                }
                Err(e) => {
                    println!("Connection failed: {}", e);
                }
            }
        }
        Ok(())
    }
```

对以上代码的说明如下：

- 创建监听器：使用 TcpListener::bind() 方法在本地 8080 端口创建一个监听器。这个端口用于接受来自客户端的连接。
- 循环接受连接：通过循环调用 listener.incoming() 方法处理所有进入的连接。每个连接都尝试被接受。
- 连接处理：对于每个成功的连接，打印连接的客户端地址，然后调用 handle_client() 函数来处理连接。对于失败的连接尝试，打印错误信息。
- 错误处理和端口监听：函数返回类型为 std::io::Result<()>，允许使用 ? 操作符来处理可能的错误，这使得在绑定失败时能够优雅地处理错误并退出程序。

2. 创建 TCP 客户端

使用 Rust 的标准库 std::net 创建一个 TCP 客户端的步骤如下。

（1）连接服务器

连接服务器的代码如下：

```
    let mut stream = TcpStream::connect("127.0.0.1:8080")?;
    println!("Connected to the server!");
```

以上代码使用 TcpStream::connect() 方法尝试与在指定 IP 地址和端口上运行的服务器建立连接。这里的地址是"127.0.0.1:8080"，意味着客户端将尝试连接本机的 8080 端口。如果连接成功，则将返回一个 TcpStream 对象，该对象用于后续的读写操作。如果连接失败，则程序将返回一个错误。

（2）发送消息

发送消息的代码如下：

```
    stream.write_all(b"Hi from client")?;
```

write_all() 方法确保所有数据都被写入到连接中。这里发送的消息是一个字节数组 b"Hi from client"。该方法会阻塞执行，直到所有数据都成功写入或发生错误。

(3) 接收服务器的响应

接收服务器的响应的代码如下：

```
let mut buffer = [0; 1024];
stream.read(&mut buffer)?;
println!("Received: {}", String::from_utf8_lossy(&buffer));
```

以上代码创建一个 1024 字节的缓冲区，并使用 read() 方法从服务器接收数据。read() 方法将数据读入 buffer 并返回读取的字节数。String::from_utf8_lossy() 函数将字节数组转换成字符串，方便打印。如果读取数据时连接被关闭或发生错误，则 read() 方法会返回错误。

(4) 完整代码

以下是完整的创建 TCP 客户端的示例代码：

```
use std::net::TcpStream;
use std::io::{Read, Write};

fn main() -> std::io::Result<()> {
    let mut stream = TcpStream::connect("127.0.0.1:8080")?;
    println!("Connected to the server!");

    // 发送消息
    stream.write_all(b"Hi from client")?;

    // 接收服务器的响应
    let mut buffer = [0; 1024];
    stream.read(&mut buffer)?;
    println!("Received: {}", String::from_utf8_lossy(&buffer));

    Ok(())
}
// ./tcpStreamExample
// Connected to the server!
// Received: Response from server!
```

▶▶ 6.2.3　UDP Socket

1. 什么是 UDP Socket

UDP（用户数据报协议）是一个无连接的网络协议，它允许数据被发送至网络上的另一端，而不需要事先建立连接，这使得它在对实时性要求较高的应用中非常有用，比如流媒体、在线游戏和实时通信。在 Rust 的标准库中，UdpSocket 类型提供了 UDP 网络功能的实现。

(1) 创建和配置

1) 创建 UDP Socket。使用 UdpSocket::bind() 方法可以创建并绑定一个 UDP 套接字到本地地址。该方法接收一个表示 IP 地址和端口的字符串参数，如 "127.0.0.1:34254"，并返回一个 Result<UdpSocket> 类型的值，表示创建是否成功，代码如下：

```
use std::net::UdpSocket;
let socket = UdpSocket::bind("127.0.0.1:34254")?;
```

2) 设置 UDP Socket 非阻塞模式。UdpSocket 可以设置为非阻塞模式，这样在调用 recv_from() 或 send_to() 方法时，当没有数据可读或可写时，不会阻塞当前线程，代码如下：

```
socket.set_nonblocking(true)?;
```

(2) 数据传输

1) 使用 send_to() 方法发送 UDP Socket 数据。这个方法接收一个数据的字节切片和目标地址，返回发送的字节数，代码如下：

```
let message = b"Hello, world!";
let sent = socket.send_to(message, "192.168.1.100:34254")?;
```

2) 使用 recv_from() 方法接收 UDP Socket 数据。这个方法返回一个元组，包含接收到的字节数和发送方的地址。该方法会阻塞，直到数据到达或发生错误，代码如下：

```
let mut buf = [0; 1024];
let (amt, src) = socket.recv_from(&mut buf)?;
```

(3) 其他方法

1) connect() 方法。尽管 UDP 是无连接的协议，但 UdpSocket 提供了一个 connect() 方法，允许套接字"连接"到一个远程地址。连接到特定的地址后，开发者可以使用 send() 和 recv() 方法。这些方法每次调用时不需要指定地址，代码如下：

```
socket.connect("192.168.1.100:34254")?;
socket.send(b"Some data")?;
```

2) local_addr() 方法和 peer_addr() 方法。local_addr() 方法返回套接字绑定的本地地址。如果套接字已经通过 connect() 方法连接到了一个远程地址，则使用 peer_addr() 方法可以查询到这个远程地址，代码如下：

```
let local_address = socket.local_addr()?;
let peer_address = socket.peer_addr()?; // 只有在调用 connect 后才有效
```

2. UDP Socket 实战示例

在 Rust 中，UDP 套接字编程可以通过标准库中的 std::net::UdpSocket 模块来完成。UDP 是一种无连接、不可靠的数据传输协议，适用于需要快速传输的场景，如在线游戏、视频流和实时通信等。由于 UDP 不需要建立连接，数据包可能会丢失、重复或乱序传输。

（1）创建 UDP 套接字

创建一个 UdpSocket。可以使用 UdpSocket::bind( ) 来创建并绑定一个 UDP 套接字到特定的地址和端口，示例如下：

```
use std::net::UdpSocket;

fn main() -> std::io::Result<()> {
    // 创建一个 UDP 套接字,并将其绑定到本地地址 "127.0.0.1:7878"
    let socket = UdpSocket::bind("127.0.0.1:7878")?;
    // 输出绑定成功的消息
    println!("UDP socket bound to 127.0.0.1:7878");

    Ok(())
}
```

在以上示例中，我们将 UDP 套接字绑定到本地地址 127.0.0.1：7878。调用 bind( ) 方法返回一个 UdpSocket 实例，绑定成功后，该套接字就可以接收和发送数据了。

（2）发送数据

UDP 是无连接的，因此发送数据时不需要建立连接。可以直接使用 send_to( ) 方法将数据发送到目标地址，示例如下：

```
use std::net::UdpSocket;

fn main() -> std::io::Result<()> {
    // 创建一个 UDP 套接字,并将其绑定到本地地址 127.0.0.1:7878
    let socket = UdpSocket::bind("127.0.0.1:7878")?;

    // 定义目标地址,即要发送消息的远程 UDP 地址 127.0.0.1:8888
    let target = "127.0.0.1:8888";

    // 定义要发送的消息内容
    let message = b"Hi, UDP!";

    // 通过 UDP 套接字将消息发送到目标地址
    socket.send_to(message, target)?;

    // 打印发送的信息,包括消息内容和目标地址
    println!("Sent '{}' to {}", String::from_utf8_lossy(message), target);

    Ok(())
}
```

在以上示例中，数据"Hi，UDP！"被发送到 127.0.0.1：8888。send_to( ) 方法需要两个参数：要发送的数据和目标地址。

（3）接收数据

接收数据使用 recv_from( ) 方法。此方法会阻塞当前线程，直到接收到数据。它返回接收到的数据的字节数和发送方的地址，示例如下：

```rust
use std::net::UdpSocket;

fn main() -> std::io::Result<()> {
    // 创建一个 UDP 套接字,并将其绑定到本地地址 127.0.0.1:7878
    let socket = UdpSocket::bind("127.0.0.1:7878")?;

    // 创建一个缓冲区,用于存储接收到的数据,大小为 1024 字节
    let mut buffer = [0; 1024];

    // 接收数据,并将其存储在缓冲区中
    // 调用 recv_from()方法返回接收到的数据的字节数和发送方的地址
    let (number_of_bytes, src_addr) = socket.recv_from(&mut buffer)?;

    // 打印接收到的字节数、发送方的地址和消息内容
    println!(
        "Received {} bytes from {}: {}",
        number_of_bytes, // 接收到的字节数
        src_addr, // 发送方的地址
        String::from_utf8_lossy(&buffer[..number_of_bytes]) // 将接收到的数据转换为字符串
    );

    Ok(())
}
```

在以上示例中，recv_from( ) 方法接收数据并将其存储在 buffer 中，同时返回接收到的数据的字节数和发送方的地址。然后打印接收到的消息和发送方的信息。

（4）实现简单的 UDP 客户端和服务器端

实现简单的 UDP 客户端和服务器端的示例如下。

1）创建 UDP 服务器端，代码如下：

```rust
use std::net::UdpSocket;

fn main() -> std::io::Result<()> {
    // 创建一个 UDP 套接字,并将其绑定到本地地址 127.0.0.1:7878
    let socket = UdpSocket::bind("127.0.0.1:7878")?;
    println!("UDP server listening on 127.0.0.1:7878"); // 输出服务器已开始监听的消息
```

```rust
        // 创建一个缓冲区,用于存储接收到的数据,大小为 1024 字节
        let mut buffer = [0; 1024];

        // 无限循环,持续接收和处理消息
        loop {
            // 接收数据,并将其存储在缓冲区中
            // 调用 recv_from()方法返回接收到的数据的字节数和发送方的地址
            let (number_of_bytes, src_addr) = socket.recv_from(&mut buffer)?;

            // 打印接收到的字节数、发送方的地址和消息内容
            println!(
                "Received {} bytes from {}: {}",
                number_of_bytes, // 接收到的字节数
                src_addr, // 发送方的地址
                String::from_utf8_lossy(&buffer[..number_of_bytes]) // 将接收到的数据转换为字符串
            );

            // 将接收到的消息回显给发送者
            socket.send_to(&buffer[..number_of_bytes], &src_addr)?;
        }
    }
```

在以上示例中,UDP 服务器会监听 127.0.0.1∶7878,接收到消息后,会将消息回送给发送方。

2) 创建 UDP 客户端,代码如下:

```rust
use std::net::UdpSocket;

fn main() -> std::io::Result<()> {
    // 创建一个 UDP 套接字,并绑定到本地地址 127.0.0.1:0(操作系统自动分配一个可用端口)
    let socket = UdpSocket::bind("127.0.0.1:0")?; // 绑定到任意可用端口

    // 定义服务器的地址,即要发送消息的目标地址
    let server_addr = "127.0.0.1:7878";

    // 定义要发送的消息内容
    let message = b"Hello from the client!";

    // 通过 UDP 套接字将消息发送到服务器地址
    socket.send_to(message, server_addr)?;
    println!("Sent message to server: {}", String::from_utf8_lossy(message)); // 输出已发送的消息内容
```

```rust
    // 创建一个缓冲区,用于接收来自服务器的响应数据,大小为 1024 字节
    let mut buffer = [0; 1024];

    // 接收来自服务器的响应,并将其存储在缓冲区中
    // 调用 recv_from() 方法返回接收到的数据的字节数和发送方的地址
    let (number_of_bytes, src_addr) = socket.recv_from(&mut buffer)?;

    // 打印接收到的字节数、发送方的地址和消息内容
    println!(
        "Received {} bytes from {}: {}",
        number_of_bytes, // 接收到的字节数
        src_addr, // 发送方的地址(服务器地址)
        String::from_utf8_lossy(&buffer[..number_of_bytes]) // 将接收到的数据转换为字符串
    );

    Ok(())
}
```

在以上示例中,UDP 客户端绑定到任意的一个可用端口,向服务器发送一条消息并接收服务器回送的消息。

(5)非阻塞模式

默认情况下,recv_from() 和 send_to() 等方法是阻塞的。如果需要非阻塞模式,则可以使用 set_nonblocking(true) 方法,示例如下:

```rust
use std::net::UdpSocket;
use std::time::Duration;

fn main() -> std::io::Result<()> {
    // 创建一个 UDP 套接字,并将其绑定到本地地址 127.0.0.1:7878
    let socket = UdpSocket::bind("127.0.0.1:7878")?;

    // 将套接字设置为非阻塞模式,这样 recv_from 不会阻塞等待数据
    socket.set_nonblocking(true)?;

    // 创建一个缓冲区,用于接收数据,大小为 1024 字节
    let mut buffer = [0; 1024];

    // 无限循环,持续尝试接收数据
    loop {
        match socket.recv_from(&mut buffer) {
            // 如果成功接收到数据
            Ok((number_of_bytes, src_addr)) => {
```

```
                println!(
        "Received {} bytes from {}: {}",
                    number_of_bytes, // 接收到数据的字节数
                    src_addr, // 发送方的地址
                    String::from_utf8_lossy(&buffer[..number_of_bytes]) // 将接收到的数据转
换为字符串
                );
            }
            // 如果没有数据可读取不会阻塞(正常情况)
            Err(ref e) if e.kind() == std::io::ErrorKind::WouldBlock => {
                // 没有数据可用,继续循环
                std::thread::sleep(Duration::from_millis(100)); // 暂停 100 ms,避免占用
CPU 过多资源
            }
            // 其他错误情况
            Err(e) => {
                println!("Error receiving data: {:?}", e); // 打印错误信息
                break; // 退出循环
            }
        }
    }

    Ok(())
}
```

在非阻塞模式下,如果没有数据可读,则 recv_from() 会返回一个 WouldBlock 错误,表示当前没有数据可以读取,这时程序不会阻塞,而是可以继续执行其他操作。

6.3 第三方 Socket 库

6.3.1 Tokio 库

Tokio 是一个用于 Rust 的异步运行时框架,支持异步编程,包括异步网络编程。Tokio 提供了一系列工具来处理异步 I/O 操作,其中包括对 TCP 和 UDP 套接字的支持,使其非常适合构建高性能网络应用程序。

1. TcpListener

TcpListener 是用于监听 TCP 连接的异步框架。它的工作方式类似于标准库中的 std::net::TcpListener,但它是非阻塞的,并可以用于 Tokio 异步运行时。

(1) 常用方法

1) bind() 方法用于绑定到一个指定的地址和端口,其定义如下:

```
async fn bind<A: ToSocketAddrs>(addr: A) -> Result<TcpListener>
```

其中，addr 参数是指要绑定的地址和端口，可以是一个字符串（如"127.0.0.1：8080"）。返回值是一个异步 Result 类型，包含一个 TcpListener 实例。

2）accept() 方法接收一个传入的连接，其定义如下：

```
async fn accept(&self) -> Result<(TcpStream, SocketAddr)>
```

accept() 方法的返回值是一个异步 Result 类型，包含一个 TcpStream（表示新连接的流）和对等端的地址 SocketAddr。

(2) 实战示例

创建一个简单的 TCP 服务器，监听传入的连接并回显消息，示例如下：

```rust
use tokio::net::TcpListener;
use tokio::io::{AsyncReadExt, AsyncWriteExt};

#[tokio::main]
async fn main() -> Result<(), Box<dyn std::error::Error>> {
    // 创建一个 TCP 监听器,绑定到指定地址
    let listener = TcpListener::bind("127.0.0.1:8080").await?;

    println!("服务器已启动,监听 127.0.0.1:8080");

    loop {
        // 异步等待接收一个新的连接
        let (mut socket, addr) = listener.accept().await?;
        println!("新连接: {}", addr);

        // 创建一个异步任务处理连接
        tokio::spawn(async move {
            let mut buf = [0; 1024];

            loop {
                // 异步读取数据
                match socket.read(&mut buf).await {
                    Ok(n) if n == 0 => return, // 连接关闭
                    Ok(n) => {
                        // 回显数据
                        if socket.write_all(&buf[..n]).await.is_ok() {
                            println!("已回显给客户端。");
                        }
                    }
                    Err(e) => {
```

```
                    println!("读取错误: {:?}", e);
                    return;
                }
            }
        }
    });
}
// cargo run --bin tokio_example
// 服务器已启动,监听 127.0.0.1:8080
// 新连接: 127.0.0.1:53763
// 已回显给客户端。
```

在以上示例中,使用 TcpListener :: bind( ) 绑定到 127.0.0.1 : 8080;使用 accept( ) 方法等待传入的连接;创建一个异步任务 tokio :: spawn 处理每个连接。

2. TcpStream

TcpStream 代表一个 TCP 连接,它可以用来读写数据。

(1) 常用方法

1) connect( ) 用于连接到指定的地址,其定义如下:

```
async fn connect<A: ToSocketAddrs>(addr: A) -> Result<TcpStream>
```

其中,addr 参数是连接目标的地址和端口。返回值是一个异步 Result 类型,包含一个 TcpStream 实例。

2) read( ) 用于从流中读取数据,其定义如下:

```
async fn read(&mut self, buf: &mut [u8]) -> Result<usize>
```

其中,buf 参数是要读取数据的缓冲区。返回值是一个异步 Result 类型,包含读取的字节数。

3) write( ) 用于向流中写入数据,其定义如下:

```
async fn write(&mut self, buf: &[u8]) -> Result<usize>
```

其中,buf 参数是要写入的数据缓冲区。返回值是一个异步 Result 类型,包含写入的字节数。

(2) 实战示例

创建一个简单的 TCP 客户端,连接到服务器并发送消息,示例如下:

```
use tokio :: net :: TcpStream;
use tokio :: io :: {self, AsyncReadExt, AsyncWriteExt};
```

```rust
#[tokio::main]
async fn main() -> io::Result<()> {
    // 连接到服务器
    let mut stream = TcpStream::connect("127.0.0.1:8080").await?;

    // 向服务器发送消息
    stream.write_all(b"Hi, server!").await?;
    println!("已向服务器发送消息。");

    let mut buf = vec![0; 1024];
    // 从服务器读取响应
    let n = stream.read(&mut buf).await?;
    println!("收到: {}", String::from_utf8_lossy(&buf[..n]));

    Ok(())
}
// cargo run --bin tcp_client
// 已向服务器发送消息。
// 收到: Hi, server!
```

3. UdpSocket

UdpSocket 用于处理 UDP 连接，它支持异步发送和接收 UDP 数据包。

（1）UdpSocket 常用方法

1）bind() 方法用于绑定到指定的地址，其定义如下：

```rust
async fn bind<A: ToSocketAddrs>(addr: A) -> Result<UdpSocket>
```

其中，addr 参数是指要绑定的地址和端口。返回值是一个异步 Result 类型，包含一个 UdpSocket 实例。

2）send_to() 方法用于发送数据到指定的地址，其定义如下：

```rust
async fn send_to(&self, buf: &[u8], target: impl ToSocketAddrs) -> Result<usize>
```

其中，buf 参数是要发送的数据缓冲区，target 参数是目标地址。返回值是一个异步 Result 类型，包含发送的字节数。

3）recv_from() 方法用于从套接字接收数据，其定义如下：

```rust
async fn recv_from(&self, buf: &mut [u8]) -> Result<(usize, SocketAddr)>
```

其中，buf 参数是接收数据的缓冲区。返回值是一个异步 Result 类型，包含接收的字节数和发送方的地址。

（2）UdpSocket 实战示例

创建一个简单的 UdpSocket 服务器端和客户端。

1）创建 UdpSocket 服务器端，代码如下：

```rust
use tokio::net::UdpSocket;

#[tokio::main]
async fn main() -> Result<(), Box<dyn std::error::Error>> {
    // 创建一个 UDP 套接字,并将其绑定到本地地址 127.0.0.1:8081
    let socket = UdpSocket::bind("127.0.0.1:8081").await?;
    println!("UDP 服务器运行在 127.0.0.1:8081"); // 输出服务器启动并正在监听的消息

    // 创建一个缓冲区,用于存储接收到的数据,大小为 1024 字节
    let mut buf = [0; 1024];

    // 无限循环,持续接收和处理消息
    loop {
        // 异步接收数据,并将其存储在缓冲区中
        // 调用 recv_from()方法返回接收到的数据的长度和发送方的地址
        let (len, addr) = socket.recv_from(&mut buf).await?;

        // 打印接收到的消息的发送方地址和消息内容
        println!("从 {} 收到消息: {}", addr, String::from_utf8_lossy(&buf[..len]));

        // 将接收到的消息回显给发送方
        socket.send_to(&buf[..len], &addr).await?;
    }
}
// cargo run --bin tokio_example
// UDP 服务器运行在 127.0.0.1:8081
// 从 127.0.0.1:53557 收到消息: Hi, UDP server!
```

2）创建 UDP 客户端，代码如下：

```rust
use tokio::net::UdpSocket;

#[tokio::main]
async fn main() -> Result<(), Box<dyn std::error::Error>> {
    // 创建一个 UDP 套接字,并将其绑定到本地地址 127.0.0.1:0
    // 127.0.0.1:0 表示使用本地地址和随机端口
    let socket = UdpSocket::bind("127.0.0.1:0").await?;

    // 定义要发送的消息内容
    let msg = b"Hi, UDP server!";
```

```rust
        // 异步地将消息发送到目标服务器地址 127.0.0.1:8081
        socket.send_to(msg, "127.0.0.1:8081").await?;
        println!("已发送消息给服务器。"); // 输出消息发送成功的提示

        // 创建一个缓冲区,用于接收来自服务器的响应数据,大小为 1024 字节
        let mut buf = [0; 1024];

        // 异步接收服务器的响应消息
        // 调用 recv_from() 方法返回接收到的数据的长度 len 和发送方的地址 addr
        let (len, addr) = socket.recv_from(&mut buf).await?;

        // 打印接收到的响应的发送方地址和消息内容
        println!("从 {} 收到回复: {}", addr, String::from_utf8_lossy(&buf[..len]));

        Ok(())
}
// cargo run --bin udp_client
// 已发送消息给服务器。
// 从 127.0.0.1:8081 收到回复: Hi, UDP server!
```

6.3.2 async-std 库

async-std 是一个 Rust 异步 I/O 库，提供了类似于标准库的 API，使异步编程更容易上手和使用。它支持多种异步操作，包括文件系统操作、网络编程等。async-std 中的 Socket 部分，主要包括 TcpListener、TcpStream 和 UdpSocket，它们用于处理异步 TCP 和 UDP 网络通信。

1. TcpListener

TcpListener 用于在指定的地址上监听传入的 TCP 连接。

（1）TcpListener 对象常用方法

1）bind() 方法用于绑定到指定的地址和端口，其定义如下：

```
async fn bind<A: ToSocketAddrs>(addr: A) -> Result<TcpListener>
```

其中，addr 参数是要绑定的地址和端口，可以是一个字符串（如 "127.0.0.1:8080"）。返回值是一个 Result 类型，包含一个 TcpListener 实例，如果绑定失败则返回错误。

2）accept() 方法用于接收一个传入的连接，其定义如下：

```
async fn accept(&self) -> Result<(TcpStream, SocketAddr)>
```

其中，返回值是一个 Result 类型，包含一个 TcpStream 实例（表示新连接的流）和对等端的地址 SocketAddr。

(2) TcpListener 实战示例

创建一个简单的 TCP 服务器端，监听传入的连接并回显消息，示例如下：

```rust
use async_std::net::TcpListener;
use async_std::prelude::*;
use async_std::task;

#[async_std::main]
async fn main() -> std::io::Result<()> {
    // 创建一个TCP 监听器,绑定到指定地址
    let listener = TcpListener::bind("127.0.0.1:8080").await?;
    println!("服务器已启动,监听 127.0.0.1:8080");

    // 异步循环等待新连接
    let mut incoming = listener.incoming();
    while let Some(stream) = incoming.next().await {
        match stream {
            Ok(mut stream) => {
                println!("新连接到达: {:?}", stream.peer_addr()?);

                // 处理连接的异步任务
                task::spawn(async move {
                    let mut buf = vec![0; 1024];
                    loop {
                        match stream.read(&mut buf).await {
                            Ok(0) => break, // 连接关闭
                            Ok(n) => {
                                println!("接收到: {}", String::from_utf8_lossy(&buf[..n]));
                                if stream.write_all(&buf[..n]).await.is_ok() {
                                    println!("已回显给客户端。");
                                }
                            }
                            Err(e) => {
                                println!("读取错误: {:?}", e);
                                break;
                            }
                        }
                    }
                });
            }
            Err(e) => println!("接收连接失败: {:?}", e),
        }
    }
```

```
        Ok(())
    }
// cargo run --bin async-std_example
// 服务器已启动,监听 127.0.0.1:8080
// 新连接到达: 127.0.0.1:54066
// 接收到: Hi, server!
// 已回显给客户端。
```

在以上示例中,使用 TcpListener::bind( ) 方法绑定到 127.0.0.1:8080;使用 incoming( ) 方法创建一个流,异步等待新的连接;为每个连接创建一个异步任务 task::spawn,处理数据的读取和写入。

2. TcpStream

TcpStream 代表一个 TCP 连接,可以用来读写数据。

(1) TcpStream 对象常用方法

1) connect( ) 方法用于连接到指定的地址,其定义如下:

```
async fn connect<A: ToSocketAddrs>(addr: A) -> Result<TcpStream>
```

其中,addr 参数是要连接的目标地址和端口。返回值是一个 Result 类型,包含一个 TcpStream 实例,如果连接失败则返回错误。

2) read( ) 方法用于从流中读取数据,其定义如下:

```
async fn read(&mut self, buf: &mut [u8]) -> Result<usize>
```

其中,buf 参数用于存储读取的数据。返回值是一个 Result 类型,包含读取的字节数。

3) write_all( ) 方法用于将所有数据写入流中,其定义如下:

```
async fn write_all(&mut self, buf: &[u8]) -> Result<()>
```

其中,buf 参数是要写入的数据缓冲区。返回值是一个 Result 类型,如果成功则返回 Ok(())。

(2) TcpStream 实战示例

创建一个简单的 TCP 客户端,连接到服务器端并发送消息,示例如下:

```
use async_std::net::TcpStream;
use async_std::prelude::*;
use async_std::task;

#[async_std::main]
async fn main() -> std::io::Result<()> {
    // 连接到服务器
    let mut stream = TcpStream::connect("127.0.0.1:8080").await?;
```

```rust
        println!("已连接到服务器。");

        // 向服务器发送消息
        stream.write_all(b"Hi, server!").await?;
        println!("已向服务器发送消息。");

        let mut buf = vec![0; 1024];
        // 从服务器读取响应
        let n = stream.read(&mut buf).await?;
        println!("收到回复: {}", String::from_utf8_lossy(&buf[..n]));

        Ok(())
    }
    // cargo run --bin tcp_client
    // 已连接到服务器。
    // 已向服务器发送消息。
    // 收到回复: Hi, server!
```

在以上示例中，使用 TcpStream::connect() 方法连接到 127.0.0.1:8080；使用 write_all() 方法发送数据；使用 read() 方法读取服务器响应。

3. UdpSocket

（1）UdpSocket 对象常用方法

UdpSocket 对象常用方法示例如下：

1）bind() 方法用于绑定到指定的地址和端口，其定义如下：

```
async fn bind<A: ToSocketAddrs>(addr: A) -> Result<UdpSocket>
```

其中，addr 参数是指要绑定的地址和端口。返回值是一个 Result 类型，包含一个 UdpSocket 实例，如果绑定失败则返回错误。

2）send_to() 方法用于发送数据到指定的地址，其定义如下：

```
async fn send_to(&self, buf: &[u8], target: impl ToSocketAddrs) -> Result<usize>
```

其中，buf 参数是要发送的数据缓冲区，target 参数是目标地址。返回值是一个 Result 类型，包含发送的字节数。

3）recv_from() 方法用于从套接字接收数据，其定义如下：

```
async fn recv_from(&self, buf: &mut [u8]) -> Result<(usize, SocketAddr)>
```

其中，buf 参数是用于接收数据的缓冲区。返回值是一个 Result 类型，包含接收的字节数和发送方的地址。

(2) UdpSocket 实战示例

创建 UDP 服务器端代码如下:

```rust
use async_std::net::UdpSocket;
use async_std::task;

#[async_std::main]
async fn main() -> std::io::Result<()> {
    // 创建一个 UDP 套接字,并将其绑定到本地地址 127.0.0.1:8081
    let socket = UdpSocket::bind("127.0.0.1:8081").await?;
    println!("UDP 服务器运行在 127.0.0.1:8081"); // 输出服务器已启动并正在监听的消息

    // 创建一个缓冲区,用于存储接收到的数据,大小为 1024 字节
    let mut buf = [0; 1024];

    // 无限循环,持续接收和处理消息
    loop {
        // 异步接收数据,并将其存储在缓冲区中
        // recv_from 返回接收到的数据的长度和发送方的地址
        let (len, addr) = socket.recv_from(&mut buf).await?;

        // 打印接收到的消息的发送方地址和消息内容
        println!("从 {} 收到消息: {}", addr, String::from_utf8_lossy(&buf[..len]));

        // 将接收到的消息回显给发送方
        socket.send_to(&buf[..len], &addr).await?;
    }
}
// cargo run --bin async-std_example
// UDP 服务器运行在 127.0.0.1:8081
// 从 127.0.0.1:64281 收到消息: Hi, UDP server!
```

UDP 客户端代码如下:

```rust
use async_std::net::UdpSocket;

#[async_std::main]
async fn main() -> std::io::Result<()> {
    // 创建一个 UDP 套接字,并绑定到本地地址 127.0.0.1:0
    // 127.0.0.1:0 表示使用本地地址和随机端口
    let socket = UdpSocket::bind("127.0.0.1:0").await?; // 绑定到本地的一个随机端口

    // 定义要发送的消息内容
    let msg = b"Hi, UDP server!";
```

```rust
        // 异步地将消息发送到目标服务器地址 127.0.0.1:8081
        socket.send_to(msg, "127.0.0.1:8081").await?;
        println!("已发送消息给服务器。"); // 输出消息发送成功的提示

        // 创建一个缓冲区，用于接收来自服务器的响应数据，大小为 1024 字节
        let mut buf = [0; 1024];

        // 异步接收服务器的响应消息
        // 调用 recv_from() 方法返回接收到的数据的长度 len 和发送方的地址 addr
        let (len, addr) = socket.recv_from(&mut buf).await?;

        // 打印接收到的响应的发送方地址和消息内容
        println!("从 {} 收到回复: {}", addr, String::from_utf8_lossy(&buf[..len]));

        Ok(())
    }
    // cargo run --bin udp_client
    // 已发送消息给服务器。
    // 从 127.0.0.1:8081 收到回复: Hi, UDP server!
```

在以上示例中，UdpSocket::bind() 方法用于绑定到一个地址和端口；send_to() 方法用于发送数据到指定的目标地址；recv_from() 方法用于从套接字接收数据。

6.4 【实战】构建一个简单聊天应用程序

6.4.1 编写服务器端

使用 Rust 构建一个简单的聊天应用程序，可以让开发者深入理解网络编程的基础知识，包括 TCP 套接字、异步编程，以及多线程处理。我们将分步骤构建一个可以让多个客户端连接并进行实时聊天的应用程序。

服务器需要能够处理多个客户端的连接。本小节将创建一个基于 Tokio 异步运行时的 TCP 聊天服务器，能够处理多个客户端的连接并进行消息广播，主要功能包括：

- 建立 TCP 监听器：服务器通过 TcpListener 在地址 127.0.0.1:8080 上监听传入的 TCP 连接请求。
- 管理客户端列表：使用 HashMap 存储已连接的客户端，通过 Arc<Mutex<...>> 实现线程安全的共享访问。
- 消息广播通道：为每个客户端连接创建一个广播通道（broadcast::channel），以便将消息广播给所有已连接的客户端。

- 处理客户端连接：每当有新客户端连接时，服务器生成一个新的异步任务来处理该连接，包括读取客户端的消息、发送欢迎消息、广播消息给所有客户端，以及处理客户端的断开连接。

异步读取和广播消息：
- 服务器从每个客户端异步读取消息，格式化后通过广播通道发送给所有客户端。
- 为每个客户端创建一个独立的异步任务，用于接收和处理广播的消息。
- 客户端断开处理：当客户端断开连接时，将其从客户端列表中移除，并打印客户端断开的消息。

代码如下：

```rust
use std::collections::HashMap;
use std::sync::{Arc, Mutex};
use tokio::io::{AsyncBufReadExt, AsyncWriteExt, BufReader};
use tokio::net::{TcpListener, TcpStream};
use tokio::sync::broadcast;

type Tx = broadcast::Sender<String>;           // 消息发送者类型
type Rx = broadcast::Receiver<String>;         // 消息接收者类型
type Clients = Arc<Mutex<HashMap<String, Tx>>>;  // 用于存储客户端列表的线程安全共享指针

#[tokio::main]
async fn main() {
    // 创建一个 TCP 监听器,并绑定到本地地址 127.0.0.1:8080
    let listener = TcpListener::bind("127.0.0.1:8080").await.unwrap();

    // 创建一个用于存储客户端列表的 HashMap,并用 Arc 和 Mutex 进行包装
    let clients: Clients = Arc::new(Mutex::new(HashMap::new()));

    println!("Server running on 127.0.0.1:8080"); // 输出服务器启动消息

    // 无限循环,持续接收客户端连接
    loop {
        // 接收一个新的客户端连接
        let (socket, addr) = listener.accept().await.unwrap();
        let clients = Arc::clone(&clients);           // 克隆客户端列表的 Arc 引用

        // 为每个客户端连接生成一个新的异步任务进行处理
        tokio::spawn(async move {
            handle_client(socket, addr.to_string(), clients).await;
        });
    }
```

```rust
}

// 处理每个客户端连接的函数
async fn handle_client(socket: TcpStream, addr: String, clients: Clients) {
    // 分离读取和写入部分的 socket,并创建一个缓冲读取器
    let (reader, mut writer) = socket.into_split();
    let mut reader = BufReader::new(reader);

    // 创建一个新的广播通道,容量为 10
    let (tx, mut rx) = broadcast::channel(10);

    // 注册新客户端,将它的地址和发送方插入到客户端列表中
    clients.lock().unwrap().insert(addr.clone(), tx);

    // 向客户端发送欢迎消息
    writer.write_all(b"Welcome to the chat!\n").await.unwrap();

    // 为每个客户端生成一个新的任务,用于异步地接收消息并发送给客户端
    let clients = Arc::clone(&clients);
    tokio::spawn(async move {
        while let Ok(msg) = rx.recv().await {
            writer.write_all(msg.as_bytes()).await.unwrap();
        }
    });

    let mut line = String::new(); // 创建一个字符串缓冲区,用于存储接收到的消息

    // 异步循环读取来自客户端的消息
    while let Ok(n) = reader.read_line(&mut line).await {
        if n == 0 {
            break; // 如果读取到的字节数为 0,则表示连接已关闭,退出循环
        }

        // 格式化消息,包含客户端地址和内容
        let msg = format!("{}: {}", addr, line);
        println!("{}", msg); // 在服务器端打印接收到的消息

        // 将消息发送给所有已注册的客户端
        for tx in clients.lock().unwrap().values() {
            tx.send(msg.clone()).unwrap();
        }

        line.clear(); // 清空消息缓冲区,准备接收下一条消息
    }
}
```

```
        // 客户端断开连接时,将其从客户端列表中移除
        clients.lock().unwrap().remove(&addr);
        println!("{} disconnected", addr);
    }
    // cargo run --bin chat
    // Server running on 127.0.0.1:8080
```

6.4.2 编写客户端

客户端将连接到服务器,并允许用户发送和接收消息。客户端可以连接到一个聊天服务器,与其进行异步通信,主要功能如下:

- 建立 TCP 连接:程序使用 TcpStream∷connect 异步连接到服务器地址 127.0.0.1:8080。
- 分离读写流:通过 tokio∷io∷split 方法将 TCP 流分成异步读取(reader)和写入(writer)部分,这样可以在不同的任务中独立地进行异步读写操作。
- 创建消息通道:使用 tokio∷sync∷mpsc 通道来传递消息,在主任务和异步发送任务之间通信,通道的容量为 10。
- 异步读取任务:生成一个异步任务,不断读取来自服务器的消息,并打印到控制台。使用 BufReader 包装读取器,以便进行逐行读取操作。
- 异步写入任务:生成另一个异步任务,不断从消息通道中接收消息,并将其写入到服务器连接中,发送给服务器。
- 主任务读取用户输入:在主任务中,通过 BufReader 异步读取用户从标准输入输入的消息,并通过消息通道将其发送给异步写入任务。
- 程序交互:在程序启动后,客户端将连接到服务器,并可以从用户输入和服务器接收消息,实现简单的聊天功能。

代码如下:

```
use tokio::io::{self, AsyncBufReadExt, AsyncWriteExt, BufReader};
use tokio::net::TcpStream;
use tokio::sync::mpsc;
use tokio::task;
use std::sync::Arc;

#[tokio::main]
async fn main() -> io::Result<()> {
    // 异步连接到 TCP 服务器
    let socket = TcpStream::connect("127.0.0.1:8080").await?;
```

```rust
    // 使用 Tokio 的 split 方法将 TcpStream 分成读和写两个部分
    let (reader, mut writer) = io::split(socket);

    // 创建一个 mpsc 通道,用于在任务之间传递消息,通道容量为 10
    let (tx, mut rx) = mpsc::channel::<String>(10);

    // 异步任务:从服务器读取消息并打印到控制台
    task::spawn(async move {
        let mut reader = BufReader::new(reader); // 用 BufReader 包装读取部分,以便进行行缓冲读取
        let mut line = String::new();
        loop {
            line.clear();
            let bytes_read = reader.read_line(&mut line).await.unwrap(); // 异步读取一行数据
            if bytes_read == 0 {
                break; // 如果读取到的字节数为 0,表示连接已关闭,退出循环
            }
            println!("{}", line); // 打印从服务器接收到的消息
        }
    });

    // 异步任务:将消息发送到服务器
    task::spawn(async move {
        while let Some(message) = rx.recv().await { // 异步接收来自主任务的消息
            writer.write_all(message.as_bytes()).await.unwrap(); // 将消息写入服务器连接
        }
    });

    println!("Connected to the chat server!");

    // 使用 BufReader 包装标准输入
    let mut stdin_reader = BufReader::new(io::stdin());
    loop {
        let mut input = String::new();
        stdin_reader.read_line(&mut input).await.unwrap(); // 异步读取用户输入
        if tx.send(input).await.is_err() {
            break; // 如果发送失败(通道关闭),则退出循环
        }
    }

    Ok(())
}
// cargo run --bin client
```

```
// Connected to the chat server!
// Welcome to the chat!
//
// hi, i am client
// 127.0.0.1:54569: hi, i am client
```

6.5 【实战】创建一个多人猜数字游戏程序

6.5.1 创建服务器端

1. 游戏需求

使用 Tokio 创建一个简单的多人猜数字游戏。这个游戏的服务器会生成一个随机数，客户端连接后可以猜这个数，服务器会返回相应的提示信息，直到客户端猜中正确的数字。

游戏规则如下：
- 服务器端：生成一个随机数，等待多个客户端连接。
- 客户端：可以连接到服务器并发送猜测数字。
- 服务器端响应：如果客户端猜的数字大了或者小了，则服务器会返回提示，直到客户端猜中正确的数字。

2. 游戏实战

本小节创建一个基于 Tokio 异步框架的多人猜数字游戏服务器。服务器生成一个 1~100 之间的随机秘密数字，等待多个客户端连接，每个客户端可以通过发送猜测数字与服务器进行交互。

服务器端主要功能包括如下：

1）服务器监听。使用 Tokio 的异步 TcpListener 在 127.0.0.1∶8080 上监听客户端的连接请求。

2）游戏逻辑编写。包括生成一个随机的秘密数字、维护一个共享的游戏状态、记录已猜测的数字并确保多个客户端之间的线程安全。

3）处理客户端连接。每当有新的客户端连接时，服务器创建一个新的异步任务来处理该连接。读取客户端发送的猜测数字，并根据与秘密数字的比较，返回相应的提示（如"你猜的数字太大了！""你猜的数字太小了！"或"恭喜你，猜对了"）。如果客户端猜对了数字，则服务器会告知客户端，并结束该客户端的连接。

4）并发处理。使用 Tokio 的异步任务和锁机制（Arc 和 Mutex）来确保高效的并发处理和数据安全。

代码如下:

```rust
use tokio::net::TcpListener; // 引入 Tokio 库中的 TcpListener,用于监听 TCP 连接
use tokio::io::{AsyncBufReadExt, AsyncWriteExt, BufReader}; // 引入异步 I/O 操作模块
use tokio::sync::Mutex; // 引入 Tokio 库中的异步互斥锁
use rand::Rng; // 引入 rand 库中的 Rng 模块,用于生成随机数
use std::sync::Arc; // 引入标准库中的 Arc,用于原子引用计数
use std::collections::HashSet; // 引入标准库中的 HashSet,用于存储已猜测的数字

#[tokio::main]
async fn main() -> Result<(), Box<dyn std::error::Error>> {
    // 创建一个 TCP 监听器,并绑定到本地地址 127.0.0.1:8080
    let listener = TcpListener::bind("127.0.0.1:8080").await?;
    println!("服务器启动,正在监听 127.0.0.1:8080");

    // 生成一个 1~100 之间的随机秘密数字
    let secret_number = rand::thread_rng().gen_range(1..=100);
    println!("随机生成的秘密数字是: {}", secret_number);

    // 使用 Arc 和 Mutex 保护共享状态
    let shared_state = Arc::new(Mutex::new(GameState {
        secret_number, // 保存生成的随机数字
        guessed_numbers: HashSet::new(), // 创建一个空的 HashSet,用于存储已猜测的数字
    }));

    // 无限循环,持续接收客户端连接
    loop {
        // 等待接收新的客户端连接
        let (socket, addr) = listener.accept().await?;
        println!("客户端连接: {}", addr);

        // 克隆共享状态的 Arc 引用
        let state = Arc::clone(&shared_state);

        // 为每个客户端连接生成一个新的异步任务进行处理
        tokio::spawn(async move {
            handle_client(socket, state).await; // 调用处理客户端连接的函数
        });
    }
}

// 定义游戏状态结构体
struct GameState {
    secret_number: u32, // 随机生成的秘密数字
```

第 6 章
Rust Socket 编程

```rust
    guessed_numbers: HashSet<u32>, // 存储已猜测的数字的集合
}

// 处理每个客户端连接的异步函数
async fn handle_client(socket: tokio::net::TcpStream, state: Arc<Mutex<GameState>>) {
    // 分离 socket 的读写部分,并创建一个缓冲读取器
    let (reader, mut writer) = socket.into_split();
    let mut reader = BufReader::new(reader); // 用 BufReader 包装读取部分,以便进行行缓冲读取
    let mut line = String::new(); // 创建一个字符串缓冲区,用于存储接收到的消息

    // 向客户端发送欢迎消息
    writer.write_all("欢迎来到猜数字游戏!请输入 1~100 之间的数字:\n".as_bytes()).await.unwrap();

    // 循环处理客户端输入
    loop {
        line.clear(); // 清空缓冲区,准备读取新的一行
        let bytes_read = reader.read_line(&mut line).await.unwrap(); // 异步读取一行数据
        if bytes_read == 0 {
            break; // 如果读取到的字节数为 0,则表示连接已关闭,退出循环
        }

        // 尝试将输入的行解析为数字
        let guess: u32 = match line.trim().parse() {
            Ok(num) => num, // 如果解析成功,则返回解析的数字
            Err(_) => { // 如果解析失败,则返回错误提示信息
                writer.write_all("无效输入,请输入一个 1~100 之间的数字:\n".as_bytes()).await.unwrap();
                continue; // 继续下一次循环
            }
        };

        // 锁定游戏状态,确保安全访问共享数据
        let mut state = state.lock().await;
        if state.guessed_numbers.contains(&guess) { // 检查数字是否已经被猜过
            writer.write_all("这个数字已经猜过了,请尝试其他数字。\n".as_bytes()).await.unwrap();
            continue; // 继续下一次循环
        }

        // 将新的猜测添加到已猜测的数字集合中
        state.guessed_numbers.insert(guess);

        // 检查猜测的数字与秘密数字的大小关系
```

```
            if guess < state.secret_number {
                writer.write_all("你猜的数字太小了！\n".as_bytes()).await.unwrap();
            } else if guess > state.secret_number {
                writer.write_all("你猜的数字太大了！\n".as_bytes()).await.unwrap();
            } else {
                writer.write_all("恭喜你,猜对了！\n".as_bytes()).await.unwrap();
                break; // 如果猜对了,退出循环
            }
        }
    }

    // 打印客户端断开连接的信息
    println!("客户端断开连接");
}
// cargo run --bin server
// 服务器启动,正在监听 127.0.0.1:8080
// 随机生成的秘密数字是: 11
// 客户端连接: 127.0.0.1:54810
// 客户端断开连接
```

6.5.2 编写客户端

本小节将实现一个基于 Tokio 异步框架的简单 TCP 客户端,用于与一个猜数字游戏服务器进行交互。客户端通过异步任务从服务器接收消息,同时处理用户输入,将用户的猜测发送给服务器,并接收服务器的反馈。

客户端的主要功能如下。

1) 建立连接。客户端异步连接到服务器地址 127.0.0.1：8080。

2) 异步处理。分离 TCP 连接的读写部分,通过 BufReader 包装读取流,方便缓冲读取。创建异步任务,不断读取来自服务器的消息并打印到控制台。

3) 用户交互处理。在主线程中处理用户输入,等待用户输入猜测的数字,并将其发送到服务器。

4) 游戏逻辑处理。接收服务器的反馈消息,根据提示(如"你猜的数字太大了！"或"你猜的数字太小了！")继续猜测,直到猜中正确的数字。

代码如下：

```
use tokio::net::TcpStream; // 引入 Tokio 库中的 TcpStream 模块,用于建立 TCP 连接
use tokio::io::{self, AsyncBufReadExt, AsyncWriteExt, BufReader}; // 引入异步 I/O 操作模块

#[tokio::main]
async fn main() -> Result<(), Box<dyn std::error::Error>> {
```

```rust
    // 异步连接到服务器 127.0.0.1:8080
    let mut socket = TcpStream::connect("127.0.0.1:8080").await?;

    // 将 TCP 连接的读写部分分离
    let (reader, mut writer) = io::split(socket);

    // 使用 BufReader 包装读取部分,以便进行缓冲读取
    let mut reader = BufReader::new(reader);
    let mut line = String::new(); // 创建一个字符串缓冲区,用于存储从服务器读取的每行消息

    // 异步任务:读取服务器的欢迎信息
    tokio::spawn(async move {
        let mut reader = BufReader::new(reader); // 使用 BufReader 包装读取器
        loop {
            line.clear(); // 清空缓冲区,准备读取新的消息
            let bytes_read = reader.read_line(&mut line).await.unwrap(); // 异步读取一行数据
            if bytes_read == 0 { // 如果读取到的字节数为 0,则表示连接已关闭
                break;
            }
            println!("收到服务器消息: {}", line); // 打印从服务器接收到的消息
        }
    });

    // 主线程:处理用户输入
    println!("连接到猜数字游戏服务器!请输入 1~100 之间的数字:");
    let mut input_reader = BufReader::new(io::stdin()); // 使用 BufReader 包装标准输入
    loop {
        let mut input = String::new(); // 创建一个字符串缓冲区,用于存储用户输入
        input_reader.read_line(&mut input).await.unwrap(); // 异步读取用户输入
        writer.write_all(input.as_bytes()).await.unwrap(); // 将用户输入写入服务器连接
    }
}
// cargo run --bin client
// 连接到猜数字游戏服务器!请输入 1~100 之间的数字:
// 收到服务器消息: 欢迎来到猜数字游戏!请输入 1~100 之间的数字:
//
// 99
// 收到服务器消息: 你猜的数字太大了!
//
// 10
// 收到服务器消息: 你猜的数字太小了!
//
// 11
// 收到服务器消息: 恭喜你,猜对了!
```

6.6 本章小结

本章分别讲解了什么是 Socket、Rust 标准库、第三方 Socket 库、【实战】构建一个简单聊天应用程序、【实战】创建一个多人猜数字游戏程序，结合实战示例，帮助读者更好地掌握 Rust Socket 编程的实战方法和技巧。

第 7 章

Rust 文件处理

7.1 操作目录与文件

7.1.1 操作目录

在 Rust 中，开发者可以使用 std∷env∷current_dir( )函数获取程序的当前工作目录。此函数返回一个 Result 包含当前工作目录路径的对象作为 PathBuf 成功的对象，如果无法检索当前工作目录，则返回一个错误对象。

Rust 提供了一套丰富的标准库，用于文件系统操作，包括目录的创建、遍历、读取和删除等。以下是 Rust 中常用的一些操作目录的方法描述。

1. 创建目录

要在 Rust 编程语言中创建目录，开发者可以使用标准库函数 std∷fs∷create_dir( )。在 Rust 中创建目录的示例代码如下：

```
use std::fs;

fn main() {
    //声明目录名字
    let dir_name = "test_directory";

    //创建目录
    match fs::create_dir(dir_name) {
        Ok(_) => println!("Directory {} created successfully", dir_name),
        Err(e) => println!("Error creating directory: {:?}", e)
    }
}
```

在以上例子中，我们首先定义一个变量 dir_name 来保存要创建的目录名称。然后我们调用 fs::create_dir( ) 函数，将目录名称作为参数传递。create_dir( ) 函数返回一个 Result 对象，我们可以匹配它来处理可能发生的任何错误。如果目录创建成功，则会向控制台打印一条成功消息；否则，将打印一条包含错误对象的错误消息。

> **注意**
>
> 此代码假定开发者在要创建目录的位置有创建的权限，如果开发者没有权限，则可能会遇到错误。

2. 递归创建目录

如果需要创建包含多级子目录的目录，则可以使用 std::fs::create_dir_all( ) 函数，示例代码如下：

```rust
use std::fs;

fn main() -> std::io::Result<()> {
    fs::create_dir_all("path/to/new_directory/subdirectory")?;
    Ok(())
}
```

3. 读取目录内容

使用 std::fs::read_dir( ) 函数可以读取目录中的内容（包括文件和子目录），示例代码如下：

```rust
use std::fs;

fn main() -> std::io::Result<()> {
    for entry in fs::read_dir("path/to/directory")? {
        let entry = entry?;
        println!("{}", entry.path().display());
    }
    Ok(())
}
```

4. 删除目录

使用 std::fs::remove_dir( ) 函数可以删除目录。但要注意，目录必须为空才能删除，否则会返回错误，示例代码如下：

```rust
use std::fs;
```

```rust
fn main() -> std::io::Result<()> {
    fs::remove_dir("path/to/directory")?;
    Ok(())
}
```

5. 获取当前目录

以下是如何使用 std::env::current_dir( ) 函数检索当前工作目录的示例代码：

```rust
use std::env;

fn main() {
    match env::current_dir() {
        Ok(path) => println!("Current working directory: {}", path.display()),
        Err(e) => println!("Error: {}", e),
    }
}
```

在以上示例中，我们使用 match 表达式来处理 Result 返回的对象 std::env::current_dir( )。如果函数调用成功，则将使用 PathBuf::display( ) 方法打印当前工作目录路径；如果失败，则打印错误信息。

```
$ rustc example1.rs
$ ./example1
Current working directory: /Users/mc/Documents/personal/codes/rustWeb/chapter7/7.1
```

我们还可以使用 std::env::set_current_dir( ) 函数更改程序的当前工作目录。此函数将一个 Path 对象作为参数，并尝试将当前工作目录更改为指定路径，示例如下：

```rust
use std::env;

fn main() {
    match env::set_current_dir("/path/to/new/dir") {
        Ok(_) => println!("Successfully changed working directory"),
        Err(e) => println!("Error: {}", e),
    }
}
```

在以上示例中，我们使用 std::env::set_current_dir( ) 函数将当前工作目录更改为/path/to/new/dir。如果函数调用成功，则将打印一条成功消息；如果失败，则打印错误信息。

在文件所在目录中，打开文件，输入如下代码：

```
$ rustc example2.rs
$ ./example2
Error: No such file or directory (os error 2)
```

7.1.2 打开与关闭文件

在 Rust 中，开发者可以使用标准库的 std::fs 模块打开和关闭文件。通过调用 File::open（path：P）-> Result<File>方法打开一个现有的文件用于读取。该方法接收一个路径参数，并返回一个 Result 类型，其成功时包含一个 File 实例，失败时包含一个 io::Error。打开和关闭文件的方法示例如下。

1. 打开文件

要打开文件，可以使用 std::fs::File 类型。开发者可以以读取模式、写入模式或同时使用这两种模式打开文件，示例如下：

```rust
use std::fs::File;
use std::io::Read;
use std::io::Write;

fn main() -> std::io::Result<()> {
    // 以只读模式打开文件
    let mut file_read = File::open("./test_input.txt")?;
    let mut contents = String::new();
    file_read.read_to_string(&mut contents)?;

    println!("Read from file: {}", contents);

    // 以写入模式打开文件
    let mut file_write = File::create("./test_output.txt")?;
    let content_to_write = "Hi, This is Rust file writing!";
    file_write.write_all(content_to_write.as_bytes())?;

    println!("Content written to file.");

    Ok(())
}
```

2. 关闭文件

在 Rust 中，当文件对象超出范围时，文件会自动关闭。Rust 的所有权和生命周期系统确保资源得到正确管理并在不再需要时释放。因此，开发者不需要像在没有自动内存管理的语言中那样显式关闭 Rust 中的文件。当 File 对象超出范围时，将实现 Drop 特征来处理任何必要的清理，例如关闭文件，示例如下：

```rust
use std::fs::File;
use std::io;
```

```rust
fn main() -> io::Result<()> {
// 打开文件
    let mut file = File::open("test_input.txt")?;

    // 当 file 变量超出范围时,文件将自动关闭
    // 这要归功于 Rust 的所有权系统和 Drop 特性
    Ok(())
}
```

在以上示例中,当文件变量在主函数末尾超出范围时,文件将自动关闭。

▶ 7.1.3 读写文件

在 Rust 中,读写文件可以通过不同的方法来实现,这些方法提供了从基本到高级的多种选择,以适应不同的编程需求和场景。

1. 使用 std∷fs 模块的常用函数

使用 std∷fs 模块读文件的常用函数如下:

- fs∷read_to_string():读取整个文件到一个字符串中,适用于文本文件。
- fs∷read():读取整个文件到字节向量(Vec<u8>)中,适用于二进制文件。
- fs∷write():使用 std∷fs 模块写文件的常用函数,该函数将数据一次性写入文件,适用于较小的数据量。

2. 使用 std∷io∷BufReader 和 std∷io∷Write trait

(1)利用 BufReader 读文件

对于大文件或频繁的小读取操作,使用 std∷io∷BufReader 可以提高读取效率。BufReader 对文件进行缓冲,减少实际的磁盘读取次数,示例如下:

```rust
use std::fs::File;
use std::io::{self, BufRead, BufReader};

let file = File::open("path/to/file.txt")?;
let reader = BufReader::new(file);
for line in reader.lines() {
    println!("{}", line?);
}
```

(2)利用 BufWriter 写文件

对于需要多次写入的场景,使用 std∷io∷BufWriter 可以缓冲写入操作,减少磁盘写入次数,从而提高性能,示例如下:

```rust
use std::fs::File;
use std::io::{self, Write, BufWriter};

let file = File::create("path/to/file.txt")?;
let mut writer = BufWriter::new(file);
writer.write_all(b"Hello, world!")?;
writer.flush()?;
```

3. 使用 std::io::Read 和 std::io::Write trait 直接操作

File 类实现了 Read 和 Write trait，可直接用于基本的读写操作。这种方法不进行缓冲，适合对性能要求不高的场景或小文件操作，示例如下：

```rust
use std::fs::File;
use std::io::{self, Read, Write};

let mut file = File::open("path/to/file.txt")?;
let mut contents = String::new();
file.read_to_string(&mut contents)?;
println!("File contents: {}", contents);

let mut file = File::create("path/to/new_file.txt")?;
file.write_all(b"Hello again!")?;
```

4. 使用 tokio::fs 或 async-std::fs 异步文件操作

对于需要进行异步 I/O 操作的应用，可以使用基于 Tokio 或 async-std 的异步文件操作，这可以提高大规模并发应用的性能，示例如下：

```rust
// 使用 Tokio 进行异步文件读取
use tokio::fs::File;
use tokio::io::AsyncReadExt;

#[tokio::main]
async fn main() -> io::Result<()> {
    let mut file = File::open("path/to/file.txt").await?;
    let mut contents = String::new();
    file.read_to_string(&mut contents).await?;
    println!("File contents: {}", contents);
    Ok(())
}
```

▶▶ 7.1.4 移动与重命名文件

在 Rust 的标准库中，std::fs::rename() 方法用于重命名或移动一个文件或目录到新的位置。

这是文件系统操作中常用的功能，可以修改文件或目录的名称，或将其移动到不同的目录下。

1. std∷fs∷rename( ) 方法签名

函数的签名如下：

```
pub fn rename<P: AsRef<Path>, Q: AsRef<Path>>(from: P, to: Q) -> Result<()>
```

2. std∷fs∷rename( ) 方法参数

rename 函数有如下两个参数：

- from：一个泛型参数，表示要重命名或移动的文件或目录的当前路径。它需要实现 AsRef<Path> trait，这允许使用多种类型作为路径，例如字符串切片 &str 或 PathBuf。
- to：一个泛型参数，表示目标路径，即文件或目录的新名称或位置。它同样需要实现 AsRef<Path> trait。

3. std∷fs∷rename( ) 方法返回值

返回一个 Result 类型值，如果操作成功，则返回 Ok (( ))；如果失败，则返回 Err，包含一个 io∷Error，描述了具体的错误信息。

4. 实战示例

下面是一个实战示例代码片段，演示了如何在 Rust 中移动和重命名文件：

```
use std∷fs;

fn main() -> std∷io∷Result<()> {
    // 将文件从一个目录移动到另一个目录
    fs∷rename("dir1/test_file.txt", "dir2/test_file.txt")?;

    // 重命名文件
    fs∷rename("old_test.txt", "new_test.txt")?;

    Ok(())
}
```

在以上示例中，我们首先使用函数 fs∷rename( ) 将文件从目录"dir1"移动到目录"dir2"。此函数有两个参数：包括要重命名或移动的文件的当前路径，以及文件应重命名或移动到的新路径。如果文件被成功移动或重命名，则函数返回 Ok(( ))；如果发生错误，则会返回一个 Err 包含错误信息的对象。

然后使用相同的函数 fs∷rename( ) 重命名文件。在这种情况下，我们将文件"old_test.txt"重命名为"new_test.txt"。同样，如果文件成功重命名，则该函数将返回 Ok(( ))。

> **注意**
>
> 在移动文件时，开发者还可以将新文件名指定为新路径的一部分，从而有效地在此过程中重命名文件。例如，要将文件"dir1/file.txt"移动到目录"dir2"下，新名称为"new_file.txt"，开发者将使用以下路径："dir2/new_file.txt"。

7.1.5 删除文件

在 Rust 中，开发者可以使用 std∷fs∷remove_file( ) 函数来删除文件。该函数是标准库 std∷fs 模块的一部分，它提供与文件系统相关的操作。

下面对相关函数进行解释：

- 该函数用于从文件系统中删除文件。
- 该函数的签名是 fn remove_file<P：AsRef<Path>>(path：P) -> Result<( )>。
- 该函数采用文件路径作为参数（P：AsRef<Path>）并返回 Result<( )>。
- 如果文件被成功删除，则返回 Ok(( ))。如果发生错误，则它会返回 Err 以及实现 std∷error∷Error 特征的错误类型。

在 Rust 中删除文件的示例如下：

```rust
use std::fs;

fn main() -> std::io::Result<()> {
    // 删除文件
    fs::remove_file("test_delete.txt")?;

    Ok(())
}
```

在以上示例中，我们使用 fs∷remove_file( ) 函数删除名为"file.txt"的文件。此函数采用单个参数，即要删除的文件的路径。如果文件删除成功，则函数返回 Ok(( ))。如果发生错误，则它会返回一个 Err 包含错误信息的对象。

> **注意**
>
> Rust 中的 fs 模块提供了其他几个用于删除文件和目录的功能，例如 remove_dir( ) 和 remove_dir_all( )。使用这些函数时要小心，因为它们可以从开发者的文件系统中永久删除文件和目录。

7.1.6 复制文件

在 Rust 中，开发者可以使用 std::fs::copy() 函数将文件从一个位置复制到另一个位置。该函数是标准库的 std::fs 模块的一部分，它提供与文件系统相关的操作。

std::fs::copy() 函数的说明如下：

- std::fs::copy() 函数用于将一个文件的内容复制到另一位置。
- std::fs::copy() 函数的签名是 fn copy<P, Q> (&P, &Q) -> Result<u64>，其中 P 和 Q 是实现 AsRef<Path> 特征的类型。
- std::fs::copy() 函数返回一个 Result<u64>，其中 u64 表示复制的字节数。
- 如果复制成功，则返回 Ok（bytes_copied）。如果发生错误，则会返回 Err 以及实现 std::error::Error 特征的错误类型。

在 Rust 中复制文件的示例如下：

```rust
use std::fs;
use std::io;

fn main() -> io::Result<()> {
    // 打开源文件
    let mut source_file = fs::File::open("test_copy.txt")?;

    // 创建目标文件
    let mut destination_file = fs::File::create("test_copied.txt")?;

    // 将源文件内容复制到目标文件
    io::copy(&mut source_file, &mut destination_file)?;

    Ok(())
}
```

在以上示例中，首先使用 fs::File::open() 函数打开源文件"test_copy.txt"，该函数返回一个 Result 包含文件数据或错误的对象。然后使用 fs::File::create() 函数创建目标文件"test_copied.txt"，该函数返回一个 Result 包含新文件句柄或错误的对象。

然后使用该 io::copy() 函数将源文件的内容复制到目标文件。此函数有两个参数：对源文件的可变引用和对目标文件的可变引用。它返回一个 Result 包含复制的字节数或错误的对象。如果复制操作成功，则函数返回 Ok(())。如果发生错误，则会返回一个 Err 包含错误信息的对象。

> **注意**
>
> 开发者还可以使用 std::fs::copy() 函数来复制文件。此函数有两个参数：源文件路径和目标文件路径。但是，它不如使用 io::copy() 大文件的函数高效，因为它以小块的形式读取和写入文件数据。

▶▶ 7.1.7 修改文件权限

在 Rust 中，开发者可以使用标准库 std::fs 模块中的 std::fs::Permissions 结构来修改文件权限。但是，请注意，修改文件权限的功能取决于平台，并且可能并非所有操作系统都支持。在 Rust 中修改文件权限的示例如下：

```rust
use std::fs::{self, OpenOptions};
use std::os::unix::fs::PermissionsExt;

fn main() -> std::io::Result<()> {
    let file_path = "test_permission.txt";

    // 打开或创建具有写权限的文件
    let file = OpenOptions::new()
        .write(true)
        .create(true)
        .open(file_path)?;

    // 获取当前权限
    let mut permissions = file.metadata()?.permissions();

    //设置所需的权限
    permissions.set_mode(0o666);

    // 将新权限应用到文件
    fs::set_permissions(file_path, permissions)?;

    Ok(())
}
```

在以上示例中，为文件设置新的权限。set_mode() 函数采用一个八进制值，表示类 Unix 系统上所需的权限模式。使用值 0o666，其中第 1 位表示文件所有者权限，第 2 位表示组权限，第 3 位表示其他人权限。八进制值 666 对应于所有者的读写权限以及组和其他人的只读权限。

set_permissions() 函数可能无法在所有平台上按预期工作，并且其行为可能会因操作系统而异。此外，可能需要根据开发者的目标平台调整导入的模块和功能。修改文件权限时始终妥善处理错误，并确保开发者的代码在预期目标平台上经过彻底测试。

> **注意**
>
> 处理文件权限时要注意安全性，错误的权限设置可能导致安全漏洞。权限修改在不同的操作系统上表现可能不同。上述例子使用的是 Unix 相关系统的权限设置方法，不适用于 Windows 系统。Windows 系统的权限管理较为复杂，涉及文件属性和安全描述符。确保在尝试修改权限前文件确实存在，否则 set_permissions() 调用将失败。

7.1.8 文件链接

在类 Unix 文件系统中，包括 Rust 支持的文件系统，有两种类型的链接：硬链接（Hard Links）和符号（软）链接（Symbolic (Soft) Links）。

1. 硬链接

硬链接的特点如下：
- 硬链接本质上是现有索引节点（磁盘上代表文件的数据结构）的附加目录条目。
- 所有指向文件的硬链接都是等效的，并且不存在"原始"或"主"链接。
- 更改一个硬链接的内容会影响所有其他硬链接，因为它们都指向同一个 inode。
- 硬链接不能链接到目录或跨不同的文件系统。
- 删除一个硬链接不会影响其他硬链接；仅当删除最后一个硬链接时，文件的数据才会被删除。

在 Rust 中，开发者可以使用 std :: fs :: hard_link() 函数创建硬链接，示例如下：

```rust
use std::fs;

fn main() -> std::io::Result<()> {
    let original_path = "test_original.txt";
    let hard_link_path = "test_hard_link.txt";

    fs::write(original_path, "Hello, World!")?;

    // 在指定路径创建硬链接
    fs::hard_link(original_path, hard_link_path)?;

    Ok(())
}
```

2. 符号（软）链接

符号（软）链接的特征如下：

- 符号链接是一个单独的文件，其中包含另一个文件或目录的路径。
- 与硬链接不同，符号链接是独立的文件，对一个文件的更改不会影响另一个文件。
- 符号链接可以跨越文件系统并链接到目录。
- 如果符号链接的目标被删除或移动，则符号链接就会损坏或"悬空"。

在 Rust 中，开发者可以使用 std::os::unix::fs::symlink() 函数创建符号链接，示例如下：

```rust
use std::fs;

fn main() -> std::io::Result<()> {
    let original_path = "test_original.txt";
    let symlink_path = "test_symlink.txt";

    fs::write(original_path, "Hi, test!")?;

    // 在指定路径创建符号链接
    #[cfg(unix)]
    std::os::unix::fs::symlink(original_path, symlink_path)?;

    Ok(())
}
```

> **提示**
>
> 上述示例中使用 #［cfg（unix）］属性来有条件地编译 Unix 特定的代码。

7.2 处理 XML 文件

7.2.1 解析 XML 文件

1. 什么是 XML

XML（Extensible Markup Language，可扩展标记语言）是一种广泛使用的标记语言，它定义了一套规则，用于编码文档，使其既易于人类阅读，也易于机器解析。XML 是自描述性的，可以设计其特定的标签和数据结构，这使得它在跨平台数据交换中特别有用。

（1）XML 的主要特征

1）XML 允许创建描述数据的标签（例如 <name>Barry</name>），这种自描述性使得文档结构清晰，易于理解。

2）用户可以定义自己的元素和结构，使 XML 能够适应各种应用程序的需求。

3) XML 用嵌套的元素组织数据，形成树状结构，这种结构可以精确表示数据之间的层次关系和复杂度。

4) XML 文件是纯文本文件，可以在任何操作系统和程序中使用，不依赖于特定的软件或硬件。

5) XML 支持国际字符集，包括各种语言和符号，这使得它在全球范围内得到广泛应用。

（2）XML 的基本结构

1) 声明：一个 XML 文档可以开始于一个可选的声明（<? xml version = " 1.0" encoding = " UTF-8" ? >），指定 XML 的版本和所使用的字符编码。

2) 根元素：XML 文档有一个单独的根元素，它包含了所有其他的元素。

3) 元素：元素是主要的构建块，由开始标签（如 <name>）、内容（如 " Barry") 和结束标签（如 </name>）组成。

4) 属性：元素可以有属性，属性提供关于元素的额外信息（如 <person age = " 18" >）。

5) 注释：注释（<! -- This is a comment -->）可以添加到 XML 文件中，以提供代码的额外说明，不会被解析器处理。

以下是一个示例的 example_data.xml 文件内容，它包含了用于测试的基本 XML 结构，其中包括了 title、author 和 year 元素，代码如下：

```xml
<? xml version="1.0" encoding="UTF-8"? >
<book>
<title>《Go 语言高级开发与实战》</title>
<author>廖显东</author>
<year>2022</year>
</book>
```

对以上代码的说明如下：

- <book>：根元素，表示一本书的结构。
- <title>：子元素，表示书的标题，在本例中为《Go 语言高级开发与实战》。
- <author>：子元素，表示书的作者，在本例中为廖显东。
- <year>：子元素，表示书的出版年份，在本例中为 2022。

（3）XML 用途

XML 用于各种应用中，包括：

- 配置文件：许多软件和服务使用 XML 来存储配置信息。
- 网络服务：如 SOAP 协议，它用 XML 格式封装消息，进行网络信息交换。
- 数据交换：在不同的信息系统之间交换复杂的数据结构时，如电子商务、银行业务等。

XML 的可读性和灵活性使其成为不同系统间交互的理想选择，尽管 JSON 在某些网页应用中因其简洁性逐渐取代了 XML 的位置。但在需要复杂文档结构表示的领域，XML 仍然是重要的标准。

2. 解析 XML 文件实战

Rust 提供了多个可用于解析 XML 文件的 XML 解析库。在如下示例中，我们将使用 xmltree 库来解析 XML 文件并从中提取一些数据，步骤如下。

1）创建一个新项目：

```
$ cargo new xmlExample
```

2）将 xmltree 库添加到开发者的 Cargo.toml 文件中：

```
[dependencies]
xmltree = "0.10.0"
```

3）编辑 main.rs，并向其中添加以下代码：

```rust
// 导入所需的库
use std::fs::File;
use xmltree::Element;

fn main() -> Result<(), Box<dyn std::error::Error>> {
// 打开 XML 文件 example_data.xml
    let file = File::open("example_data.xml")?;

    // 将 XML 文件解析为 Element 树结构
    let root = Element::parse(file)?;

    // 从 Element 树中提取数据
    let title = root.get_child("title").unwrap().get_text().unwrap();
    let author = root.get_child("author").unwrap().get_text().unwrap();
    let year = root.get_child("year").unwrap().get_text().unwrap().parse::<i32>().unwrap();

    // 打印提取的数据
    println!("Title: {}", title);
    println!("Author: {}", author);
    println!("Year: {}", year);

    Ok(())
}
// cargo run
// Title:《Go 语言高级开发与实战》
// Author: 廖显东
// Year: 2022
```

7.2.2 生成 XML 文件

在 Rust 中生成 XML 文件可以通过使用专门的库来简化过程。本小节将使用 xml-rs 库，这是一个用于解析和生成 XML 文档的库。我们会通过一个实际的例子展示如何用它来生成一个简单的 XML 文件。

1. 添加依赖

将 xml-rs 库添加到 Cargo.toml 文件中，需要确保使用最新版本的 xml-rs，开发者可以在 crates.io 上查找最新版本，代码如下：

```
[dependencies]
xml-rs = "0.8"
```

2. 编写代码生成 XML

以下的示例展示了如何使用 xml-rs 库来生成一个包含一些基本信息的 XML 文件：

```rust
// 导入 xml 库中的 EmitterConfig、XmlEvent 和 Attribute 用于写入 XML 数据
use xml::writer::{EmitterConfig, XmlEvent};
use xml::namespace::Namespace;
use xml::attribute::Attribute;
// 导入标准库中的 File 和 BufWriter,用于文件操作和缓冲写入
use std::fs::File;
use std::io::BufWriter;
use std::borrow::Cow;

fn main() -> xml::writer::Result<()> {
    // 创建一个名为 output.xml 的文件,用于输出 XML 数据
    let file = File::create("output.xml")?;
    // 使用 BufWriter 包装文件句柄,提高写入性能
    let writer = BufWriter::new(file);

    // 创建一个 XML 写入器,并配置为缩进格式化输出
    let mut xml_writer = EmitterConfig::new()
        .perform_indent(true) // 设置格式化输出,增加缩进
        .create_writer(writer);

    // 写入 XML 声明(例如 <? xml version="1.0" encoding="UTF-8"? >)
    xml_writer.write(XmlEvent::StartDocument {
        version: xml::common::XmlVersion::Version10, // 设置 XML 版本为 1.0
        encoding: Some("UTF-8"), // 设置编码为 UTF-8
        standalone: None, // 无 standalone 声明
    })?;
```

```rust
    // 开始写入根元素 <users>
    xml_writer.write(XmlEvent::StartElement {
        name: "users".into(), // 根元素名称为 "users"
        attributes: Cow::Borrowed(&[]), // 使用空的属性数组
        namespace: Cow::Owned(Namespace::empty()), // 使用空命名空间并转换为 Cow 类型
    })?;

    // 添加一个子元素 <user id="1">
    xml_writer.write(XmlEvent::StartElement {
        name: "user".into(), // 子元素名称为 "user"
        attributes: Cow::Owned(vec![ // 使用 Cow::Owned 构造属性列表
                        Attribute { name: "id".into(), value: "1" },
        ]),
        namespace: Cow::Owned(Namespace::empty()), // 使用空命名空间并转换为 Cow 类型
    })?;

    // 写入子元素内容 Barry
    xml_writer.write(XmlEvent::Characters("Barry"))?;

    // 结束子元素 </user>
    xml_writer.write(XmlEvent::EndElement { name: Some("user".into()) })?;

    // 结束根元素 </users>
    xml_writer.write(XmlEvent::EndElement { name: Some("users".into()) })?;

    Ok(())
}
```

成功运行以上代码后,将在当前目录下创建一个名为 output.xml 的文件,内容如下:

```xml
<?xml version="1.0" encoding="UTF-8"?>
<users>
<user id="1">Barry</user>
</users>
```

7.3 处理 JSON 文件

7.3.1 什么是 JSON

JSON(JavaScript Object Notation)是一种轻量级的数据交换格式,易于人类阅读和编写,也易于机器解析和生成。它基于 JavaScript 编程语言的对象表示法,但独立于语言,可以被大多数

现代编程语言使用。

1. JSON 的结构

JSON 使用一组键-值对来表示数据。其数据格式有以下两种基本结构：

- 对象（Object）：用花括号 {} 表示。对象由键-值对组成，每个键都是一个字符串，后面紧跟一个冒号"："，然后是其对应的值。多个键-值对之间用逗号"，"分隔。
- 数组（Array）：用方括号 [ ] 表示。数组是一个有序的值的集合，各个值之间用逗号"，"分隔。

2. JSON 数据类型

JSON 支持以下六种数据类型：

- 字符串（String）：用双引号 "" 包围，例如:"hello"、"name"。
- 数字（Number）：可以是整数或浮点数，例如：88、3.14。
- 布尔值（Boolean）：只有两个值：true 或 false。
- 数组（Array）：用方括号 [ ] 表示，包含一个有序的值列表，例如：[1, 2, "three", true]。
- 对象（Object）：用花括号 {} 表示，包含零个或多个键-值对，例如：{"name": "Shirdon", "age":18}。
- 空值（Null）：表示为空或无值，只有一个值：null。

3. JSON 示例

包含对象和数组的 JSON 示例如下：

```
{
"name": "Barry",
"age": 18,
"isStudent": false,
"scores":[85, 90, 78],
"address": {
"street": "123 High Street",
"city": "Chengdu",
"zipcode": "600000"
  },
"hobbies":["reading", "traveling", "swimming"]
}
```

▶ 7.3.2 解析 JSON 文件

在 Rust 中，开发者可以使用 serde 库解析 JSON 文本，serde 库是一个广泛使用的库，用于序列化和反序列化 JSON 等数据格式。以下是使用 serde 库解析 JSON 文本的方法。

1. 安装 serde 和 serde_json 库

开发者需要将 serde 库和 serde_json 库添加到项目的依赖项中。打开 Cargo.toml 文件，并添加以下内容：

```
[dependencies]
serde = { version = "1.0", features = ["derive"] }
serde_json = "1.0"
```

在以上示例中，serde 库主要提供序列化和反序列化功能，derive 功能用于自动派生结构体和枚举的序列化和反序列化实现。serde_json 库提供 JSON 特定的支持，例如解析和生成 JSON 数据。

2. 解析 JSON 字符串到 Rust 数据结构

（1）方法 1：使用 serde_json::Value 解析 JSON

serde_json::Value 是一个枚举类型，它可以表示任何有效的 JSON 值（如对象、数组、字符串、数字等）。这是处理动态或未知 JSON 结构的简单方法。使用 serde_json::Value 解析 JSON 的示例如下：

```rust
use serde_json::Value;

fn main() {
    let json_str = r#"
    {
"name": "Barry",
"age": 18,
"isStudent": false,
"scores": [99, 98, 100],
"address": {
"street": "123 High Street",
"city": "Chengdu",
"zipcode": "600000"
        }
    }
"#;

    // 解析 JSON 字符串为 serde_json::Value
    let parsed: Value = serde_json::from_str(json_str).unwrap();

    // 打印整个解析后的 JSON 对象
    println!("Parsed JSON: {:?}", parsed);
```

```rust
    // 从 Value 中提取数据
    let name = parsed["name"].as_str().unwrap_or("Unknown");
    let age = parsed["age"].as_i64().unwrap_or(0);
    // 使用 match 进行安全解构
    let is_student = match parsed.get("isStudent").and_then(Value::as_bool) {
        Some(val) => val,
        None => {
            println!("Key 'isStudent' not found or not a boolean.");
            false // 或默认值
        }
    };

    println!("Name: {}, Age: {}, Is Student: {}", name, age, is_student);
}
// cargo run
// Parsed JSON: Object {"address": Object {"city": String("Chengdu"), "street": String("123 High Street"), "zipcode": String("600000")}, "age": Number(18), "isStudent": Bool(false), "name": String("Barry"), "scores": Array [Number(99), Number(98), Number(100)]}
// Name: Barry, Age: 18, Is Student: false
```

(2) 方法 2：使用自定义结构体

当 JSON 的结构已知时，可以将其解析为一个自定义的 Rust 结构体。这种方法更安全，且编译器会检查结构是否匹配。使用自定义结构体的示例如下：

```rust
use serde::{Deserialize, Serialize};

#[derive(Serialize, Deserialize, Debug)]
struct Address {
    street: String,
    city: String,
    zipcode: String,
}

#[derive(Serialize, Deserialize, Debug)]
struct Person {
    name: String,
    age: u8,
    #[serde(rename = "isStudent")] // 使用 serde 的 rename 属性进行字段重命名
    is_student: bool, // 采用 snake_case 风格命名
    scores: Vec<u32>,
    address: Address,
}

fn main() {
```

```
        let json_str = r#"
    {
"name": "Barry",
"age": 18,
"isStudent": false,
"scores": [99, 98, 100],
"address": {
"street": "123 High Street",
"city": "Chengdu",
"zipcode": "600000"
        }
    }
"#;

    // 将 JSON 字符串解析为自定义结构体
    let person: Person = serde_json::from_str(json_str).unwrap();
    println!("{:?}", person);
}
// cargo run
// Person { name: "Barry", age: 18, is_student: false, scores: [99, 98, 100], address: Address { street: "123 High Street", city: "Chengdu", zipcode: "600000" } }
```

在以上示例中，使用 #[derive(Serialize，Deserialize，Debug)] 为结构体派生序列化和反序列化实现。serde_json::from_str() 将 JSON 字符串直接解析为自定义的 Person 类型。

▶▶ 7.3.3　生成 JSON 文件

要在 Rust 中生成 JSON 文件，开发者可以使用 serde_json 库，它是在 Rust 中处理 JSON 数据的流行包。创建一个 JSON 文件的示例如下：

```
// 引入 serde 库用于序列化和反序列化
use serde::{Deserialize, Serialize};
// 引入标准库中的 File 和 Write,用于文件操作
use std::fs::File;

// 定义 Person 结构体,派生序列化和反序列化功能
#[derive(Debug, Deserialize, Serialize)]
struct Person {
    name: String,               // 姓名字段
    age: u8,                    // 年龄字段
    address: Address,           // 地址字段,类型为 Address 结构体
}
```

```rust
// 定义 Address 结构体，派生序列化和反序列化功能
#[derive(Debug, Deserialize, Serialize)]
struct Address {
    street: String,              // 街道字段
    city: String,                // 城市字段
    state: String,               // 省字段
}

// 主函数，返回 Result 类型，用于处理可能的错误
fn main() -> Result<(), Box<dyn std::error::Error>> {
    // 创建一个 Person 实例
    let person = Person {
        name: String::from("ShirDon"), // 设置姓名
        age: 18, // 设置年龄
        address: Address { // 设置地址
            street: String::from("123 High Street"), // 街道
            city: String::from("Chengdu"), // 城市
            state: String::from("Sichuan"), // 省
        },
    };

    // 创建一个名为 test_generate.json 的文件
    let file = File::create("test_generate.json")?;
    // 使用缓冲区包装文件句柄，提高写入性能
    let writer = std::io::BufWriter::new(file);
    // 将 person 序列化为 JSON 格式并写入文件
    serde_json::to_writer(writer, &person)?;

    // 如果一切正常，返回 Ok
    Ok(())
}
```

以上代码使用了 serde 库来序列化 Person 结构体，将其保存为 JSON 文件。Person 和 Address 结构体都派生了 Serialize 和 Deserialize 特征，这样它们可以很方便地被转换成 JSON 格式或者从 JSON 格式转换回来。

7.4 Rust 正则处理

7.4.1 什么是正则表达式

1. 正则表达式定义

正则表达式（Regular Expression，Regex）是用于匹配字符串中字符组合的模式。它们被广

泛用于字符串搜索、字符串替换、数据验证等多种场景。正则表达式是一种在程序设计和文本处理中非常有用的工具，因为它允许我们以非常灵活和高效的方式来描述和识别文本模式。下面将详细介绍正则表达式的概念、常用语法和高级功能。

2. 基本语法

（1）字符匹配

字符匹配分为如下两种类型：

- 普通字符：直接匹配自身，如 abc 会匹配字符串中的 "abc"。
- 特殊字符：某些字符在正则表达式中有特殊含义，如 .、*、+ 等。要匹配这些字符本身，需要在它们前面加上反斜杠（\），如 \. 匹配 "."。

（2）元字符

元字符是具有特殊含义的字符，它们用于构建复杂的匹配模式。元字符及其说明见表 7-1。

表 7-1 元字符及其说明

元 字 符	说 明
.	匹配任意单个字符（除了换行符），如 a.b 可以匹配 "aab"、"acb" 等
^	匹配字符串的开始位置，如 ^abc 只匹配以 "abc" 开头的字符串
$	匹配字符串的结束位置，如 abc$ 只匹配以 "abc" 结尾的字符串
*	匹配前面的子表达式任意次数（包括零次），如 ab*c 可以匹配 "ac"、"abc"、"abbc" 等
+	匹配前面的子表达式一次或多次，如 ab+c 可以匹配 "abc"、"abbc" 但不能匹配 "ac"
?	匹配前面的子表达式零次或一次，如 ab?c 可以匹配 "ac" 或 "abc"
|	表示或运算符，如 a|b 匹配 "a" 或 "b"
()	用于分组，影响量词的作用范围，也用于捕获匹配的子表达式。如（abc）+ 可以匹配 "abc1"、"abcabc"

（3）字符类

字符类用于匹配一组字符中的任意一个。字符类正则表达式及其说明见表 7-2。

表 7-2 字符类正则表达式及其说明

字符类正则表达式	说 明
[abc]	匹配 "a"、"b"，或 "c" 中的任意一个字符
[^abc]	匹配除 "a"、"b"、"c" 之外的任意字符
[a-z]	匹配从 "a" 到 "z" 的任意字符
\d	匹配任何数字，等同于 [0-9]
\D	匹配任何非数字字符，等同于 [^0-9]

字符类正则表达式	说　明
\w	匹配任何字母数字字符或下画线，等同于 [a-zA-Z0-9_]
\W	匹配任何非字母数字字符或下画线，等同于 [^a-zA-Z0-9_]
\s	匹配任何空白字符（包括空格、制表符、换行符等）
\S	匹配任何非空白字符

（4）量词

量词指定了要匹配的字符或子表达式的数量。

- {n}：匹配前面的子表达式正好 n 次，如 d{3} 匹配 "ddd"。
- {n,}：匹配前面的子表达式至少 n 次，如 d{2,} 匹配 "dd"、"ddd"、"dddd" 等。
- {n, m}：匹配前面的子表达式至少 n 次，最多 m 次，如 d{2,4} 匹配 "dd"、"ddd"、"dddd"。

3. 高级功能

（1）非捕获组

通常，使用（）分组时会捕获匹配的内容，但有时我们只希望分组而不捕获内容，可以使用（?:...），示例如下：

```
(?:abc)+
```

以上模式会匹配 "abc" 一次或多次，但不会捕获 "abc" 的内容。

（2）前瞻与后顾

前瞻和后顾用于在匹配时进行上下文检查，而不消耗字符串中的字符。

- 正向前瞻：(?=...)，在当前位置的后面检查是否匹配某个模式。
- 负向前瞻：(?!...)，在当前位置的后面检查是否不匹配某个模式。
- 正向后顾：(?<=...)，在当前位置的前面检查是否匹配某个模式。
- 负向后顾：(?<!...)，在当前位置的前面检查是否不匹配某个模式。

例如：

```
\w+(?=\d)
```

以上正则表达式匹配所有后面跟有数字的单词。

（3）懒惰匹配

默认情况下，*、+、? 等量词是贪婪的，即它们会匹配尽可能多的字符。通过在量词后面加上 ?，可以将其变为懒惰匹配，即尽可能少地匹配字符。

```
a.*?b
```

以上正则表达式会匹配以 "a" 开头，以 "b" 结尾的最短字符串。

（4）捕获组和引用

捕获组可以通过 () 定义，捕获的内容可以通过 \1、\2 等引用。可以用于匹配相同的内容，示例如下：

```
(\w+)\s+\1
```

以上正则表达式可以匹配重复的单词，如 "gorust"。

4. 应用实例

假设我们需要从一段文本中找出所有形式为 [单词1 = 单词2] 的模式，可以使用以下正则表达式：

```
\[(\w+)=(\w+)\]
```

在以上示例中，\w+ 匹配一个或多个字母数字字符，括号 () 创建捕获组，使得我们可以单独访问匹配的单词。

5. 注意事项

正则表达式的常见注意事项如下：

- 性能问题：复杂的正则表达式可能导致性能问题，特别是含有大量回溯的模式。
- 可读性：高度复杂的正则表达式可能难以理解和维护，适度地添加注释可以提高可读性。
- 环境依赖：不同的编程语言或工具对正则表达式的支持和具体实现可能略有差异，应当注意跨平台使用时的兼容性问题。

正则表达式是一个强大的工具，但它的学习曲线可能比较陡峭。理解和掌握其基本元素和高级功能是非常有用的，可以在很多文本处理和数据提取任务中提高效率。

▶▶ 7.4.2　Rust 正则处理实战

在 Rust 中，处理正则表达式可以使用 regex 库。regex 库是 Rust 社区提供的一个功能丰富的正则表达式库，支持几乎所有常见的正则表达式特性。使用 regex 库前，我们需要在项目的 Cargo.toml 文件中添加依赖：

```
[dependencies]
regex = "1.5.4"
```

以下是如何使用 regex 库进行基本的正则表达式匹配、搜索和替换的一些示例。

1. 匹配字符串

要检查一个字符串是否符合特定的正则表达式模式，我们可以使用 is_match() 方法：

```rust
// 导入 regex 库,用于正则表达式处理
use regex::Regex;

fn main() {
    // 创建一个正则表达式,用于匹配日期格式 YYYY-MM-DD
    let re = Regex::new(r"^\d{4}-\d{2}-\d{2}$").unwrap();
    // 定义一个字符串变量,表示一个日期
    let date = "2024-05-12";

    // 使用正则表达式检查日期格式是否匹配
    if re.is_match(date) {
        println!("The date is valid!");
    } else {
        println!("The date is invalid!");
    }
}

// 运行程序,输出结果为:
// The date is valid!
```

2. 搜索和捕获

如果我们想找到匹配的部分并捕获它们,则可以使用 captures() 方法,它返回一个 Option<Captures>,示例如下:

```rust
// 导入 regex 库,用于正则表达式处理
use regex::Regex;

fn main() {
    // 创建一个正则表达式,用于分组捕获日期中的年、月、日
    let re = Regex::new(r"(\d{4})-(\d{2})-(\d{2})").unwrap();
    // 定义一个包含日期的字符串
    let date = "Event on 2024-05-12.";

    // 使用正则表达式检查字符串是否包含匹配的日期
    if let Some(caps) = re.captures(date) {
        // 如果找到匹配项,提取年、月、日,并打印出来
        println!("Year: {}, Month: {}, Day: {}",
            caps.get(1).unwrap().as_str(),      // 获取第 1 个捕获组(年)
            caps.get(2).unwrap().as_str(),      // 获取第 2 个捕获组(月)
            caps.get(3).unwrap().as_str());     // 获取第 3 个捕获组(日)
    }
}
```

```
// 运行程序,输出结果为:
// Year: 2024, Month: 05, Day: 12
```

3. 替换文本

要替换字符串中匹配的部分,可以使用 replace( ) 或 replace_all( ) 方法,示例如下:

```
use regex::Regex;

fn main() {
    // 创建一个正则表达式,用于匹配单词
    let re = Regex::new(r"\b(\w+)\b").unwrap();
    // 定义一个包含文本的字符串
    let text = "Hi, I love Rust";

    // 使用正则表达式替换所有匹配的单词,将每个单词用方括号括起来
    // $1 表示正则表达式中第 1 个捕获的分组,即匹配的单词
    let replaced = re.replace_all(text, "[$1]");

    // 打印替换后的文本
    println!("Replaced text: {}", replaced);
}
// cargo run
// Replaced text: [Hi], [I] [love] [Rust]
```

4. 分割字符串

使用正则表达式分割字符串可以用 split( ) 方法,示例如下:

```
use regex::Regex;

fn main() {
    // 创建一个正则表达式,用于匹配一个或多个非字母数字字符
    let re = Regex::new(r"\W+").unwrap();
    // 定义一个包含文本的字符串
    let text = "Hi, I love Rust! Welcome to Rust.";

    // 使用正则表达式将字符串按非字母数字字符分割,并将结果收集到一个向量中
    let words: Vec<&str> = re.split(text).collect();

    // 打印分割后的单词列表
    println!("Words: {:?}", words);
}
// cargo run
// Words: ["Hi", "I", "love", "Rust", "Welcome", "to", "Rust", ""]
```

7.5 日志文件处理

在 Rust 中，日志记录是通过标准日志库来促进的，它提供了一个统一的日志记录 API，可以与不同的记录器实现一起使用。日志库定义了一组针对不同日志级别（如 error!、warn!、info!、debug!、trace! 等）的宏，开发者可以使用它们来记录不同严重级别的消息。

Rust 中处理日志记录的基本步骤如下。

1. 添加依赖项

在 Cargo.toml 中，添加日志库并选择记录器实现。常见的记录器实现包括 env_logger、simple_logger 和 Pretty_env_logger。例如，要使用 env_logger 库，示例如下：

```toml
[dependencies]
log = "0.4"
env_logger = "0.10"
```

2. 初始化记录器

开发者需要初始化选择的记录器实现。例如，对于 log 库和 env_logger 库，可以使用以下代码对其进行初始化，示例如下：

```rust
// 导入 log 库中的 LevelFilter,用于设置日志过滤级别
use log::LevelFilter;
// 导入 env_logger 库中的 Builder,用于构建和初始化日志记录器
use env_logger::Builder;

fn main() {
    // 创建一个新的日志记录器,并设置日志过滤级别
    Builder::new()
        .filter_level(LevelFilter::Info) // 设置最低日志级别为 Info,只有级别为 Info 或更高的日志才会被记录
        .init(); // 初始化日志记录器

    // 记录一个 Info 级别的日志消息
    log::info!("Logging initialized");
    // 记录一个 Error 级别的日志消息
    log::error!("An error message");
    // ...
}
// cargo run
// [2024-09-14T10:04:02Z INFO log_example] Logging initialized
// [2024-09-14T10:04:02Z ERROR log_example] An error message
```

3. 使用记录宏

我们可以使用日志记录宏来写入日志消息。每个宏对应一个日志级别，示例如下：

```rust
// 导入 log 库中的不同日志级别宏：error、warn、info、debug、trace
use log::{error, warn, info, debug, trace};

fn main() {
    // 记录一条 Error 级别的日志消息(错误信息)
    error!("This is an error message");
    // 记录一条 Warn 级别的日志消息(警告信息)
    warn!("This is a warning message");
    // 记录一条 Info 级别的日志消息(一般信息)
    info!("This is an info message");
    // 记录一条 Debug 级别的日志消息(调试信息)
    debug!("This is a debug message");
    // 记录一条 Trace 级别的日志消息(详细跟踪信息)
    trace!("This is a trace message");
}
```

4. 设置日志级别

日志级别可以在运行时使用环境变量设置，也可以在记录器初始化期间以编程方式配置。例如，开发者可以使用 **RUST_LOG** 环境变量来控制日志级别，示例如下：

```
$ RUST_LOG=info cargo run
```

5. 格式化和输出

默认情况下，日志消息打印到标准错误流。可以通过记录器实现的配置选项来自定义格式和输出行为。不同的记录器实现可能提供附加功能，例如彩色输出、时间戳和基于文件的日志记录等。请读者务必查阅所选记录器实现的文档以了解更多详细信息。

> **注意**
>
> 日志记录对于理解应用程序的行为和诊断问题至关重要。正确配置的日志记录可以帮助开发者跟踪程序的流程并识别错误或性能瓶颈。

7.6 【实战】统计文本文件中的单词频率

本节将读取一个文本文件，统计其中每个单词出现的次数，并输出按频率排序的结果。

1. 创建项目

创建一个新的 Rust 项目：

```
$ cargo new word_frequency
$ cd word_frequency
```

在 Cargo.toml 中添加依赖：

```
[dependencies]
regex = "1.5"
```

2. 编写代码

编辑 src/main.rs 文件，添加以下代码：

```rust
// 导入所需的库和模块
use regex::Regex;
use std::collections::HashMap;
use std::fs;

fn main() -> Result<(), Box<dyn std::error::Error>> {
    // 读取文件内容
    let content = fs::read_to_string("sample_data.txt")?;

    // 定义一个正则表达式,用于匹配单词
    let re = Regex::new(r"\b\w+\b")?; // \b 匹配单词边界,\w+ 匹配一个或多个字母或数字字符

    // 创建一个 HashMap 来存储每个单词的频率
    let mut frequency = HashMap::new();

    // 遍历文件中的每个单词,统计频率
    for word in re.find_iter(&content) {
        // 转换单词为小写
        let word = word.as_str().to_lowercase();
        // 统计每个单词的出现次数
        *frequency.entry(word).or_insert(0) += 1;
    }

    // 将统计结果转为向量并按频率排序
    let mut freq_vec: Vec<_> = frequency.iter().collect();
    freq_vec.sort_by(|a, b| b.1.cmp(a.1));

    // 打印统计结果
    println!("单词频率统计结果:");
    for (word, count) in freq_vec {
        println!("{}: {}", word, count);
    }

    Ok(())
}
```

3. 创建数据文件

创建一个名为 sample_data.txt 的文本文件，并在其中添加一些内容，例如：

```
Hi Rustaceans. I love Rust programming!
Rust is fast, safe, and concurrent. Let's go!!!
```

4. 运行程序

在终端中运行以下命令，运行结果如下：

```
$ cargo run
单词频率统计结果：
rust: 2
safe: 1
love: 1
concurrent: 1
s: 1
go: 1
hi: 1
programming: 1
rustaceans: 1
fast: 1
and: 1
let: 1
is: 1
```

7.7 本章小结

本章讲解了操作目录与文件、处理 XML 文件、处理 JSON 文件、Rust 正则处理、日志文件处理、【实战】统计文本文件中的单词频率，通过对 Rust 文件处理常见方法和技巧的讲解，帮助读者更好地使用 Rust 进行文件处理。

第8章

Rust Web 高级编程

8.1 Rust 并发编程

8.1.1 Rust 并发原语

Rust 提供了一组强大的并发原语（Concurrency Primitives），用于在多线程环境中管理共享数据、同步线程操作，并确保线程安全。并发原语是实现并发编程的基础，它们能够帮助开发者在多线程程序中避免常见的并发问题，如数据竞争（Data Races）、死锁（Deadlocks）等。下面将详细讲解 Rust 中常见的并发原语及其用法。

1. Mutex

Mutex 是一个互斥锁，是最常用的并发原语之一，用于在多线程环境中提供对共享资源的独占访问。Rust 的 Mutex 在锁定资源时阻止其他线程访问资源，直到锁被释放。Mutex 的基本用法示例如下：

```
// 导入标准库中的 Arc(原子引用计数指针)和 Mutex(互斥锁)模块
use std::sync::{Arc, Mutex};
// 导入标准库中的线程模块
use std::thread;

fn main() {
    // 创建一个带有互斥锁保护的共享计数器,并使用 Arc 包装以实现多线程共享所有权
    let counter = Arc::new(Mutex::new(0));
    // 创建一个存储线程句柄的向量
    let mut handles = vec![];

    // 启动 8 个线程,每个线程对共享计数器进行加 1 操作
    for _ in 0..8 {
```

```rust
        // 克隆 Arc 指针以在多个线程之间共享计数器
        let counter = Arc::clone(&counter);
        // 启动一个新线程并获取其句柄
        let handle = thread::spawn(move || {
            // 获取互斥锁保护的计数器,并锁定以进行独占访问
            let mut num = counter.lock().unwrap();
            // 对计数器进行加 1 操作
            *num += 1;
        });
        // 将线程句柄存储到向量中,以便后续等待线程完成
        handles.push(handle);
    }

    // 等待所有线程完成
    for handle in handles {
        handle.join().unwrap(); // 等待线程结束并处理可能的错误
    }

    // 输出最终计数器的值
    println!("Result: {}", *counter.lock().unwrap());
}
// cargo run --bin mutex_example
// Result: 8
```

对以上代码的解释如下:

- Arc<Mutex<T>>:将 Mutex 包裹在 Arc(原子引用计数指针)中,使其可以在线程间共享。Arc 是线程安全的智能指针。
- lock():锁定 Mutex,返回 MutexGuard,允许访问和修改被锁定的数据。MutexGuard 会在超出作用域时自动释放锁。

2. RwLock

RwLock 是一种读写锁,允许多个"读者"并发读取数据,同时只允许一个"写者"修改数据。这比 Mutex 更加高效,适用于读多写少的场景。RwLock 的基本用法示例如下:

```rust
use std::sync::{Arc, RwLock};
// 导入标准库中的线程模块
use std::thread;

fn main() {
    // 创建一个带有读写锁保护的共享数据,并使用 Arc 包装以实现多线程共享所有权
    let data = Arc::new(RwLock::new(0));
    // 创建一个存储线程句柄的向量
    let mut handles = vec![];
```

```rust
    // 启动 8 个线程,每个线程对共享数据进行加 1 操作
    for _ in 0..8 {
        // 克隆 Arc 指针以在多个线程之间共享数据
        let data = Arc::clone(&data);
        // 启动一个新线程并获取其句柄
        let handle = thread::spawn(move || {
            // 获取写锁,以独占方式访问共享数据
            let mut write_guard = data.write().unwrap();
            // 对共享数据进行加 1 操作
            *write_guard += 1;
        });
        // 将线程句柄存储到向量中,以便后续等待线程完成
        handles.push(handle);
    }

    // 等待所有线程完成
    for handle in handles {
        handle.join().unwrap(); // 等待线程结束并处理可能的错误
    }

    // 使用读锁读取共享数据的最终值
    {
        let read_guard = data.read().unwrap(); // 获取读锁,以共享方式访问数据
        println!("Result: {}", *read_guard); // 输出最终结果
    }
}
// cargo run --bin rwLock_example
// Result: 8
```

对以上代码的解释如下:

- **RwLock<T>**:允许多个线程同时读取数据,或者一个线程独占写入数据。
- **write()**:获取写锁,返回 RwLockWriteGuard,独占访问数据。
- **read()**:获取读锁,返回 RwLockReadGuard,允许并发读取数据。

3. Condvar

Condvar 是一种同步原语,允许线程在某些条件下等待,并在条件满足时被唤醒。通常与 Mutex 一起使用,用于线程间的条件同步。Condvar 的基本用法示例如下:

```rust
use std::sync::{Arc, Condvar, Mutex};
use std::thread;

fn main() {
    // 创建一个包含互斥锁和条件变量的元组,并使用 Arc 包装以实现多线程共享所有权
    let pair = Arc::new((Mutex::new(false), Condvar::new()));
```

```rust
    // 克隆 Arc 指针,以便在线程之间共享相同的元组
    let pair2 = Arc::clone(&pair);

    // 启动一个新线程
    let handle = thread::spawn(move || {
        // 解引用 Arc 获取互斥锁和条件变量
        let (lock, cvar) = &*pair2;
        // 获取互斥锁的锁定状态
        let mut started = lock.lock().unwrap();
        // 修改共享变量的值,表示线程已经启动
        *started = true;
        // 通知一个等待线程,条件已经改变
        cvar.notify_one();
    });

    // 主线程继续执行
    let (lock, cvar) = &*pair;
    // 获取互斥锁的锁定状态
    let mut started = lock.lock().unwrap();
    // 当线程未启动时,等待条件变量的通知
    while !*started {
        // 等待条件变量通知并重新获取互斥锁
        started = cvar.wait(started).unwrap();
    }

    // 等待子线程完成
    handle.join().unwrap();
    println!("Thread started");
}
// cargo run --bin condvar_example
// Thread started
```

对以上代码的解释如下:

- Condvar::wait():使线程等待,直到被唤醒。它会自动释放与之关联的 Mutex,在被唤醒后重新锁定 Mutex。
- Condvar::notify_one():唤醒一个等待的线程。
- Condvar::notify_all():唤醒所有等待的线程。

4. Barrier

Barrier 是一种同步原语,允许一组线程相互等待,直到所有线程都到达某个共同的点。它通常用于多线程计算的同步点。Barrier 的基本用法示例如下:

```rust
use std::sync::{Arc, Barrier};
use std::thread;
```

```rust
fn main() {
    // 创建一个 Barrier(屏障)对象,并使用 Arc 包装以实现多线程共享
    // Barrier 的计数值设置为 3,表示需要 3 个线程同时到达屏障位置才能继续执行
    let barrier = Arc::new(Barrier::new(3));
    // 创建一个存储线程句柄的向量
    let mut handles = vec![];

    // 启动 3 个线程
    for _ in 0..3 {
        // 克隆 Arc 指针,以便在线程之间共享相同的屏障
        let barrier = Arc::clone(&barrier);
        // 启动一个新线程并获取其句柄
        let handle = thread::spawn(move || {
            println!("Before wait");         // 在屏障前打印信息
            barrier.wait();                   // 等待其他线程到达屏障位置
            println!("After wait");          // 在所有线程都到达屏障后打印信息
        });
        // 将线程句柄存储到向量中,以便后续等待线程完成
        handles.push(handle);
    }

    // 等待所有线程完成
    for handle in handles {
        handle.join().unwrap();              // 等待线程结束并处理可能的错误
    }
}
// cargo run --bin barrier_example
// Before wait
// Before wait
// Before wait
// After wait
// After wait
// After wait
```

对以上代码的解释如下:
- Barrier::new(n):创建一个新的 Barrier,需要 n 个线程调用 wait() 才会解除阻塞。
- wait():阻塞调用线程,直到达到 Barrier 的线程数。

5. 原子类型

原子类型提供了无锁的并发编程方式,通过硬件支持的原子操作,确保多线程环境中的数据安全。Rust 的原子类型包括 AtomicBool、AtomicIsize、AtomicUsize 等。原子类型的基本用法示例如下:

```rust
use std::sync::{Arc, atomic::{AtomicUsize, Ordering}};
use std::thread;
```

```rust
fn main() {
    // 创建一个原子计数器,并使用 Arc 包装以实现多线程共享所有权
    let counter = Arc::new(AtomicUsize::new(0));
    // 创建一个存储线程句柄的向量
    let mut handles = vec![];

    // 启动 10 个线程
    for _ in 0..10 {
        // 克隆 Arc 指针,以便每个线程都持有对相同计数器的共享所有权
        let counter = Arc::clone(&counter);
        // 创建一个新线程
        let handle = thread::spawn(move || {
            // 每个线程对计数器执行 1000 次加 1 操作
            for _ in 0..1000 {
                counter.fetch_add(1, Ordering::SeqCst); // 使用 fetch_add 执行原子加操作,确保线程安全
            }
        });
        // 将线程句柄存储到向量中,以便后续等待线程完成
        handles.push(handle);
    }

    // 等待所有线程完成
    for handle in handles {
        handle.join().unwrap(); // 等待线程结束并处理可能的错误
    }

    // 打印计数器的最终结果
    println!("Result: {}", counter.load(Ordering::SeqCst));
}
// cargo run --bin atomic_example
// Result: 10000
```

6. Once 和 Lazy

Once 和 Lazy 是 Rust 中用于实现一次性初始化的原语。这对于需要在多线程环境中只初始化一次的全局变量非常有用。使用 Once 进行初始化的示例如下:

```rust
// 导入标准库中的 Once 模块,用于实现一次性初始化
use std::sync::Once;

// 使用 Once::new() 方法初始化静态变量 INIT,用于控制一次性初始化
static INIT: Once = Once::new();
// 定义一个可变的静态变量 VAL,用于存储一个 usize 类型的值
static mut VAL: usize = 0;
```

```rust
// 定义一个初始化函数,用于修改静态变量 VAL 的值
fn initialize() {
    unsafe {
        VAL = 6; // 将 VAL 设置为 6
    }
}

fn main() {
    // 使用 Once 类型的 INIT 确保 initialize 函数只被调用一次
    INIT.call_once(|| {
        initialize(); // 调用初始化函数
    });

    // 使用 unsafe 块读取和打印可变的静态变量 VAL 的值
    unsafe {
        println!("VAL: {}", VAL); // 输出 VAL 的值
    }
}
// cargo run --bin once_example
// VAL: 6
```

使用 Lazy 进行延迟初始化的示例如下:

```rust
// 导入标准库中的 LazyLock,用于实现惰性初始化
use std::sync::LazyLock;

// 定义一个静态变量 VAL,类型为 LazyLock<usize>,用于实现惰性初始化
// LazyLock::new 接收一个闭包,只有在第一次使用时才会调用这个闭包来初始化值
static VAL: LazyLock<usize> = LazyLock::new(|| {
    println!("Initializing..."); // 初始化时输出信息
    66 // 返回初始化值 66
});

fn main() {
    // 第 1 次访问 VAL 时,触发惰性初始化
    println!("VAL: {}", *VAL); // 输出 VAL 的值

    // 第 2 次访问 VAL 时,不会再次初始化,直接使用已初始化的值
    println!("VAL again: {}", *VAL); // 输出 VAL 的值
}
// cargo run --bin lazyLock_example
// Initializing...
// VAL: 66
// VAL again: 66
```

7. Channel

Rust 提供了 mpsc 模块，用于在多个线程之间传递消息。mpsc 代表"多生产者，单消费者"(multiple producer，single consumer)，这种模型特别适合生产者-消费者模式。

使用 mpsc 实现消息传递的示例如下：

```rust
// 导入标准库中的 mpsc 模块,用于多生产者单消费者通道通信
use std::sync::mpsc;
// 导入标准库中的线程模块
use std::thread;
// 导入标准库中的 Duration 类型,用于指定休眠时间
use std::time::Duration;

fn main() {
    // 创建一个通道(channel),tx 是发送者(transmitter),rx 是接收者(receiver)
    let (tx, rx) = mpsc::channel();

    // 创建一个新线程,并在新线程中发送数据
    thread::spawn(move || {
        // 创建一个字符串向量,包含要发送的消息
        let vals = vec![
            String::from("message1"),
            String::from("message2"),
            String::from("message3"),
            String::from("message4"),
        ];

        // 遍历向量中的每个字符串
        for val in vals {
            // 通过通道发送每个字符串到接收端
            tx.send(val).unwrap(); // 发送操作,如果失败会产生错误,这里用 unwrap 处理可能的错误
            // 线程休眠 1s,模拟数据发送的延迟
            thread::sleep(Duration::from_secs(1));
        }
    });

    // 从接收端接收数据,并打印接收到的消息
    for received in rx {
        println!("Got: {}", received); // 打印接收到的字符串
    }
}
// cargo run --bin mpsc_example
// Got: message1
// Got: message2
// Got: message3
// Got: message4
```

对以上代码的解释如下：
- mpsc∷channel()：创建一个新的消息通道，返回一个发送者（tx）和一个接收者（rx）。
- tx.send()：发送消息到通道。
- rx.recv()：阻塞等待接收消息。

8. Semaphore

信号量用于限制可同时访问某一资源的线程数量。在 Rust 中，信号量通常通过第三方库（如 tokio∷sync∷Semaphore）实现。使用 tokio∷sync∷Semaphore 的示例如下：

```rust
use std::sync::Arc;
use tokio::sync::Semaphore;
use tokio::task;

#[tokio::main]
async fn main() {
    // 创建一个新的信号量,最多允许 3 个并发许可,并使用 Arc 包装以实现多任务共享所有权
    let semaphore = Arc::new(Semaphore::new(3));
    // 创建一个存储任务句柄的向量
    let mut handles = vec![];

    // 启动 6 个异步任务
    for _ in 0..6 {
        // 克隆 Arc 指针,以便多个任务共享相同的信号量
        let semaphore = Arc::clone(&semaphore);
        // 启动一个新任务
        let handle = task::spawn(async move {
            // 尝试获取一个信号量的许可,异步阻塞直到有许可可用
            let _permit = semaphore.acquire().await.unwrap();
            // 获取许可后,打印信息
            println!("Task acquired permit.");
        });
        // 将任务句柄存储到向量中,以便后续等待任务完成
        handles.push(handle);
    }

    // 等待所有异步任务完成
    for handle in handles {
        handle.await.unwrap(); // 等待任务结束并处理可能的错误
    }
}
// cargo run --bin semaphore_example
// Task acquired permit.
// Task acquired permit.
// Task acquired permit.
```

```
// Task acquired permit.
// Task acquired permit.
// Task acquired permit.
```

对以上代码的解释如下：
- Semaphore∷new（n）：创建一个信号量，最多允许 n 个线程同时访问资源。
- acquire()：获取信号量的许可，异步阻塞直到获取许可。

8.1.2 异步编程

1. 什么是异步编程

Rust 的异步编程是指通过非阻塞方式处理 I/O 操作和其他耗时任务，以提高程序的并发性和性能。Rust 的异步编程模型通过 async 和 await 关键字，以及基于任务调度的异步运行时（如 Tokio 和 async-std），允许开发者编写高效、可扩展的并发代码。异步编程特别适合处理大量 I/O 操作的场景，如网络请求、文件读取、数据库访问等。

2. async 和 await

Rust 使用 async 关键字定义异步函数，使用 await 关键字等待异步操作的完成。

（1）异步函数

使用 async 关键字定义的函数返回一个 Future 对象，它表示一个可能还未完成的计算。

```
async fn async_example() -> i32 {
    5
}
```

在以上示例中，async_example() 是一个异步函数，返回一个 Future<i32>，表示一个最终会生成 i32 值的异步计算。

（2）await 关键字

await 关键字用于等待异步操作的完成。当开发者对 Future 对象使用 await 关键字时，它会阻塞当前异步任务的执行，直到 Future 对象执行完成，但不会阻塞整个线程，示例如下

```
async fn example() {
    let result = async_example().await;
    println!("Result: {}", result);
}
```

在以上示例中，async_example().await 会等待异步函数完成，并将结果赋值给 result。

3. 异步运行时

异步函数需要在异步运行时中执行。运行时负责调度任务的执行，通常使用事件循环来管

理这些任务。Rust 社区提供了多个异步运行时,其中 Tokio 和 async-std 是最流行的两个。

(1) 使用 Tokio 示例

Tokio 是一个高性能的异步运行时,适用于构建网络服务、并发应用等。

1) 在终端中,创建一个新的项目:

```
$ cargo new async_example
$ cd async_example
```

2) 编辑 Cargo.toml 文件。打开 Cargo.toml 文件,添加 async-std 依赖:

```
[dependencies]
tokio = { version = "1", features = ["full"] }
```

3) 编写代码如下:

```rust
use tokio::time::{sleep, Duration}; // 引入 Tokio 库中的 sleep 函数和 Duration 类型,用于异步等待

// 定义一个异步函数 working
async fn working() {
    println!("Start work"); // 打印开始工作的提示信息
    sleep(Duration::from_secs(2)).await; // 异步等待 2s
    println!("Work done"); // 打印工作完成的提示信息
}

// 使用 Tokio 的运行时来启动异步 main 函数
#[tokio::main]
async fn main() {
    working().await; // 等待异步函数 working 完成
    println!("Finished!"); // 打印所有任务完成
}

// cargo run
//     Finished 'dev' profile [unoptimized + debuginfo] target(s) in 0.03s
//     Running 'target/debug/async_example'
// Start work
// Work done
// Finished!
```

在以上示例中,sleep() 是一个异步函数,working() 函数会在执行过程中等待 2 s。#[tokio::main] 宏启动 Tokio 运行时,并执行 main() 函数。

(2) 使用 async-std 示例

async-std 是另一个流行的异步运行时,提供了与标准库类似的 API。

1) 在终端中,创建一个新的项目,命令如下:

```
$ cargo new async_example1
$ cd async_example1
```

2）编辑 Cargo.toml 文件。打开 Cargo.toml 文件，添加 async-std 依赖：

```
[dependencies]
async-std = "1.10"
```

3）编写代码如下：

```rust
use async_std::task; // 引入 async-std 库的 task 模块，用于异步任务的管理
use std::time::Duration; // 引入标准库中的 Duration 类型，用于表示时间段

// 定义一个异步函数 working
async fn working() {
    println!("Start work"); // 打印开始工作的提示信息
    task::sleep(Duration::from_secs(2)).await; // 异步等待2s, 不会阻塞线程
    println!("Work done"); // 打印工作完成的提示信息
}

fn main() {
    // 使用 block_on() 函数阻塞当前线程, 直到异步函数 working() 完成
    task::block_on(working());
    println!("Finished!"); // 打印所有任务完成的提示信息
}
// cargo run
//     Finished 'dev' profile [unoptimized + debuginfo] target(s) in 0.06s
//     Running 'target/debug/async_example1'
// Start work
// Work done
// Finished!
```

在以上示例中，async-std 提供了类似于 Tokio 的异步 API。task::block_on() 函数用于阻塞当前线程，直到异步操作完成。

4. 异步编程的主要组件

（1）Future

Future 是异步编程的核心概念，它表示一个尚未完成的值或计算。Future 对象提供了 poll() 方法，用于检查 Future 是否完成，代码如下：

```rust
use std::future::Future;
use std::pin::Pin;
use std::task::{Context, Poll};
use futures::FutureExt;
```

```rust
// 自定义一个 Future 类型
struct FutureExample;

// 为自定义的 Future 实现 Future trait
impl Future for FutureExample {
    // 定义 Future 完成时的返回类型
    type Output = i32;

    // poll() 方法是 Future 的核心,用于检查任务是否完成
    fn poll(self: Pin<&mut Self>, _cx: &mut Context<'_>) -> Poll<Self::Output> {
        // 立即返回 Poll::Ready,表示任务已经完成,返回值为 88
        Poll::Ready(88)
    }
}

fn main() {
    // 创建一个 FutureExample 实例
    let mut my_future = FutureExample;

    // 创建一个空的 waker(用于唤醒任务,但此处不做具体操作)
    let waker = futures::task::noop_waker();

    // 创建一个任务上下文(Context),用于在 poll 中传递
    let mut cx = Context::from_waker(&waker);

    // 调用 Future 的 poll() 方法,检查任务是否完成
    match my_future.poll_unpin(&mut cx) {
        // 如果任务已完成,则打印结果值
        Poll::Ready(val) => println!("Print value: {}", val),
        // 如果任务尚未完成,则打印提示信息
        Poll::Pending => println!("Still pending"),
    }
}
// cargo run
//     Finished 'dev' profile [unoptimized + debuginfo] target(s) in 0.02s
//      Running 'target/debug/future_example'
// Print value: 88
```

在以上示例中,FutureExample 是一个实现了 Future trait 的自定义类型,返回一个固定值 88。

(2) Stream

Stream 是一种类似于 Iterator 的异步数据流,它表示一系列异步计算或事件的序列。使用 Stream 的实战示例如下。

1) 创建一个新的 Rust 项目。在终端中运行以下命令以创建一个新项目:

```
$ cargo new tokio_stream_example
$ cd tokio_stream_example
```

2）编辑 Cargo.toml 文件。在 Cargo.toml 文件中添加 tokio 和 tokio-stream 库作为依赖：

```
[dependencies]
tokio = { version = "1", features = ["full"] }
tokio-stream = "0.1"
```

3）编写代码如下：

```
use tokio_stream::{self as stream, StreamExt}; // 引入 tokio-stream 库及 StreamExt trait

#[tokio::main]
async fn main() {
    // 创建一个流,从向量 [1, 6, 8] 中生成元素
    let mut my_stream = stream::iter(vec![1, 6, 8]);

    // 使用异步 while 循环迭代流中的每个元素
    while let Some(item) = my_stream.next().await {
        println!("Print item: {}", item);
    }
}
// cargo run
//
//     Finished 'dev' profile [unoptimized + debuginfo] target(s) in 0.03s
//      Running 'target/debug/tokio_stream_example'
// Print item: 1
// Print item: 6
// Print item: 8
```

在以上示例中，my_stream 是一个异步流，它生成一系列整数。next().await 用于等待和获取下一个元素。

5. 异步编程中的错误处理

在异步编程中，错误处理通常通过 Result 类型完成，结合 ? 运算符可以简化错误传播，示例如下：

```
use std::error::Error;

// 一个异步函数示例,返回一个 Result 包含一个整数
async fn async_function() -> Result<i32, Box<dyn Error>> {
    // 模拟异步操作
    Ok(88) // 返回整数 88
}
```

```rust
// 主异步函数,调用 async_function 并处理其返回的结果
async fn example() -> Result<(), Box<dyn Error>> {
    // 使用 await 等待 async_function() 的结果
    let value = async_function().await?;
    println!("Value: {}", value); // 打印返回的值
    Ok(()) // 返回 Ok 表示函数成功完成
}

// 主函数,使用 Tokio 运行时执行异步任务
#[tokio::main]
async fn main() {
    if let Err(e) = example().await {
        eprintln!("Error: {}", e); // 处理可能的错误
    }
}
// cargo run
//     Finished 'dev' profile [unoptimized + debuginfo] target(s) in 0.03s
//     Running 'target/debug/error_example'
// Value: 88
```

对以上代码的解释如下:

- async_function():一个异步函数示例,模拟一个返回结果的异步操作。
- example():调用 async_function() 函数,处理其结果或错误。
- #[tokio::main]:使用 tokio 运行时启动异步 main() 函数。

6. 并发与异步

在 Rust 中可以通过 tokio::spawn 或 async_std::task::spawn 创建多个并发任务。

```rust
// 导入 Tokio 异步运行时中的 sleep() 函数和 Duration 类型
use tokio::time::{sleep, Duration};

// 定义异步任务 task1,模拟一个耗时操作
async fn task1() {
    // 休眠 2s
    sleep(Duration::from_secs(2)).await;
    // 任务完成后打印消息
    println!("Task 1 done");
}

// 定义异步任务 task2,模拟另一个耗时操作
async fn task2() {
    // 休眠 1s
    sleep(Duration::from_secs(1)).await;
    // 任务完成后打印消息
```

```rust
        println!("Task 2 done");
}

#[tokio::main]
async fn main() {
    // 使用 tokio::spawn 启动 task1 和 task2 异步任务
    let handle1 = tokio::spawn(task1());
    let handle2 = tokio::spawn(task2());

    // 等待 task1 和 task2 异步任务完成
    handle1.await.unwrap();
    handle2.await.unwrap();
}
// cargo run --bin task_example
// Task 2 done
// Task 1 done
```

在以上示例中，task1 和 task2 是并发执行的，task2 会在 task1 之前完成。

7. 常见的异步模式与工具

（1）异步锁

在异步编程中，普通的同步锁 Mutex 可能会阻塞线程，导致其他异步任务无法运行。Tokio 和 async-std 提供了异步锁（Async Lock），如 tokio::sync::Mutex 和 async_std::sync::Mutex，它们允许在异步上下文中安全地锁定数据。异步锁的示例如下：

```rust
// 导入 Tokio 库中的 Mutex,用于异步互斥锁
use tokio::sync::Mutex;
// 导入标准库中的 Arc,用于原子引用计数指针
use std::sync::Arc;

// 定义一个异步函数 increment,用于对共享变量进行加 1 操作
async fn increment(shared: Arc<Mutex<i32>>) {
    // 获取锁并等待锁的可用状态
    let mut lock = shared.lock().await;
    // 对锁住的共享变量进行加 1 操作
    *lock += 1;
}

#[tokio::main]
async fn main() {
    // 创建一个原子引用计数的共享变量,初始值为 0,使用 Mutex 进行保护
    let shared = Arc::new(Mutex::new(0));
    // 创建 8 个异步任务,每个任务执行一次 increment 函数
    let handles = (0..8).map(|_| {
        let shared = Arc::clone(&shared);   // 克隆 Arc 指针,以便每个任务共享相同的数据
        tokio::spawn(increment(shared))     // 使用 tokio::spawn 启动异步任务
```

```rust
        });

        // 等待所有异步任务完成
        for handle in handles {
            handle.await.unwrap(); // 等待每个任务完成,并处理可能的错误
        }

        // 打印最终结果,获取共享变量的锁以读取其值
        println!("Result: {}", *shared.lock().await);
}
// cargo run --bin sync_lock
// Result: 8
```

(2)超时与取消

在异步编程中,处理超时和任务取消是常见需求。Tokio 提供了 timeout( ) 函数,可以设置任务的超时时间。

```rust
// 导入 Tokio 时间模块中的 sleep、Duration 和 timeout 函数
use tokio::time::{sleep, Duration, timeout};

#[tokio::main]
async fn main() {
    // 使用 timeout 函数设置一个超时时间为 1 s 的异步操作
    let result = timeout(Duration::from_secs(1), async {
        // 异步休眠 2 s
        sleep(Duration::from_secs(2)).await;
    }).await;

    // 匹配超时操作的结果
    match result {
        Ok(_) => println!("Completed successfully"), // 如果在 1 s 内完成,则输出成功消息
        Err(_) => println!("Timed out"), // 如果超时,则输出超时消息
    }
}
// cargo run --bin timeout
// Timed out
```

8.2　Rust RPC 编程

8.2.1　RPC

1. 什么是 RPC

RPC(Remote Procedure Call,远程过程调用)是分布式系统中使用的一种协议,使一台计算

机上的进程或程序能够调用另一台计算机上的过程或函数，而无须显式管理网络通信的低级细节。

在 RPC 中，客户端进程向服务器进程发送请求消息，服务器进程执行请求的过程或函数，并返回带有结果的响应消息。RPC 框架提供了一个透明的抽象层，它隐藏了网络通信的细节，使其看起来就像是在本地调用过程一样。RPC 协议通常使用客户端-服务器模型，其中客户端进程使用网络传输协议（例如 TCP 或 UDP）向服务器进程发送请求消息。服务器进程接收请求消息，执行请求的操作，并向客户端进程返回响应消息。RPC 协议实现了分布式计算，让程序可以分布在多台机器上，就像在同一台机器上运行一样一起运行。它广泛用于客户端-服务器应用程序，例如 Web 服务，其中服务器提供一组可由客户端应用程序远程调用的功能。

RPC 有几个优点，包括网络通信细节的抽象、分布式系统的更容易开发以及为异构系统提供通用接口的能力。但是，它也有一些局限性，例如由于网络开销增加了延迟和降低了吞吐量。

2. RPC 的架构与流程

RPC 架构抽象了底层通信的复杂性，使开发者能够像本地调用一样轻松地执行远程过程调用。RPC 的关键组件如下：

- 客户端节点（Client Node）：这是发起通信的实体。客户端节点通常包含应用程序逻辑，并向服务器端节点请求服务或数据。
- 客户端存根（Client Stub）：客户端存根充当中介角色，它接收来自客户端节点的函数调用并将其转换为适合网络传输的格式。它负责参数的序列化并将其传递给网络。
- 网络（Network）：表示客户端和服务器端之间的通信通道。网络可以是任何类型的通信链路，例如互联网、局域网（LAN）或其他连接客户端和服务器端的网络协议。
- 服务器端存根（Server Stub）：在服务器端，服务器端存根接收来自网络的请求，反序列化数据，并调用服务器端节点上的相应函数。
- 服务器端节点（Server Node）：执行所请求操作或提供所请求服务的目标实体。服务器端节点执行函数并通过服务器端存根将结果返回。

RPC 的关键组件及其流程如图 8-1 所示。

如图 8-1 所示，RPC 调用的流程如下：

1）客户端节点发起一个过程调用，通过客户端存根传递。

2）客户端存根准备调用，编码过程的参数，并通过网络发送它们。

3）网络将调用转发给服务器端存根。

4）服务器端存根解码参数并调用服务器端节点上的函数。

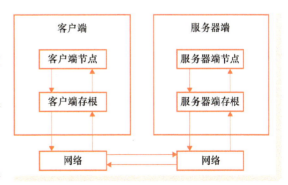

- 图 8-1　RPC 的关键组件及其流程

5）函数执行后，服务器端存根编码结果并通过网络发送回去。

6）客户端存根接收响应，解码并将结果传递回客户端节点。

8.2.2 JSON-RPC

1. 什么是 JSON-RPC

JSON-RPC 是一种轻量级 RPC 协议，它使用 JSON 作为其消息格式。Rust 是一种快速高效的系统编程语言，在 Web 应用程序和服务的开发中越来越受欢迎。常用 Rust JSON-RPC 库如下：

- jsonrpc-core：该库提供在 Rust 中实现 JSON-RPC 服务器和客户端的核心功能。它支持同步和异步通信，并提供一个简单的 API 来定义和处理 JSON-RPC 方法。
- serde_jsonrpc：一个构建在 serde JSON 库之上的库，用于提供更方便的 API 来定义 JSON-RPC 方法。它还支持同步和异步通信，并为处理 JSON-RPC 消息提供高级定制。

2. JSON-RPC 的工作原理

JSON-RPC 的工作原理可以概括为以下几个步骤。

（1）定义调用格式

客户端发送一个包含方法名称、参数以及请求 ID 的 JSON 对象到服务器端。服务器端接收请求后，解析 JSON 数据，根据方法名称找到对应的处理逻辑，执行后返回结果。

（2）消息格式

客户端请求的 JSON 对象通常包含 jsonrpc、method、params 和 id 字段。jsonrpc 字段指定协议版本（通常是 "2.0"）；method 指定调用的方法名称；params 是一个数组或对象，包含方法所需的参数；id 用于匹配请求和响应。服务器端响应的 JSON 对象包含 result、error 和 id 字段。result 字段返回方法的执行结果；error 字段返回错误信息（如果有）；id 字段用于匹配对应的请求。

（3）同步与异步

JSON-RPC 支持同步和异步调用。在同步调用中，客户端发送请求并等待服务器端返回结果。在异步调用中，客户端可以发送多个请求，服务器端可以按任意顺序返回结果。

（4）错误处理

JSON-RPC 定义了一些标准的错误代码（如 -32600 代表无效请求、-32601 代表方法未找到），这些错误信息通过 error 字段返回给客户端。

3. Rust 中的 JSON-RPC 实现

Rust 中有多种库可以实现 JSON-RPC。我们以 jsonrpc 库为例来说明如何在 Rust 中使用 JSON-RPC。

1)安装依赖。在 Cargo.toml 文件中添加 jsonrpc-core 及其相关依赖:

```toml
[dependencies]
tokio = { version = "1.0", features = ["full"] }
serde = { version = "1.0", features = ["derive"] }
serde_json = "1.0"
jsonrpc-core = "18.0"
tokio-util = { version = "0.6", features = ["codec"] }
futures = "0.3"
```

2)实现服务器端。如下代码实现了一个简单的 JSON-RPC 服务器端。该服务器端通过 TCP 连接监听客户端请求,并处理 JSON-RPC 调用,代码如下:

```rust
use jsonrpc_core::*;
use jsonrpc_core::futures::FutureExt;
use tokio::net::TcpListener;
use tokio::io::{AsyncBufReadExt, AsyncWriteExt, BufReader};

#[tokio::main]
async fn main() -> std::result::Result<(), Box<dyn std::error::Error>> {
    // 创建 IoHandler 实例以注册 RPC 方法
    let mut io = IoHandler::new();

    // 注册 add 方法
    io.add_method("add", |params: Params| async move {
        // 解析参数,期望两个无符号 64 位整数
        let (a, b): (u64, u64) = params.parse()?;
        // 返回两个参数的和作为结果
        Ok(Value::Number((a + b).into()))
    }.boxed());

    // 绑定 TCP 监听器到指定的地址
    let listener = TcpListener::bind("127.0.0.1:3030").await?;
    println!("Server listening on 127.0.0.1:3030");

    // 循环接收传入的连接
    loop {
        let (socket, _) = listener.accept().await?;
        let io = io.clone();

        // 异步处理连接
        tokio::spawn(async move {
            let (reader, mut writer) = socket.into_split();
            let reader = BufReader::new(reader);
            let mut lines = reader.lines();
```

```rust
                // 逐行读取传入的消息
                while let Ok(Some(line)) = lines.next_line().await {
                    // 处理 JSON-RPC 请求
                    let response = io.handle_request_sync(&line);
                    // 如果有响应,则将其写回给客户端
                    if let Some(response) = response {
                        writer.write_all(response.as_bytes()).await.unwrap();
                        writer.write_all(b"\n").await.unwrap();
                    }
                }
            });
        }
}
// cargo run --bin server
// Server listening on 127.0.0.1:3030
```

3)实现客户端。如下代码实现了一个简单的 JSON-RPC 客户端。该客户端使用异步的方式连接到 TCP 服务器端,发送一个 JSON-RPC 请求,并接收服务器端的响应,代码如下:

```rust
use serde_json::json;
use tokio::net::TcpStream;
use tokio_util::codec::{Framed, LinesCodec};
use futures::{SinkExt, StreamExt};

#[tokio::main]
async fn main() -> Result<(), Box<dyn std::error::Error>> {
    // 连接到服务器端
    let stream = TcpStream::connect("127.0.0.1:3030").await?;
    // 使用行编解码器创建帧化的流,处理 TCP 数据的读写
    let mut framed = Framed::new(stream, LinesCodec::new());

    // 创建一个用于 add 方法的 JSON-RPC 请求
    let request = json!({
        "jsonrpc": "2.0",
        "method": "add",
        "params": [6, 6], // 请求参数,两个数字 6 和 6
        "id": 1 // 请求 ID,用于匹配请求和响应
    });
    // 将 JSON-RPC 请求转换为字符串格式
    let request_str = serde_json::to_string(&request)?;

    // 发送请求到服务器端
    framed.send(request_str).await?;
```

```rust
    // 从服务器读取响应
    if let Some(Ok(line)) = framed.next().await {
        println!("Received response: {}", line); // 打印收到的响应
    } else {
        println!("Failed to receive response"); // 打印接收响应失败的信息
    }

    Ok(())
}
// cargo run --bin client
// Received response: {"jsonrpc":"2.0","result":12,"id":1}
```

8.2.3 Rust gRPC

1. gRPC 的基本原理

gRPC（Google Remote Procedure Call）是 Google 开发的一种高性能、跨平台的 RPC 框架。gRPC 的核心思想是允许客户端像调用本地方法一样调用远程服务器上的方法。gRPC 的主要特性包括：

- 基于 HTTP/2 协议：提供了多路复用、流式传输、头部压缩等特性，提升了性能和效率。
- 使用 Protocol Buffers（Protobuf）：作为接口定义语言（IDL）和消息格式，Protobuf 高效、紧凑，支持多语言绑定。
- 跨语言支持：gRPC 提供了多语言的客户端和服务器端生成工具，支持跨语言调用。

2. 什么是 Tonic gRPC

Tonic 是一个 Rust 包，提供了用于构建 gRPC 客户端和服务器端的框架。gRPC 是 Google 开发的高性能、开源 RPC 框架，可以实现分布式系统之间的高效通信。Tonic 允许开发者使用惯用的 Rust 代码实现 gRPC 服务和客户端。Tonic 提供以下功能：

- gRPC 实现：Tonic 允许开发者使用 Protobuf 定义 gRPC 服务接口，然后在 Rust 中实现这些服务。它支持一元和流式 RPC。
- 异步：Tonic 构建在异步 Rust 功能之上，利用 async/await 语法和 Tokio 异步运行时来实现高度并发和高效的通信。
- 双向流：Tonic 支持双向流，客户端和服务器端都可以来回发送多个消息。
- TLS/SSL 支持：Tonic 为使用传输层安全性（TLS）的安全通信提供内置支持，允许开发者加密客户端和服务器端之间传输的数据。
- 代码生成：Tonic 从 Protobuf 服务定义生成 Rust 代码，从而可以轻松使用强类型 RPC 接口。

- 中间件：Tonic 允许开发者向客户端和服务器端添加中间件，使开发者能够实现自定义逻辑，例如身份验证、日志记录或指标收集。

3. Tonic 的异步执行模型

Tonic 采用 Tokio 提供的异步运行时，这是它与传统 gRPC 实现的一个显著不同点。Tokio 是 Rust 的异步 I/O 库，它允许开发者使用 async/await 语法编写非阻塞代码。

在 Tonic 中，服务方法通常会返回一个 Future，这意味着方法执行不会阻塞线程，而是将控制权交还给运行时，等待 I/O 完成。Tokio 运行时负责管理这些任务的执行，确保高并发处理。

4. 【实战】 创建一个简单的 gRPC 服务

以下是创建 gRPC 项目的详细步骤，包括如何使用 Rust 和 tonic 库来实现 gRPC 服务和客户端。

1）创建项目。项目目录结构如下所示：

```
$ cargo new grpc_example
```

2）编辑 Cargo.toml。编辑 Cargo.toml 内容如下：

```toml
[package]
name = "grpc_example"
version = "0.1.0"
edition = "2021"
build = "build.rs"

[dependencies]
tonic = { version = "0.10", features = ["transport"] }
tokio = { version = "1", features = ["full"] }
prost = "0.11"

[build-dependencies]
tonic-build = "0.10"
```

3）创建 build.rs。创建 build.rs，用于在构建时生成 Rust 代码，内容如下：

```rust
fn main() -> Result<(), Box<dyn std::error::Error>> {
    tonic_build::compile_protos("proto/helloworld.proto")?;
    Ok(())
}
```

以上脚本使用 tonic_build 来编译 helloworld.proto 文件，并生成相应的 Rust 模块。

4）创建 .proto 文件。在 proto 目录下创建 helloworld.proto 文件，定义 gRPC 服务和消息类型，代码如下：

```proto
syntax = "proto3";

package helloworld;

// 问候服务的定义
service Greeter {
  // 发送问候
  rpc SayHello (HelloRequest) returns (HelloResponse) {}
}

// 包含用户名的请求消息
message HelloRequest {
  string name = 1;
}

// 包含问候语的响应消息
message HelloResponse {
  string message = 1;
}
```

5）编写 gRPC 服务器端。创建文件 **src/bin/grpc_server.rs**，编写 Greeter 服务，并在指定端口上监听 gRPC 请求，代码如下：

```rust
use tonic::{transport::Server, Request, Response, Status};

use helloworld::greeter_server::{Greeter, GreeterServer};
use helloworld::{HelloRequest, HelloResponse};

// 声明 helloworld 模块，该模块由生成的 Protobuf 定义
pub mod helloworld {
    tonic::include_proto!("helloworld"); // 包含 Protobuf 文件生成的代码,文件路径为 "helloworld.proto"
}

// 定义一个名为 MyGreeter 的结构体,并使用默认的实现
#[derive(Default)]
pub struct MyGreeter;

// 为 MyGreeter 实现 Greeter 接口
#[tonic::async_trait]
impl Greeter for MyGreeter {
    // 实现 say_hello 方法,用于处理 HelloRequest 请求并返回 HelloResponse 响应
    async fn say_hello(
        &self,
```

```rust
        request: Request<HelloRequest>, // 接收一个 HelloRequest 类型的请求
    ) -> Result<Response<HelloResponse>, Status> {
        println!("Got a request: {:?}", request); // 打印收到的请求

        // 构建响应消息,将请求中的 name 字段格式化为 Hello {name}! 的字符串
        let reply = HelloResponse {
            message: format!("Hello {}!", request.into_inner().name),
        };

        Ok(Response::new(reply)) // 返回包含响应消息的 Response
    }
}

#[tokio::main]
async fn main() -> Result<(), Box<dyn std::error::Error>> {
    let addr = "[::1]:50051".parse().unwrap(); // 定义服务监听的地址和端口
    let greeter = MyGreeter::default(); // 创建 MyGreeter 实例

    println!("GreeterServer listening on {}", addr); // 打印服务启动的提示信息

    // 创建 gRPC 服务器,添加 Greeter 服务,并启动监听
    Server::builder()
        .add_service(GreeterServer::new(greeter)) // 添加 Greeter 服务
        .serve(addr) // 绑定到指定地址
        .await?; // 等待服务器结束

    Ok(())
}
// cargo run --bin grpc_server
// GreeterServer listening on [::1]:50051
// Got a request: Request { metadata: MetadataMap { headers: { "te": "trailers",
"content-type": "application/grpc", "user-agent": "tonic/0.9.2" } }, message: HelloRequest
{ name: "Rust" }, extensions: Extensions }
```

6) 编写 gRPC 客户端。创建 src/bin/grpc_client.rs 文件,该文件实现了一个 gRPC 客户端,用于连接服务器并发送请求,代码如下:

```rust
use grpc_example::helloworld::greeter_client::GreeterClient;
use grpc_example::helloworld::HelloRequest;

#[tokio::main]
async fn main() -> Result<(), Box<dyn std::error::Error>> {
    // 连接到 gRPC 服务器,返回一个 GreeterClient 客户端实例
    let mut client = GreeterClient::connect("http://[::1]:50051").await?;
```

```rust
        // 创建一个新的 HelloRequest 请求,其中包含 name 字段
        let request = tonic::Request::new(HelloRequest {
            name: "Rust".into(), // 将字符串 "Tonic" 转换为 HelloRequest 的 name 字段
        });

        // 使用客户端发送请求并等待响应
        let response = client.say_hello(request).await?;

        // 打印接收到的响应
        println!("RESPONSE={:?}", response);

        Ok(())
    }
    // cargo run --bin grpc_client
    // RESPONSE=Response { metadata: MetadataMap { headers: {"content-type": "application/grpc", "date": "Sun, 15 Sep 2024 07:06:52 GMT", "grpc-status": "0"} }, message: Hello Response { message: "Hello Rust!" }, extensions: Extensions }
```

8.3 Rust RESTful API 接口开发

8.3.1 什么是 RESTful API 接口

1. RESTful API 接口的定义

RESTful API 接口是一组用于设计遵循 REST 架构风格的,且基于 Web 的 API(应用程序编程接口)的约定和原则。REST 是一种广泛采用的用于构建网络应用程序的架构风格,RESTful API 旨在为客户端(例如 Web 应用程序或移动应用程序)提供标准化方式,通过 HTTP 协议与服务器端资源进行通信。

RESTful API 具有以下特点:

- 资源导向:所有的内容都是资源,每个资源通过一个 URI 唯一标识。
- 无状态性:每个请求都是独立的,服务器不会存储客户端的状态信息,每个请求必须包含足够的信息以完成该请求。
- 统一接口:使用标准的 HTTP 方法来对资源进行操作,提供一致性和可预测性。

2. RESTful API 的设计原则

在设计 RESTful API 时,通常遵循以下原则。

(1)资源

资源(Resources)是 API 操作的对象,可以是任何数据实体,如用户、订单、文章等。每

个资源通过一个唯一的 URI（统一资源标识符）来标识。

资源的定义和命名：资源应使用名词来表示（如 /users，/products），而不是动词。URI 应该清晰、简洁、符合人们的视觉习惯。例如，/users 表示所有用户的集合，/users/{id} 表示特定用户。

资源的层级结构：URI 应该反映资源之间的关系和层级结构。例如，一个用户的订单可以通过 /users/{id}/orders 来表示。

（2）使用 HTTP 动词

RESTful API 主要依赖 HTTP 协议来传输数据，并且充分利用了 HTTP 的动词（方法）来表示不同的操作类型：

- GET：用于从服务器获取资源表示。例如，GET /users 获取所有用户、GET /users/{id} 获取特定用户。
- POST：用于在服务器上创建资源。例如，POST /users 创建一个新用户。
- PUT：用于在服务器上更新资源的全部状态。例如，PUT /users/{id} 更新特定用户的所有信息。
- PATCH：用于部分更新资源的状态。例如，PATCH /users/{id} 更新特定用户的一部分信息。
- DELETE：用于从服务器上删除资源。例如，DELETE /users/{id} 删除特定用户。

（3）无状态

RESTful API 设计要求每个请求都应该是独立的、无状态（Stateless）的，这意味着服务器端不应该在会话之间保存客户端的任何状态。客户端的每个请求都必须包含所有必要的信息（例如认证信息、请求参数等）。

（4）统一接口

统一接口（Uniform Interface）是 RESTful 设计的一个关键原则，它确保了 API 的各个部分之间的一致性和可理解性。统一接口通常包括以下几个方面：

- 资源标识：通过 URI 唯一标识资源。
- 操作的定义：使用 HTTP 动词来表示操作类型。
- 表现层状态转移（HATEOAS）：响应中包含可以操作资源的链接。例如，当用户请求一个订单列表时，响应中可以包含指向具体订单详情的链接。
- 标准化数据格式：使用通用的媒体类型（如 JSON、XML）作为数据传输格式。

8.3.2 【实战】开发一个 RESTful API 接口

1）要将 Rocket 依赖项添加到项目中 Cargo.toml，我们需要在 Cargo.toml 文件中添加以下内容：

```toml
[dependencies]
rocket = { version = "0.5.0-rc.2", features = ["json"] }
serde = { version = "1.0", features = ["derive"] }
serde_json = "1.0"
```

2) 定义数据模型。在 src/main.rs 文件中,定义一个简单的 Book 结构体:

```rust
#[macro_use] extern crate rocket;

use rocket::serde::{Serialize, Deserialize};

// 定义 Book 数据模型
#[derive(Serialize, Deserialize, Clone)]
#[serde(crate = "rocket::serde")]
struct Book {
    id: usize,
    title: String,
    author: String,
}
```

3) 创建内存数据库。为了简化,我们将使用一个 Vec 来模拟一个简单的数据库以存储图书:

```rust
use std::sync::Mutex;
use rocket::State;

// 模拟数据库
type Db = Mutex<Vec<Book>>;

#[get("/")]
fn index() -> &'static str {
    "Welcome to the Book API"
}
```

4) 编写 RESTful API 接口:

```rust
// 处理获取所有图书的请求
#[get("/books")]
fn get_books(db: &State<Db>) -> String {
    let books = db.lock().unwrap(); // 获取数据库锁,确保线程安全访问
    serde_json::to_string(&*books).unwrap() // 将图书列表转换为 JSON 格式字符串
}

// 处理根据 ID 获取单本图书的请求
#[get("/books/<id>")]
fn get_book(id: usize, db: &State<Db>) -> Option<String> {
```

```rust
        let books = db.lock().unwrap(); // 获取数据库锁
        // 查找对应 ID 的图书并返回其 JSON 字符串表示
        books.iter().find(|&book| book.id == id).map(|book| serde_json::to_string(&book).unwrap())
    }

    // 处理添加新图书的请求
    #[post("/books", format = "json", data = "<book>")]
    fn add_book(book: rocket::serde::json::Json<Book>, db: &State<Db>) -> String {
        let mut books = db.lock().unwrap(); // 获取数据库锁
        books.push(book.into_inner()); // 将新图书添加到数据库中
    "Book added successfully".to_string() // 返回成功的提示信息
    }

    // 启动 Rocket Web 服务器
    #[launch]
    fn rocket() -> _ {
        rocket::build()
            .manage(Mutex::new(vec![] as Vec<Book>)) // 初始化数据库
            .mount("/", routes![index, get_books, get_book, add_book]) // 注册路由
    }
```

5）运行 API。在项目根目录下运行以下命令来启动服务器：

```
$ cargo run
```

服务器启动后，Rocket 会输出启动日志，并监听 localhost:8000 端口。

6）测试 API。使用 curl 工具来测试 API。添加新图书的命令如下：

```
$ curl -X POST -H "Content-Type: application/json" -d '{"id":1,"title":"《Go 语言高级开发与实战》","author":"廖显东"}' http://localhost:8000/books
```

获取单本图书的命令如下：

```
$ curl http://localhost:8000/books/1
{"id":1,"title":"《Go 语言高级开发与实战》","author":"廖显东"}
```

第9章

【实战】 开发一个 Rust 博客

9.1 需求分析

在开发博客系统之前,需求分析是必不可少的步骤。它帮助我们明确系统的目标、功能范围、性能要求和用户期望。在进行博客系统的需求分析时,通常需要考虑功能需求、非功能需求和用户需求3个方面。

1. 功能需求

功能需求是系统必须具备的核心功能,它们直接关系到系统的使用和目的。对于一个博客系统,主要的功能需求包括如下:

(1) 用户管理功能需求

1) 新用户可以通过填写用户名、密码和电子邮件来创建账号。

2) 已注册用户可以使用用户名和密码登录系统,并在需要时注销。

3) 用户可以修改密码,管理员可以重置用户密码。

4) 为区分普通用户和管理员,管理员有更高的权限(如管理文章和用户)。

(2) 文章管理功能需求

1) 管理员可以创建新文章,包括文章标题、内容、分类、标签和状态(如草稿、已发布)。

2) 管理员可以编辑已存在的文章。

3) 管理员可以删除文章。

4) 管理员可以将文章设置为已发布或草稿状态,草稿仅管理员可见,已发布的文章对所有用户可见。

(3) 分类与标签管理功能需求

1) 管理员可以管理文章分类。

2)管理员可以为文章添加标签或删除标签,便于用户通过标签查找文章。

(4)系统设置功能需求

1)管理员可以设置和更新站点名称、描述、联系信息等。

2)管理员可以设置 SEO 相关内容(如页面标题、描述、关键字等)以优化搜索引擎排名。

(5)文章搜索与筛选功能需求

1)用户可以通过关键字搜索文章。

2)用户可以通过选择分类来筛选文章。

3)用户可以通过标签来筛选文章。

2. 非功能需求

非功能需求描述了系统必须满足的性能、可维护性、安全性等方面的要求,以确保系统在实际使用中的表现。

(1)安全性方面的非功能需求

1)用户密码应使用强加密算法(如 bcrypt)进行存储和验证。

2)系统应具有防止 SQL 注入、跨站脚本攻击(XSS)、跨站请求伪造(CSRF)等常见安全威胁的机制。

3)使用基于会话或 JWT(JSON Web Token)的用户身份认证机制,确保只有授权用户才能访问敏感功能(如编辑或删除文章等)。

(2)性能方面的非功能需求

1)页面加载时间应尽量小于 2 s,以提高用户体验。

2)系统应支持至少 100 个并发用户,以应对高流量需求。

3)应设计合理的数据库索引和缓存机制,以提高数据查询效率。

(3)可维护性方面的非功能需求

1)代码应符合编码规范,注释清晰、结构合理、易于后续开发和维护。

2)系统架构应设计为模块化,便于未来增加新功能(如多语言支持、多站点管理等)。

(4)日志和监控方面的非功能需求

1)记录关键操作(如用户登录、文章发布、评论管理等)的日志,便于审计和问题排查。

2)系统应具有全局错误处理机制,并提供清晰的错误提示信息。

3. 用户需求

分析用户需求是确保系统开发、符合用户期望的关键步骤。对于博客系统,主要用户群体包括普通用户和管理员。

(1) 普通用户需求

1) 用户希望轻松地注册和登录系统，方便地浏览和阅读博客文章。
2) 用户希望快速找到感兴趣的文章，支持关键字搜索和分类、标签筛选。
3) 用户希望发表评论，与其他用户互动。
4) 用户希望查看和编辑个人资料，如更改头像、昵称、简介等。

(2) 管理员需求

1) 管理员需要一个控制面板来管理用户、文章、分类、标签和评论。
2) 管理员希望快速创建和编辑文章，便于内容更新和发布。
3) 管理员需要有工具来审核和管理用户评论，防止垃圾信息的出现。
4) 管理员需要方便地配置系统（如站点名称、SEO 设置等）。

9.2 架构设计

根据 Rust 的实际功能，结合博客的需求分析，本书决定后端采用 Rust Rocket 框架进行架构设计，前端采用 Tera 框架进行开发。项目架构包含以下主要部分：

1) 日志文件目录（log）。用于存储日志文件，如 temp.log。
2) 源代码目录（src）。包含项目的核心代码，划分为多个模块：

- common：公共模块，包括认证（auth.rs）、缓存（cache.rs）、配置（config.rs）、CSRF 保护（csrf.rs）、信息处理（info.rs）和响应处理（response.rs）。
- dao：数据访问对象模块，用于处理数据相关的操作，划分为 API 子模块（如 api_about.rs 和 api_tag.rs）和前端处理模块（如 image.rs）。
- views：视图模块，分为前端视图和后端视图，用于处理页面显示逻辑，如归档服务（archive_service.rs）和标签服务（tag_service.rs）。
- models：数据模型模块，定义了数据结构，如用户模型（user.rs）。
- main.rs：主程序入口文件。

3) 静态文件目录（static）。存储静态资源文件，如 CSS 样式文件、字体、图片、JavaScript 文件等，分为后端资源和前端资源。
4) 编译输出目录（target）。用于存储 Rust 编译生成的文件。
5) 模板文件目录（views）。用于存放 Tera 模板文件，划分为前端和后端模板目录，包含公共模板和具体页面的模板文件（如 layout.html.tera 和 about.html.tera）。
6) 环境配置文件（.env）。定义项目的环境变量配置。
7) 项目配置文件如下：

- Blog.toml：自定义的项目配置文件。
- Cargo.toml 和 Cargo.lock：Rust 的包管理配置文件。
- Rocket.toml：用于 Rocket 框架的配置文件。

博客的整体目录架构如下：

```
rust_blog
├── log                                # 日志文件目录
│   └── temp.log                       # 日志文件
├── src                                # 源代码目录
│   ├── common                         # 公共模块
│   │   ├── mod.rs                     # 模块定义文件
│   │   ├── auth.rs                    # 认证相关模块
│   │   ├── cache.rs                   # 缓存相关模块
│   │   ├── config.rs                  # 配置相关模块
│   │   ├── csrf.rs                    # CSRF 相关模块
│   │   ├── info.rs                    # 信息相关模块
│   │   └── response.rs                # 响应处理模块
│   ├── dao                            # 数据访问对象模块
│   │   ├── api                        # API 目录
│   │   │   ├── mod.rs                 # 模块定义文件
│   │   │   ├── api_about.rs           # 关于 API 模块
│   │   │   │ //...省略目录其他文件
│   │   │   └── api_tag.rs             # 标签 API 模块
│   │   ├── frontend                   # 前端相关目录
│   │   │   ├── mod.rs                 # 模块定义文件
│   │   │   └── image.rs               # 图像处理模块
│   │   └── mod.rs                     # 模块定义文件
│   ├── views                          # 视图模块
│   │   ├── backend                    # 后端视图目录
│   │   │   ├── mod.rs                 # 模块定义文件
│   │   │   ├── archive_service.rs     # 归档服务模块
│   │   │   │ //...省略目录其他文件
│   │   │   └── tag_service.rs         # 标签服务模块
│   │   └── mod.rs                     # 模块定义文件
│   ├── models                         # 数据模型模块
│   │   ├── mod.rs                     # 模块定义文件
│   │   │ //...省略目录其他文件
│   │   └── user.rs                    # 用户模型
│   └── views                          # 视图目录
│       └── backend                    # 后端视图目录
│           ├── mod.rs                 # 模块定义文件
│           ├── back_about.rs          # 关于页面视图模块
│           │ //...省略目录其他文件
```

```
|           └── back_log.rs              # 日志页面视图模块
|       └── frontend                     # 前端视图目录
|           ├── mod.rs                   # 模块定义文件
|           | //...省略目录其他文件
|           ├── mod.rs                   # 模块定义文件
|           └── error.rs                 # 错误处理模块
|   └── main.rs                          # 主程序入口文件
├── static                               # 静态文件目录
|   ├── css                              # 样式文件目录
|   ├── fonts                            # 字体文件目录
|   ├── image                            # 图片文件目录
|   |   ├── back                         # 后端图片文件目录
|   |   |   ├── image1.png               # 图片文件
|   |   |   └── about-bj.png             # 关于页面背景图片
|   └── js                               # JavaScript 文件目录
├── target                               # 编译输出目录
├── views                                # 模板文件目录
|   ├── backend                          # 后端模板文件目录
|   |   ├── common                       # 公共模板文件目录
|   |   |   ├── bar.html.tera            # 公共栏模板文件
|   |   |   └── back-about.html.tera     # 后端关于页面模板文件
|   |   |//...省略目录其他文件
|   |   └── layout.html.tera             # 布局模板文件
|   └── frontend                         # 前端模板文件目录
|       └── common                       # 公共模板文件目录
|           ├── about.html.tera          # 前端关于页面模板文件
|           |//...省略目录其他文件
|           ├── tag.html.tera            # 标签页面模板文件
|           └── tags.html.tera           # 标签列表页面模板文件
├── .env                                 # 环境配置文件
├── .gitignore                           # Git 忽略文件
├── Blog.toml                            # 项目配置文件
├── Cargo.lock                           # Cargo 锁文件
├── Cargo.toml                           # Cargo 项目文件
├── README.md                            # 项目自述文件
└── Rocket.toml                          # Rocket 框架配置文件
```

9.3 创建项目核心部分

9.3.1 创建项目

1. 创建项目

创建项目的命令如下：

```
$ cargo new rust_blog
```

2. 编写 Cargo.toml

编写 Cargo.toml 部分，代码如下：

```toml
[package]
edition = "2021"
name = "rust_blog"
version = "0.1.0"

[dependencies]
autocfg = "1.1.0"
libc = "0.2.125"
random-number = "0.1.7"
rocket = { version="0.5.0-rc.2", features = ["json","secrets"] }
yansi = "0.5.1"
dotenv = "0.15.0"
serde = { version = "1.0.137", features = ["derive"] }
serde_json= "1.0.81"
rbson = "2.0.3"
rbatis = { version = "3.1.8", features = ["mysql"] }
chrono = "0.4.19"
lazy_static = "1.4.0"
sha2="0.10.2"
asciis="0.1.3"
md5 = "0.7.0"
captcha-rs = "*"
uuid = { version = "1.1.1", features = [ "v4", "fast-rng", "macro-diagnostics"] }
redis = { version = "*", features = ["tokio-comp","r2d2"] }
r2d2="*"
r2d2_redis = "*"
psutil = "3.2.1"
magic-crypt = "3.1.10"
bcrypt = "*"
simple-log = "1.6.0"

[dependencies.rocket_dyn_templates]
version = "0.1.0-rc.1"
features = ["tera"]
default-features = false
```

9.3.2 创建项目公共部分

1. 创建用户授权对象

（1）定义用户授权结构体

创建定义一个名为 UserAuth 的结构体，用于表示用户的授权信息。在这个结构体中，包含了一个名为 permissions 的字段，用来存储用户的权限（例如 backend 表示后台权限）。代码如下：

```
#[derive(Debug, Clone, Deserialize)]
pub struct UserAuth {
    permissions: String,       // 用户权限字段
}
```

（2）实现 FromRequest 特征

创建一个名为 UserAuth 的 FromRequest 特征，这个特征允许我们定义如何从 HTTP 请求中提取用户授权信息，代码如下：

```
#[rocket::async_trait]
impl<'r> FromRequest<'r> for UserAuth {
    type Error = ();       // 错误类型为 unit 类型
```

（3）定义提取逻辑

在 from_request() 异步函数中，定义提取用户授权的逻辑，代码如下：

```
async fn from_request(req: &'r Request<'_>) -> request::Outcome<Self, Self::Error> {
    let cookies = req.cookies();            // 获取请求中的 Cookies
    let cookie_value = cookies.get_private("login_user_id"); // 获取名为 login_user_id
的私有 Cookie
    let status = match cookie_value {
        Some(_) => true,          // 如果 Cookie 存在,则状态为 true
        None => false,            // 如果 Cookie 不存在,则状态为 false
    };
    if status {
        // 如果状态为 true,则返回成功的用户授权对象,权限为 backend
        return Outcome::Success(UserAuth { permissions: String::from("backend") });
    } else {
        // 如果状态为 false,则返回授权失败,状态码为 401(未授权)
        return Outcome::Failure((Status::Unauthorized, ()));
    }
}
```

2. 创建 Redis 缓存对象

（1）定义 RedisTemplate 结构体

创建一个名为 RedisTemplate 的结构体，用于表示存储在 Redis 中的模板数据。该结构体包

含三个字段：template 用于保存模板的 JSON 数据、max_time 用于保存模板的最大存储时间（以秒为单位）、created 用于记录模板的创建时间，代码如下：

```rust
#[derive(Debug, Deserialize, Serialize)]
pub struct RedisTemplate {
    template: Option<Value>,              // 模板的 JSON 数据
    max_time: Option<usize>,              // 最大存储时间,单位为秒
    created: Option<DateTimeUtc>,         // 创建时间
}
```

（2）初始化 Redis 连接池

创建一个名为 redis_pools() 的异步函数，用于初始化 Redis 连接池。该函数创建了一个 Redis 连接管理器，指定了 Redis 服务器地址，然后使用连接管理器构建一个最大连接数为 30 的连接池，并返回其克隆，代码如下：

```rust
pub async fn redis_pools() -> Pool<RedisConnectionManager> {
    // 创建一个 Redis 连接管理器,指定 Redis 服务器地址
    let manager = RedisConnectionManager::new("rediss://127.0.0.1/").expect("error redis");
    // 构建连接池,最大连接数为 30
    let pool = r2d2::Pool::builder()
        .max_size(30)
        .build(manager)
        .expect("error redis link!");
    pool.clone() // 返回连接池的克隆
}
```

（3）实现存储和检索 Redis 模板的逻辑

将模板数据存入 Redis 和从 Redis 中获取模板数据的代码如下：

```rust
impl RedisTemplate {
    // 将模板数据存入 Redis
    pub async fn set_redis_template(url: &str, template_value: RedisTemplate) -> bool {
        let mut conn = redis_pools().await.get().unwrap();
        redis::cmd("SET")                                   // 执行 Redis 的 SET 命令
            .arg(url)                                       // 设置键
            .arg(json!(template_value).to_string())         // 设置值,序列化为 JSON 字符串
            .query::<String>(conn.deref_mut())              // 执行命令并查询结果
            .unwrap();
        true                                                // 操作成功返回 true
    }

    // 从 Redis 中获取模板数据
    pub async fn get_redis_template(url: &str) -> RedisTemplate {
```

```
        let mut conn = redis_pools().await.get().unwrap();
        let data = redis::cmd("GET")                      // 执行 Redis 的 GET 命令
            .arg(url)                                     // 设置要获取的键
            .query::<String>(conn.deref_mut())            // 执行命令并查询结果
            .unwrap();
        let v = serde_json::from_str::<RedisTemplate>(&data).unwrap();
        v // 返回模板数据
    }
}
```

3. 创建公共配置对象

（1）定义配置结构体

创建一个名为 Setting 的结构体，用于表示博客的配置信息。该结构体包含多个字段，表示各种配置项，例如 avatar_proxyz（头像代理地址）、article_num（每页文章数量）、blog_name（博客名称）、nick_name（昵称）、domain（域名）等。每个字段都使用 Arc<Mutex<T>> 包装，以确保在多线程环境下的安全性和共享性，代码如下：

```
#[derive(Serialize, Deserialize, Debug)]
pub struct Setting {
    pub avatar_proxyz: Arc<Mutex<String>>,       // 头像代理地址
    pub article_num: Arc<Mutex<usize>>,          // 每页文章数量
    pub blog_name: Arc<Mutex<String>>,           // 博客名称
    pub nick_name: Arc<Mutex<String>>,           // 昵称
    pub domain: Arc<Mutex<String>>,              // 域名
    pub email_hash: Arc<Mutex<String>>,          // 邮件哈希
    pub register: Arc<Mutex<bool>>,              // 注册开关
    pub github: Arc<Mutex<String>>,              // Github 账号
    pub zhihu: Arc<Mutex<String>>,               // 知乎账号
    pub telegram: Arc<Mutex<String>>,            // Telegram 账号
    pub email: Arc<Mutex<String>>,               // 邮箱地址
}
```

（2）实现获取配置信息的方法

创建一个名为 get_setting() 的方法，用于从配置文件 Blog.toml 中读取配置信息，并创建一个 Setting 实例，代码如下：

```
impl Setting {
    // 获取配置方法
    pub fn get_setting() -> Setting {
        // 从配置文件 Blog.toml 中读取配置信息,并选择 setting 部分
        let data = Figment::from(Toml::file("Blog.toml").nested()).select("setting");

        // 读取并解析各个配置项
```

```rust
let avatar_proxyz = data
    .find_value("avatar_proxyz") // 查找 avatar_proxyz 配置项
    .ok()
    .unwrap()
    .into_string()
    .unwrap_or("https://secure.gravatar.com/avatar/".to_string()); // 默认值

let article_num = data
    .find_value("article_num")
    .ok()
    .unwrap()
    .into_string()
    .unwrap()
    .parse::<usize>() // 解析为数字类型
    .unwrap_or(5); // 默认值为 5

let blog_name = data
    .find_value("blog_name")
    .ok()
    .unwrap()
    .into_string()
    .unwrap_or("博客未命名".to_string());

let nick_name = data
    .find_value("nick_name")
    .ok()
    .unwrap()
    .into_string()
    .unwrap_or("用户未命名".to_string());

let domain = data
    .find_value("domain")
    .ok()
    .unwrap()
    .into_string()
    .unwrap_or("https://www.xxxxx.com".to_string());

let register = data
    .find_value("register")
    .ok()
    .unwrap()
    .into_string()
    .unwrap()
    .parse::<bool>()
```

```rust
        .unwrap_or(false);

    let github = data
        .find_value("github")
        .ok()
        .unwrap()
        .into_string()
        .unwrap_or("".to_string());

    let zhihu = data
        .find_value("zhihu")
        .ok()
        .unwrap()
        .into_string()
        .unwrap_or("".to_string());

    let telegram = data
        .find_value("telegram")
        .ok()
        .unwrap()
        .into_string()
        .unwrap_or("".to_string());

    let email_hash = data
        .find_value("email_hash")
        .ok()
        .unwrap()
        .into_string()
        .unwrap_or("".to_string());

    let email = data
        .find_value("email")
        .ok()
        .unwrap()
        .into_string()
        .unwrap_or("".to_string());

    // 创建并返回一个 Setting 实例,使用 Arc 和 Mutex 保证线程安全
    Setting {
        avatar_proxyz: Arc::new(Mutex::new(avatar_proxyz)),
        blog_name: Arc::new(Mutex::new(blog_name)),
        domain: Arc::new(Mutex::new(domain)),
        email_hash: Arc::new(Mutex::new(email_hash)),
        register: Arc::new(Mutex::new(register)),
```

```
            github: Arc::new(Mutex::new(github)),
            zhihu: Arc::new(Mutex::new(zhihu)),
            email: Arc::new(Mutex::new(email)),
            article_num: Arc::new(Mutex::new(article_num)),
            nick_name: Arc::new(Mutex::new(nick_name)),
            telegram: Arc::new(Mutex::new(telegram)),
        }
    }
}
```

4. 创建 CSRF 加解密对象

(1) 定义 CSRF 状态结构体

创建一个名为 CsrfStatus 的结构体,用于表示 CSRF(跨站请求伪造)的验证状态。在这个结构体中,包含了两个字段:csrf(表示 CSRF 验证状态的布尔值)和 date(表示创建时间的可选字段,用于跟踪验证的时效性),代码如下:

```
#[derive(Serialize, Deserialize, Clone, Debug)]
pub struct CsrfStatus {
    csrf: bool, // CSRF 验证状态
    date: Option<DateTimeUtc>, // 创建时间
}
```

(2) 实现 CSRF 状态加密和解密方法

加密 CSRF 内容和解密 CSRF 内容的代码如下:

```
impl CsrfStatus {
    // 加密 CSRF 内容,密钥存储在 Cookie 中
    pub async fn encrypt_csrf(key: String) -> String {
        let mc = new_magic_crypt!(&key, 192);
        let csrf = json!(CsrfStatus {
            csrf: true,
            date: Some(DateTimeUtc::now())
        })
        .to_string();
        let content = mc.encrypt_str_to_base64(csrf); // 加密 CSRF 状态为 Base64 字符串
        content
    }

    // 解密 CSRF 内容
    pub async fn decrypt_csrf(key: String, csrf: String) -> CsrfStatus {
        let mc = new_magic_crypt!(&key, 192); // 使用密钥创建解密对象
        let err_value = json!(CsrfStatus {
            csrf: false,
```

```
            date: None
        })
        .to_string();
        let de_csrf = mc.decrypt_base64_to_string(&csrf).unwrap_or(err_value);
        serde_json::from_str::<CsrfStatus>(&de_csrf).unwrap()
    }
}
```

(3) 实现 FromRequest 特征用于从请求中提取 CSRF 状态

为 CsrfStatus 实现 Rocket 提供的 FromRequest 特征,定义如何从 HTTP 请求中提取 CSRF 状态,代码如下:

```
#[rocket::async_trait]
impl<'r> FromRequest<'r> for CsrfStatus {
    type Error = ();

    // 从请求中提取 CsrfStatus
    async fn from_request(req: &'r Request<'_>) -> request::Outcome<Self, Self::Error> {
        let cookies = req.cookies(); // 获取请求中的 Cookies
        let cookie_value = cookies.get_private("csrf_key");
        let csrf_key = match cookie_value {
            Some(i) => i.value().to_string(), // 如果 Cookie 存在,则获取其值
            None =>"None".to_string(), // 如果 Cookie 不存在,则返回 None
        };
        let response = req.headers(); // 获取请求头信息
        let encrypt = response.get_one("X-CSRFToken").unwrap().to_string(); // 获取 CSRF 令牌
        let csrf_token = CsrfStatus::decrypt_csrf(csrf_key, encrypt).await; // 解密 CSRF 令牌
        if csrf_token.csrf {
            let now = DateTimeUtc::now().timestamp(); // 获取当前时间戳
            let _interval = now - csrf_token.date.unwrap().timestamp(); // 计算时间间隔
            if _interval < 7200 {
                return Outcome::Success(csrf_token); // 返回成功结果
            };
            return Outcome::Failure((Status::Unauthorized, ())); // 超时,返回未授权状态
        } else {
            return Outcome::Failure((Status::Forbidden, ())); // CSRF 验证失败,返回禁止状态
        }
    }
}
```

(4) 定义 CSRF 密钥结构体和请求守卫

创建一个名为 CsrfKey 的结构体,用于表示 CSRF 密钥。在 FromRequest 特征的实现中,定

义如何从请求中提取或生成一个新的 CSRF 密钥，代码如下：

```rust
// 产生 CSRF 密钥
// 验证 Cookie 中是否存在密钥
#[derive(Serialize, Deserialize, Clone, Debug)]
pub struct CsrfKey {
    key: String, // 密钥
}

#[rocket::async_trait]
impl<'r> FromRequest<'r> for CsrfKey {
    // 注入请求守卫
    type Error = ();
    async fn from_request(req: &'r Request<'_>) -> request::Outcome<Self, Self::Error> {
        let cookies = req.cookies(); // 获取请求中的 Cookies
        let cookie_value = cookies.get_private("csrf_key");
        let status = match cookie_value {
            Some(_) => true, // 如果 Cookie 存在，则状态为 true
            None => false, // 如果 Cookie 不存在，则状态为 false
        };
        if status {
            let uuid = cookie_value.unwrap().value().to_string(); // 获取 Cookie 中的 UUID
            return Outcome::Success(CsrfKey { key: uuid });
        } else {
            let uuid = Uuid::new_v4().to_string();
            cookies.add_private(Cookie::new("csrf_key", uuid.clone())); // 将新生成的 UUID 添加到 Cookie 中
            return Outcome::Success(CsrfKey { key: uuid });
        }
    }
}
```

5. 创建公共响应枚举

创建公共响应枚举，代码如下：

```rust
use rocket::{Responder, response::Redirect, http::Status};
use rocket_dyn_templates::Template;

// 定义一个响应枚举，用于处理不同类型的响应
#[derive(Debug, Responder)]
pub enum HandleResponse {
    Template(Template),        // 返回模板响应
    Redirect(Redirect),        // 返回重定向响应
    Status(Status),            // 返回 HTTP 状态响应
}
```

6. 创建 main( ) 函数

（1）导入所需模块和初始化全局变量

通过 extern crate 导入所需的外部库和模块，包括后端和前端的 API 模块、视图模块以及其他依赖库。使用 lazy_static 宏定义全局静态变量 RB（用于数据库操作的 RBatis 对象）和 CONFIG（用于读取和管理配置文件的线程安全对象），代码如下：

```rust
#[macro_use]
extern crate lazy_static;

use std::env;
use std::sync::Arc;

// 导入后端 API 模块的各个子模块
use crate::dao::api::backend::{
    api_about, api_article, api_category, api_comment, api_link, api_setting, api_tag,
api_log,
};

// 导入前端 API 模块
use crate::dao::api::frontend::image;
use rbatis::rbatis::Rbatis;
use rocket::catchers;
use rocket::fs::FileServer;
use rocket::http::Cookie;
use rocket::launch;
use rocket::tokio::sync::Mutex;
use rocket::{fairing::AdHoc, routes};
use rocket_dyn_templates::Template;
use simple_log::LogConfigBuilder;
use uuid::Uuid;

// 导入后端视图模块
use views::backend::{
    back_about, back_article, back_category, back_comment, back_dashboard, back_link,
back_setting,
    back_tag, back_log,
};

// 导入前端视图模块
use views::frontend::{
    about, archive, article, captcha, category, comment, home, link, login, register,
tag, sitemap, robots,
```

```rust
};

use views::error;
use crate::common::config::Setting;
use dotenv::dotenv;
use common::info;
mod models;
mod dao;
mod common;
mod views;

    // 使用 lazy_static 宏创建全局静态变量
lazy_static! {
    // 数据库操作对象
    static ref RB: Rbatis = Rbatis::new();
    // 配置文件对象,使用 Arc 和 Mutex 进行线程安全的共享
    static ref CONFIG: Arc<Mutex<Setting>> = Arc::new(Mutex::new(Setting::get_setting()));
}
```

（2）定义 Rocket 启动函数

创建一个名为 rocket 的异步启动函数来初始化和启动 Rocket Web 框架实例。该函数配置数据库连接、日志记录、路由和中间件，代码如下：

```rust
async fn rocket() -> _ {
    dotenv().ok();                                  // 加载 .env 环境变量文件
    let database_url = env::var("DATABASE_URL").expect("set DATABASE_URL");
                                                    // 从环境变量中获取数据库连接字符串
    RB.link(&database_url).await.unwrap();          // 初始化数据库连接池

    // 日志配置
    let config = LogConfigBuilder::builder()
        .path("./log/temp.log")                     // 日志文件路径
        .size(1 * 100)                              // 每个日志文件的大小
        .roll_count(10)                             // 滚动日志文件的数量
        .time_format("%Y-%m-%d %H:%M:%S.%f")        // 时间格式
        .level("warn")                              // 日志级别
        .output_file()                              // 输出到文件
        .build();
    simple_log::new(config).unwrap();
    let rb = Arc::new(&RB);                         // 创建 Rbatis 对象的共享引用
    // 构建 Rocket 实例,配置路由和中间件
    rocket::build()
        .mount(
```

```rust
        "/", // 前端路由
            routes![
                home::index,
                register::index,
                register::post,
                article::index,
                login::index,
                login::post,
                login::login_out,
                category::index,
                tag::index_list,
                tag::index_tag,
                link::index,
                archive::index,
                captcha::index,
                comment::index,
                about::index,
                sitemap::index,
                robots::index,
            ],
        )
        .mount(
            "/backend", // 后端管理路由
            routes![
                back_dashboard::index,
                back_dashboard::info,
                back_article::list,
                back_article::post_article,
                back_article::modify,
                back_article::post_modify,
                back_article::add,
                back_comment::index,
                back_category::index,
                back_link::index,
                back_tag::index,
                back_about::index,
                back_setting::index,
                back_log::index,
            ],
        )
        .mount("/static", FileServer::from("./static")) // 静态文件路由
        .mount(
            "/api/backend", // 后端 API 路由
            routes![
```

```rust
                api_article::api_article_post,
                api_article::api_article_delete,
                api_article::api_article_put,
                api_category::api_category_get_all,
                api_category::api_category_post,
                api_category::api_category_delete,
                api_category::api_category_put,
                api_article::api_article_get,
                api_comment::api_comment_get_all,
                api_comment::api_comment_delete,
                api_link::api_link_get_all,
                api_link::api_link_post,
                api_link::api_link_put,
                api_link::api_link_delete,
                api_tag::api_tag_get_all,
                api_tag::api_tag_put,
                api_tag::api_tag_delete,
                api_about::api_about_get,
                api_about::api_about_post,
                api_setting::api_setting_get,
                api_setting::api_setting_post_info,
                api_setting::api_setting_post_user,
                api_log::api_log_get,
                api_log::api_log_delete,
            ],
        )
        .mount(
            "/api/frontend", // 前端 API 路由
            routes![image::api_image,],
        )
        .register("/", catchers![error::not_found]) // 注册错误处理器
        .register("/", catchers![error::server_error])
        .attach(Template::custom(|engines| {
            engines.tera.register_function("blog_info", info::blog_info); // 注册模板引擎函数
        }))
        .attach(AdHoc::on_ignite("Rbatis Database", |rocket| async move {
            rocket.manage(rb) // 向 Rocket 实例添加数据库管理器
        }))
        .attach(AdHoc::on_request("csrf_key", |req, _| {
            Box::pin(async move {
                let cookie = req.cookies(); // 获取请求中的 Cookie
                let status = match cookie.get_private("csrf_key") {
                    Some(_) => true,
```

```
                None => false,
            };
            if !status {
                // 如果没有 CSRF 密钥,则添加一个新的 CSRF 密钥
                cookie.add_private(Cookie::new("csrf_key", Uuid::new_v4().to_string()));
            };
        })
    }))
}
```

9.3.3 创建数据表

1. 创建文章数据表 article

创建文章数据表 article 的 SQL 语句如下:

```
CREATE TABLE 'article' (
  'id' int NOT NULL AUTO_INCREMENT,
  'title' varchar(190) CHARACTER SET utf8mb4 COLLATE utf8mb4_general_ci NOT NULL,
  'brief' varchar(255) CHARACTER SET utf8mb4 COLLATE utf8mb4_general_ci NOT NULL,
  'user_id' int DEFAULT NULL,
  'url_en' varchar(190) CHARACTER SET utf8mb4 COLLATE utf8mb4_general_ci NOT NULL,
  'text' text CHARACTER SET utf8mb4 COLLATE utf8mb4_general_ci NOT NULL,
  'template' text CHARACTER SET utf8mb4 COLLATE utf8mb4_general_ci NOT NULL,
  'image_url' varchar(255) CHARACTER SET utf8mb4 COLLATE utf8mb4_general_ci DEFAULT NULL,
  'category' varchar(255) CHARACTER SET utf8mb4 COLLATE utf8mb4_general_ci NOT NULL,
  'like_count' int DEFAULT NULL,
  'views' int DEFAULT NULL,
  'created' datetime NOT NULL,
  'modified' datetime NOT NULL,
  PRIMARY KEY ('id') USING BTREE,
  UNIQUE KEY 'url_en' ('url_en')
) ENGINE=InnoDB AUTO_INCREMENT=7 DEFAULT CHARSET=utf8mb4 COLLATE=utf8mb4_general_ci ROW_FORMAT=COMPACT;
```

2. 创建分类数据表 category

创建分类数据表 category 的 SQL 语句如下:

```
CREATE TABLE 'category' (
  'id' int NOT NULL AUTO_INCREMENT,
  'name' varchar(180) CHARACTER SET utf8mb4 COLLATE utf8mb4_general_ci NOT NULL,
  PRIMARY KEY ('id') USING BTREE,
```

```sql
    UNIQUE KEY `name` (`name`)
) ENGINE=InnoDB AUTO_INCREMENT=2 DEFAULT CHARSET=utf8mb4 COLLATE=utf8mb4_general_ci ROW_FORMAT=COMPACT;
```

3. 创建文章分类数据表 category_article

创建文章分类数据表 category_article 的 SQL 语句如下：

```sql
CREATE TABLE `category_article` (
    `id` int NOT NULL AUTO_INCREMENT,
    `category_id` int NOT NULL,
    `article_id` int NOT NULL,
    PRIMARY KEY (`id`) USING BTREE
) ENGINE=InnoDB AUTO_INCREMENT=3 DEFAULT CHARSET=utf8mb4 COLLATE=utf8mb4_general_ci ROW_FORMAT=COMPACT;
```

4. 创建评论数据表 comment

创建评论数据表 comment 的 SQL 语句如下：

```sql
CREATE TABLE `comment` (
    `id` int NOT NULL AUTO_INCREMENT,
    `user_name` varchar(255) CHARACTER SET utf8mb4 COLLATE utf8mb4_general_ci NOT NULL,
    `article_id` int DEFAULT NULL,
    `agent` varchar(255) CHARACTER SET utf8mb4 COLLATE utf8mb4_general_ci DEFAULT NULL,
    `text` text CHARACTER SET utf8mb4 COLLATE utf8mb4_general_ci NOT NULL,
    `parent_uuid` varchar(255) CHARACTER SET utf8mb4 COLLATE utf8mb4_general_ci DEFAULT NULL,
    `parent_name` varchar(255) CHARACTER SET utf8mb4 COLLATE utf8mb4_general_ci DEFAULT NULL,
    `parent_id` int DEFAULT NULL,
    `uuid` varchar(255) CHARACTER SET utf8mb4 COLLATE utf8mb4_general_ci NOT NULL,
    `web_site` varchar(255) CHARACTER SET utf8mb4 COLLATE utf8mb4_general_ci NOT NULL,
    `email` varchar(255) CHARACTER SET utf8mb4 COLLATE utf8mb4_general_ci NOT NULL,
    `hash_email` varchar(255) CHARACTER SET utf8mb4 COLLATE utf8mb4_general_ci NOT NULL,
    `is_show` tinyint(1) NOT NULL,
    `is_review` tinyint(1) NOT NULL,
    `is_admin` tinyint(1) NOT NULL,
    `created` datetime NOT NULL,
    PRIMARY KEY (`id`) USING BTREE
) ENGINE=InnoDB AUTO_INCREMENT=2 DEFAULT CHARSET=utf8mb4 COLLATE=utf8mb4_general_ci ROW_FORMAT=COMPACT;
```

5. 创建友链数据表 link

创建友链数据表 link 的 SQL 语句如下：

```sql
CREATE TABLE `link` (
  `id` int NOT NULL AUTO_INCREMENT,
  `name` varchar(255) CHARACTER SET utf8mb4 COLLATE utf8mb4_general_ci NOT NULL,
  `link` varchar(255) CHARACTER SET utf8mb4 COLLATE utf8mb4_general_ci NOT NULL,
  `avatar` varchar(255) CHARACTER SET utf8mb4 COLLATE utf8mb4_general_ci NOT NULL,
  `brief` varchar(255) CHARACTER SET utf8mb4 COLLATE utf8mb4_general_ci NOT NULL,
  `created` datetime NOT NULL,
  PRIMARY KEY (`id`) USING BTREE
) ENGINE=InnoDB DEFAULT CHARSET=utf8mb4 COLLATE=utf8mb4_general_ci ROW_FORMAT=COMPACT;
```

6. 创建标签数据表 tag

创建标签数据表 tag 的 SQL 语句如下：

```sql
CREATE TABLE `tag` (
  `id` int NOT NULL AUTO_INCREMENT,
  `name` varchar(190) CHARACTER SET utf8mb4 COLLATE utf8mb4_general_ci NOT NULL,
  PRIMARY KEY (`id`) USING BTREE,
  UNIQUE KEY `name` (`name`)
) ENGINE=InnoDB AUTO_INCREMENT=2 DEFAULT CHARSET=utf8mb4 COLLATE=utf8mb4_general_ci ROW_FORMAT=COMPACT;
```

7. 创建标签文章数据表 tag_article

创建标签文章数据表 tag_article 的 SQL 语句如下：

```sql
CREATE TABLE `tag_article` (
  `id` int NOT NULL AUTO_INCREMENT,
  `tag_id` int NOT NULL,
  `article_id` int NOT NULL,
  PRIMARY KEY (`id`) USING BTREE
) ENGINE=InnoDB AUTO_INCREMENT=2 DEFAULT CHARSET=utf8mb4 COLLATE=utf8mb4_general_ci ROW_FORMAT=COMPACT;
```

8. 创建用户数据表 user

创建用户数据表 user 的 SQL 语句如下：

```sql
CREATE TABLE `user` (
  `id` int NOT NULL AUTO_INCREMENT,
  `username` varchar(190) CHARACTER SET utf8mb4 COLLATE utf8mb4_general_ci NOT NULL,
  `nickname` varchar(190) CHARACTER SET utf8mb4 COLLATE utf8mb4_general_ci DEFAULT NULL,
  `password` varchar(255) CHARACTER SET utf8mb4 COLLATE utf8mb4_general_ci NOT NULL,
  `mail` varchar(190) CHARACTER SET utf8mb4 COLLATE utf8mb4_general_ci NOT NULL,
  `mail_hash` varchar(255) COLLATE utf8mb4_general_ci DEFAULT NULL,
```

```
    PRIMARY KEY ('id') USING BTREE,
    UNIQUE KEY 'username' ('username','mail')
  ) ENGINE=InnoDB AUTO_INCREMENT=3 DEFAULT CHARSET=utf8mb4 COLLATE=utf8mb4_general_ci
ROW_FORMAT=COMPACT;
```

9.3.4 创建模型

1. 创建文章模型

(1) 定义文章结构体并实现数据库映射

使用 rbatis 提供的 crud_table 宏和派生特征为 Article 结构体定义数据库映射。该结构体包含文章的各种信息字段，例如 title、brief、user_id、url_en、text 等，代码如下：

```
#[crud_table(table_name: article)]
#[derive(Serialize, Deserialize, Clone, Debug)]
pub struct Article {
    pub id: Option<usize>,                      // 文章 ID
    pub title: Option<String>,                  // 文章标题
    pub brief: Option<String>,                  // 文章简介
    pub user_id: Option<usize>,                 // 用户 ID
    pub url_en: Option<String>,                 // 文章的 URL 英文标识
    pub text: Option<String>,                   // 文章内容
    pub template: Option<String>,               // 文章模板
    pub image_url: Option<String>,              // 文章图片 URL
    pub like_count: Option<usize>,              // 点赞数
    pub category: Option<String>,               // 文章分类
    pub views: Option<usize>,                   // 浏览次数
    pub created: Option<DateTimeNative>,        // 创建时间
    pub modified: Option<DateTimeNative>,       // 修改时间
}
```

(2) 实现文章获取功能

在 Article 结构体的 impl 块中创建一系列异步方法，用于获取文章信息，代码如下：

```
impl Article {
    // 获取所有文章
    pub async fn get_all() -> Vec<Article> { /* ... */ }

    // 获取文章列表(分页)
    pub async fn get_article_list(page: usize, num: usize) -> Result<Page<Article>, Error> { /* ... */ }

    // 通过 ID 列表获取文章
```

```rust
    pub async fn get_article_list_by_id(page: usize, num: usize, id_list: Vec<usize>) -> Vec<Article> { /* ... */ }

    // 通过 URL 获取文章
    pub async fn get_article(url: &str) -> Result<Option<Article>, Error> { /* ... */ }

    // 通过 ID 获取文章
    pub async fn get_article_by_id(id: &usize) -> Result<Option<Article>, Error> { /* ... */ }

    // 获取下一篇文章
    pub async fn get_next_by_id(article_id: &usize) -> Result<Article, Error> { /* ... */ }

    // 获取上一篇文章
    pub async fn get_prev_by_id(article_id: &usize) -> Result<Article, Error> { /* ... */ }

    // 获取最近的文章
    pub async fn get_recent_article() -> Result<Vec<Article>, Error> { /* ... */ }

    // 获取所有文章
    pub async fn get_all_article() -> Result<Vec<Article>, Error> { /* ... */ }
}
```

(3) 实现文章管理功能

编写 Article 的各种文章管理方法，代码如下：

```rust
impl Article {
    // 提交新文章
    pub async fn commit_article(data: Article) -> Result<DBExecResult, Error> { /* ... */ }

    // 根据 ID 删除文章
    pub async fn delete_article_by_id(id: &usize) -> bool { /* ... */ }

    // 更新文章
    pub async fn update_article(data: &Article) -> bool { /* ... */ }

    // 批量更新文章分类
    pub async fn update_article_category(list_id: Vec<usize>, category: String) -> bool { /* ... */ }
}
```

2. 创建分类模型

(1) 定义分类结构体并实现数据库映射

使用 rbatis 提供的 crud_table 宏和派生特征为 Category 结构体定义数据库映射。该结构体包含分类的基本信息字段，例如 id 和 name，代码如下：

```rust
#[crud_table(table_name:category)]
#[derive(Clone, Debug)]
pub struct Category {
    pub id: Option<usize>,            // 分类 ID
    pub name: Option<String>,         // 分类名称
}
```

（2）实现分类管理功能

在 Category 结构体的 impl 块中创建一系列方法，用于管理分类信息，代码如下：

```rust
impl Category {
    // 获取所有分类,返回列表
    pub async fn get_all() -> Option<Vec<Category>> { /* ... */ }

    // 通过名称获取分类
    pub async fn get_by_name(name: &str) -> Result<Category, rbatis::Error> { /* ... */ }

    // 提交新文章分类
    pub async fn commit_category(name: String) -> bool { /* ... */ }

    // 根据 ID 删除分类
    pub async fn delete_category_by_id(id: &usize) -> bool { /* ... */ }

    // 更新分类信息
    pub async fn update_category(id: usize, category: String) -> bool { /* ... */ }
}
```

（3）定义分类文章结构体并实现数据库映射

使用 rbatis 提供的 crud_table 宏和派生特征为 CategoryArticle 结构体定义数据库映射。该结构体包含分类文章的关联信息字段，例如 id、category_id 和 article_id，代码如下：

```rust
#[crud_table(table_name:category_article)]
#[derive(Clone, Debug)]
pub struct CategoryArticle {
    pub id: Option<usize>,                    // 关联 ID
    pub category_id: Option<usize>,           // 分类 ID
    pub article_id: Option<usize>,            // 文章 ID
}
```

（4）实现分类文章关联管理功能

在 CategoryArticle 结构体的 impl 块中创建一系列方法，用于管理分类与文章之间的关联，代码如下：

```rust
impl CategoryArticle {
    // 通过文章 ID 获取分类文章关联信息
    pub async fn get_by_article_id(id: &usize) -> Result<CategoryArticle, Error> { /* ... */ }

    // 通过分类 ID 获取分类文章关联列表
    pub async fn get_list_by_category_id(id: &usize) -> Result<Vec<CategoryArticle>, Error> { /* ... */ }

    // 提交分类名和文章 ID 的关联
    pub async fn commit_category_name_and_article_id(name: &str, article_id: Option<usize>) -> Result<DBExecResult, Error> { /* ... */ }

    // 通过文章 ID 删除分类文章关联
    pub async fn delete_category_article_by_article_id(article_id: &usize) -> bool { /* ... */ }

    // 通过分类 ID 删除分类文章关联
    pub async fn delete_category_article_by_category_id(category_id: &usize) -> bool { /* ... */ }

    // 更新文章分类信息
    pub async fn update_category(article_id: usize, category: Option<String>) -> bool { /* ... */ }

    // 通过分类 ID 获取关联的文章 ID 列表
    pub async fn get_article_id_list_by_category_id(id: &usize) -> Option<Vec<usize>> { /* ... */ }
}
```

3. 创建评论模型

（1）定义评论结构体并实现数据库映射

使用 rbatis 提供的 crud_table 宏和派生特征为 Comment 结构体定义数据库映射。该结构体包含评论的基本信息字段，例如 id、user_name、article_id 等，代码如下：

```rust
#[crud_table(table_name:comment)]
#[derive(Serialize, Deserialize, Clone, Debug)]
pub struct Comment {
    pub id: Option<usize>,              // 评论 ID
    pub user_name: Option<String>,      // 用户名
    pub article_id: Option<usize>,      // 文章 ID
    pub parent_id: Option<usize>,       // 父评论 ID
    pub parent_uuid: Option<String>,    // 父评论 UUID
```

```rust
    pub parent_name: Option<String>,            // 父评论用户名
    pub is_admin: Option<bool>,                 // 是否管理员
    pub agent: Option<String>,                  // 代理
    pub is_show: Option<bool>,                  // 是否显示
    pub uuid: Option<String>,                   // 评论 UUID
    pub text: Option<String>,                   // 评论内容
    pub web_site: Option<String>,               // 网站
    pub email: Option<String>,                  // 邮箱
    pub hash_email: Option<String>,             // 邮箱哈希
    pub is_review: bool,                        // 是否审核
    pub created: Option<DateTimeNative>,        // 创建时间
}
```

（2）实现评论管理功能

在 Comment 结构体的 impl 块中创建一系列异步方法，用于管理评论信息，代码如下：

```rust
impl Comment {
    // 保存评论数据
    pub async fn save_comment(comment_data: Comment) -> Result<DBExecResult, Error> { /* ... */ }

    // 获取最近的 7 条评论
    pub async fn get_recent_comment() -> Result<Vec<Comment>, Error> { /* ... */ }

    // 获取所有评论
    pub async fn get_comment_all() -> Result<Vec<Comment>, Error> { /* ... */ }

    // 删除评论列表
    pub async fn delete_comment_list(data: &Vec<usize>) -> bool { /* ... */ }
}
```

（3）定义嵌套评论结构体并实现数据库映射

使用 rbatis 提供的 crud_table 宏和派生特征为 Comments 结构体定义数据库映射。该结构体包含嵌套的评论信息，支持父评论和子评论的管理，代码如下：

```rust
#[crud_table(table_name:comments)]
#[derive(Clone, Debug)]
pub struct Comments {
    pub comment: Option<Comment>,               // 父评论
    pub child_comments: Option<Vec<Comment>>,   // 子评论列表
}
```

（4）实现嵌套评论管理功能

在 Comments 结构体的 impl 块中创建根据文章 ID 获取评论列表的功能，代码如下：

```rust
impl Comments {
    // 根据文章 ID 获取评论列表
    pub async fn get_comment_lsit_by_article_id(article_id: &usize) -> Option<Vec<Comments>> { /* ... */ }
}
```

4. 创建友链模型

1）定义友链结构体并实现数据库映射。使用 rbatis 提供的 crud_table 宏和派生特征为 Link 结构体定义数据库映射。该结构体包含友链（友情链接）的基本信息字段，例如 id、name、link 等，代码如下：

```rust
#[crud_table(table_name:link)]
#[derive(Serialize, Deserialize, Clone, Debug)]
pub struct Link {
    pub id: Option<usize>,                    // 友链 ID
    pub name: Option<String>,                 // 友链名称
    pub link: Option<String>,                 // 友链 URL
    pub avatar: Option<String>,               // 友链头像
    pub brief: Option<String>,                // 友链简介
    pub created: Option<DateTimeNative>,      // 创建时间
}
```

2）实现友链管理功能。在 Link 结构体的 impl 块中创建相关方法，用于管理友链信息，代码如下：

```rust
impl Link {
    // 获取所有友链
    pub async fn get_all() -> Result<Vec<Link>, rbatis::Error> {
        RB.fetch_list::<Link>().await           // 从数据库中获取所有友链数据
    }

    // 提交新友链
    pub async fn commit_link(data: Link) -> bool {
        let r = RB.save(&data, &[]).await;      // 将新友链数据保存到数据库中
        match r {
            Ok(_) => true,                       // 保存成功返回 true
            Err(_) => false,                     // 保存失败返回 false
        }
    }

    // 更新友链
    pub async fn update_link(data: Link) -> bool {
        let r = RB.update_by_column::<Link>("id", &data).await;  // 根据 ID 更新友链数据
        match r {
```

```rust
            Ok(_) => true,              // 更新成功返回 true
            Err(_) => false,            // 更新失败返回 false
        }
    }

    // 删除友链
    pub async fn delete_link(data: Link) -> bool {
        let r = RB.remove_by_column::<Link, _>("id", &data.id).await; // 根据 ID 删除友链数据
        match r {
            Ok(_) => true,              // 删除成功返回 true
            Err(_) => false,            // 删除失败返回 false
        }
    }
}
```

5. 创建标签模型

（1）定义标签结构体并实现数据库操作

使用 rbatis 提供的 crud_table 宏和派生特征为 Tag 和 TagArticle 结构体定义数据库映射。Tag 用于表示标签的基本信息，TagArticle 用于管理标签和文章的关系，代码如下：

```rust
#[crud_table(table_name:tag)]
#[derive(Clone, Debug)]
pub struct Tag {
    pub id: Option<usize>,              // 标签 ID
    pub name: Option<String>,           // 标签名称
}

#[crud_table(table_name:tag_article)]
#[derive(Clone, Debug)]
pub struct TagArticle {
    pub id: Option<usize>,              // 关系 ID
    pub tag_id: Option<usize>,          // 标签 ID
    pub article_id: Option<usize>,      // 文章 ID
}
```

（2）实现标签管理功能

在 Tag 结构体的 impl 块中，创建对标签的增删查改操作的方法，代码如下：

```rust
impl Tag {
    // 获取所有标签
    pub async fn get_all() -> Result<Vec<Tag>, rbatis::Error> {
        RB.fetch_list::<Tag>().await
    }
```

```rust
// 通过 Id 获取标签
pub async fn get_list_by_id(tag_id: &usize) -> Option<Tag> {
    let r = RB.fetch_by_column::<Tag, &usize>("id", tag_id).await;
    match r {
        Ok(i) => Some(i),
        Err(_) => None,
    }
}

// 通过 name 获取标签
pub async fn get_by_name(name: &str) -> Tag {
    RB.fetch_by_column::<Tag, &str>("name", name).await.unwrap()
}

// 判断标签是否存在
pub async fn get_tag_exist(name: &str) -> bool {
    let r = RB.fetch_by_column::<Tag, &str>("name", name).await;
    match r {
        Ok(_) => true,
        Err(_) => false,
    }
}

// 提交新标签
pub async fn commit_tag(name: String) -> Result<DBExecResult, Error> {
    let tag = Tag {
        id: None,
        name: Some(name),
    };
    RB.save(&tag, &[]).await
}

// 修改标签
pub async fn update_tag(data: Tag) -> bool {
    let r = RB.update_by_column::<Tag>("id", &data).await;
    match r {
        Ok(_) => true,
        Err(_) => false,
    }
}

// 删除标签
pub async fn delete_tag(tag_id: &usize) -> bool {
```

```rust
        let r = RB.remove_by_column::<Tag, _>("id", tag_id).await;
        match r {
            Ok(_) => true,
            Err(_) => false,
        }
    }
}
```

(3)实现标签和文章关系的管理功能

在 TagArticle 结构体的 impl 块中,创建管理标签和文章关系的函数,如获取标签、提交关系和删除操作,代码如下:

```rust
impl TagArticle {
    // 通过文章 id 获取标签 id
    pub async fn get_list_by_article_id(article_id: &usize) -> Vec<TagArticle> {
        let data = RB
            .fetch_list_by_column::<TagArticle, &usize>("article_id", &[article_id])
            .await
            .unwrap();
        data
    }

    // 通过文章 id 获取标签关系列表
    pub async fn get_tag_list_by_article_id(article_id: &usize) -> Result<Vec<TagArticle>, Error> {
        let data = RB
            .fetch_list_by_column::<TagArticle, &usize>("article_id", &[article_id])
            .await;
        data
    }

    // 通过标签 id 获取文章 id
    pub async fn get_list_by_tag_id(tag_id: &usize) -> Vec<TagArticle> {
        let data = RB
            .fetch_list_by_column::<TagArticle, &usize>("tag_id", &[tag_id])
            .await
            .unwrap();
        data
    }

    // 提交标签与文章关系
    pub async fn commit_tag_article(article_id: Option<usize>, tags: Option<Vec<String>>) -> bool {
        // 省略部分代码
```

```
            true
        }

        // 通过文章 id 删除标签与文章的关系
        pub async fn delete_tag_article_by_article_id(article_id: &usize) -> bool {
            // 省略部分代码
            true
        }

        // 通过标签 id 删除标签与文章的关系
        pub async fn delete_tag_article_by_tag_id(tag_id: &usize) -> bool {
            // 省略部分代码
            true
        }

        // 更新文章标签
        pub async fn update_tags(article_id: usize, tag_list: Option<Vec<String>>) -> bool {
            // 省略部分代码
            true
        }
}
```

6. 用户结构体

（1）定义用户结构体并实现数据库映射

使用 rbatis 库提供的 crud_table 宏和 Deserialize、Serialize 等派生特征为 User 结构体定义数据库映射。该结构体包含用户的各种信息字段，例如 username、password、mail 等，代码如下：

```
#[crud_table(table_name:user)]
#[derive(Deserialize, Serialize, Clone, Debug, FromForm)]
pub struct User {
    pub id: Option<usize>,
    pub username: Option<String>,
    pub password: Option<String>,
    pub nickname: Option<String>,
    pub mail: Option<String>,
    pub mail_hash: Option<String>,
}
```

（2）实现用户登录功能

在 User 结构体的 impl 块中实现一个名为 login_blog() 的异步方法，用于验证用户的登录信息。该方法根据邮箱查找用户记录，并使用 bcrypt 进行密码验证。如果邮箱或密码不正确，则返回相应的错误信息，代码如下：

```rust
pub async fn login_blog(mail: &str, password: &str) -> Value {
    let w = RB.new_wrapper().eq("mail", mail).limit(1);
    let login_info = RB.fetch_by_wrapper::<User>(w).await;
    let login_status = match login_info {
        Ok(_) => true,
        Err(_) => false,
    };
    if !login_status {
        return json!({"status":"error","message":"用户不存在!"});
    };
    let login_status: bool =
        verify(password, &login_info.unwrap().password.unwrap()).unwrap_or(false);
    if login_status {
        return json!({"status":"success","message":"登录成功!"});
    } else {
        return json!({"status":"error","message":"用户名或密码错误!"});
    }
}
```

(3) 实现用户注册功能

创建一个名为 register_user( ) 的异步方法，用于创建新用户。在该方法中，首先检查用户名和邮箱是否已存在。如果不存在，则对密码进行加密，并将用户信息保存数据库中，代码如下：

```rust
// 创建用户
pub async fn register_user(user: User) -> bool {
    let username = user.clone().username.unwrap();
    let mail = user.clone().mail.unwrap();
    let mut password = user.clone().password.unwrap();
    let user_username = RB
        .fetch_list_by_column::<User, &str>("username", &[&username])
        .await
        .unwrap();
    let user_mail = RB
        .fetch_list_by_column::<User, &str>("mail", &[&mail])
        .await
        .unwrap();
    if user_mail.len() == 0 && user_username.len() == 0 {
        let digest = md5::compute(&mail);
        password = hash(&password, 7).unwrap();

        let user_data = User {
            password: Some(password),
            ..user
        };
```

```
        let _r = RB.save::<User>(&user_data, &[]).await;
        return true;
    } else {
        return false;
    };
}
```

(4) 实现获取和更新用户信息的功能

分别创建 get_user_by_email( ) 和 get_user_by_user_id( ) 异步方法，允许通过邮箱或用户 ID 获取用户信息。创建 update_user( ) 方法，用于更新用户信息；创建 verify_password( ) 方法用于验证用户的密码，代码如下：

```
//通过邮箱获取博主信息
pub async fn get_user_by_email(email: &str) -> User {
    let user = RB
        .fetch_by_column::<User, &str>("mail", email)
        .await
        .unwrap();
    user
}

//通过用户 ID 获取博主信息
pub async fn get_user_by_user_id(user_id: &usize) -> User {
    let user = RB
        .fetch_by_column::<User, &usize>("id", user_id)
        .await
        .unwrap();
    user
}

//更新博主信息
pub async fn update_user(user: User) -> bool {
    let r = RB.update_by_column::<User>("id", &user).await;
    match r {
        Ok(_) => true,
        Err(_) => false,
    }
}

pub async fn verify_password(user_id: &usize, password: &str) -> bool {
    let w = RB.new_wrapper().eq("id", user_id).limit(1);
    let user_info = RB.fetch_by_wrapper::<User>(w).await.unwrap();
    let status = verify(password, &user_info.password.unwrap()).unwrap_or(false);
```

```
        status
}
```

9.4 创建服务

9.4.1 创建文章服务

（1）定义文章页面数据结构体

ArticlePageData 是一个结构体，用于表示文章页面所需的所有数据。该结构体包含文章内容、分类列表、标签列表、前一篇文章和后一篇文章的状态和链接，以及文章的评论，代码如下：

```
#[derive(Serialize, Deserialize, Clone, Debug)]
pub struct ArticlePageData {
    pub article: Option<Article>,                  // 文章
    pub categorys: Option<Vec<Category>>,          // 分类列表
    pub tags: Option<Vec<Option<Tag>>>,            // 标签列表
    pub prev_page: bool,                           // 是否有旧(前一篇)文章
    pub next_page: bool,                           // 是否有新(后一篇)文章
    pub prev_url: Option<String>,                  // 前一篇文章 URL
    pub next_url: Option<String>,                  // 后一篇文章 URL
    pub comments: Option<Vec<Comments>>,           // 文章评论
}
```

（2）获取文章页面数据的方法

创建一个名为 service_article() 的方法，用于获取指定文章页面的所有数据，包括文章的详细信息、分类、标签、评论以及前后文章的链接，代码如下：

```
impl ArticlePageData {
    pub async fn service_article(url: &str) -> ArticlePageData {
        let article: Option<Article> = Article::get_article(url).await.unwrap();
        if article.is_none() {
            return ArticlePageData {
                article,
                categorys: None,
                tags: None,
                prev_page: false,
                next_page: false,
                prev_url: Some("Not Found".to_string()),
                next_url: Some("Not Found".to_string()),
                comments: None,
```

```rust
        };
    }

    let article_id = &article.clone().unwrap().id.unwrap(); // 获取文章 ID
    let tag_article_list = TagArticle::get_list_by_article_id(article_id).await;
// 获取标签列表
    let categorys = Category::get_all().await; // 获取所有分类
    let mut tags = Vec::new(); // 创建标签列表
    for i in tag_article_list {
        tags.push(Tag::get_list_by_id(&i.tag_id.unwrap()).await);
    }

    // 获取后一篇文章信息
    let next = Article::get_next_by_id(article_id).await;
    let next_page = next.is_ok();
    let next_url = next.map_or(Some("Not Found".to_string()), |n| n.url_en);

    // 获取前一篇文章信息
    let prev = Article::get_prev_by_id(article_id).await;
    let prev_page = prev.is_ok();
    let prev_url = prev.map_or(Some("Not Found".to_string()), |p| p.url_en);

    let comments = Comments::get_comment_lsit_by_article_id(article_id).await;
// 获取文章评论

    ArticlePageData {
        article,
        categorys,
        tags: Some(tags),
        prev_page,
        next_page,
        prev_url,
        next_url,
        comments,
    }
}
```

9.4.2 创建分类服务

（1）定义分类页面数据结构体

创建一个名为 CategoryPageData 的结构体，用于表示分类页面所需的所有数据。该结构体包含文章列表、分类列表、总页码数、每页显示的文章数量以及当前页码，代码如下：

```rust
#[derive(Serialize, Deserialize, Clone, Debug)]
pub struct CategoryPageData {
    pub articles: Option<Vec<Article>>,        // 文章列表
    pub categorys: Option<Vec<Category>>,      // 分类列表
    pub page_total: usize,                     // 总页码数
    pub page_size: usize,                      // 每页显示的文章数量
    pub page: usize,                           // 当前页码
}
```

（2）获取分类页面数据的方法

创建一个名为 service_category( ) 的方法，用于获取指定分类页面的所有数据，包括分类下的文章列表、所有分类信息、页码信息等，代码如下：

```rust
impl CategoryPageData {
    pub async fn service_category(name: &str, page: usize) -> CategoryPageData {
        let category_result = Category::get_by_name(name).await; // 根据分类名获取分类信息
        let categorys = Category::get_all().await;               // 获取所有分类
        let is_error = match category_result {
            Ok(_) => false,                                       // 分类信息获取成功
            Err(_) => true,                                       // 分类信息获取失败
        };
        if is_error {
            // 分类信息获取失败,返回默认的 CategoryPageData
            return CategoryPageData {
                articles: None,
                categorys,
                page_total: 0,
                page_size: 5,
                page: 0,
            };
        };

        let category = category_result.unwrap();                  // 解包分类信息
        let category_article = CategoryArticle::get_list_by_category_id(&category.id.unwrap())
            .await
            .unwrap();                                            // 获取该分类下的文章 ID 列表

        let mut article_id_list = Vec::new();                     // 初始化文章 ID 列表
        for i in category_article {
            article_id_list.push(i.article_id.unwrap())           // 将文章 ID 加入列表
        }
        article_id_list.reverse();        // 反转文章 ID 列表以在最前面显示最新的文章
        let page_total = if article_id_list.len() % 5 == 0 {
```

```
                article_id_list.len() / 5                      // 计算总页数
            } else {
                article_id_list.len() / 5 + 1
            };
            let article_page_data = Article::get_article_list_by_id(page, 5, article_id_list).await; // 获取当前页面的文章列表
            CategoryPageData {
                articles: Some(article_page_data),
                categorys: categorys,
                page_total: page_total as usize,
                page_size: 5,
                page: page.into(),
            }
        }
    }
```

9.4.3 创建评论服务

(1) 定义评论数据结构体

创建一个名为 CommentData 的结构体,用于表示评论操作的结果信息。该结构体包含两个字段:操作状态(status)和操作信息(message),代码如下:

```
#[derive(Serialize, Deserialize, Clone, Debug)]
pub struct CommentData {
    status: String,              // 操作状态
    message: String,             // 操作信息
}
```

(2) 实现评论服务逻辑的方法

创建一个名为 service_comment() 方法用于处理评论的创建和保存逻辑,代码如下:

```
impl CommentData {
// 处理评论逻辑
    pub async fn service_comment(data: Comment, is_admin: bool) -> CommentData {
        // 创建保存的评论数据
        let save_data = Comment {
            uuid: Some(Uuid::new_v4().to_string()),        // 生成新的 UUID
            created: Some(DateTimeNative::now()),          // 获取当前时间
            hash_email: Some(format!("{:x}", compute(data.email.as_ref().unwrap()))),    // 计算邮箱哈希
            is_admin: Some(is_admin),                      // 设置是否为管理员
            is_show: Some(true),                           // 设置评论显示状态
            ..data                                         // 保留其余数据
```

```
        };

        // 异步保存评论数据
        let save = Comment::save_comment(save_data).await;
        let save_status = match save {
            Ok(_) => true,                               // 保存成功
            Err(_) => false,                             // 保存失败
        };

        // 返回操作结果
        if save_status {
            return CommentData {
                status: "success".to_string(),           // 操作成功
                message: "回复成功".to_string(),         // 回复成功的提示消息
            };
        } else {
            return CommentData {
                status: "error".to_string(),             // 操作失败
                message: "回复失败".to_string(),         // 回复失败的提示消息
            };
        }
    }
}
```

9.4.4 创建首页服务

(1) 定义主页数据结构体

创建一个名为 HomePageData 的结构体,用于表示首页展示的数据,包括文章列表、分类列表、总页码数、每页显示的文章数量以及当前页码,代码如下:

```
#[derive(Serialize, Deserialize, Clone, Debug)]
pub struct HomePageData {
    pub articles: Vec<Article>,                         // 文章列表
    pub categorys: Option<Vec<Category>>,               // 分类列表
    pub page_total: usize,                              // 总页码数
    pub page_size: usize,                               // 每页显示的文章数量
    pub page: usize,                                    // 当前页码
}
```

(2) 实现主页服务逻辑的方法

创建一个名为 service_home() 的方法用于获取主页所需的数据,代码如下:

```
impl HomePageData {
    pub async fn service_home(page: usize) -> HomePageData {
```

```rust
        let article_page_data = Article::get_article_list(page, 5).await.unwrap();
// 获取指定页码的文章列表
        let categorys = Category::get_all().await;              // 获取所有分类

        HomePageData {
            articles: article_page_data.get_records().to_vec(), // 提取文章记录
            categorys: categorys,                               // 设置分类列表
            page_total: article_page_data.pages as usize,       // 总页数
            page_size: article_page_data.page_size as usize,    // 每页显示的文章数量
            page: article_page_data.page_no as usize,           // 当前页码
        }
    }
}
```

▶▶ 9.4.5　创建友链服务

（1）定义友链页面数据结构体

创建一个名为 LinkPageData 的结构体，用于表示友链页面展示的数据，包括友链列表和分类列表，代码如下：

```rust
#[derive(Serialize, Deserialize, Clone, Debug)]
pub struct LinkPageData {
    pub links: Vec<Link>,                           // 友链列表
    pub categorys: Option<Vec<Category>>,           // 分类列表
}
```

（2）实现友链页面服务逻辑的方法

创建一个名为 service_link() 的方法用于获取友链页面所需的数据，代码如下：

```rust
impl LinkPageData {
    pub async fn service_link() -> LinkPageData {
        let links = Link::get_all().await.unwrap();         // 获取所有友链
        let categorys = Category::get_all().await;          // 获取所有分类

        LinkPageData {
links,      // 设置友链列表
            categorys   // 设置分类列表
        }
    }
}
```

▶▶ 9.4.6　创建标签页面服务

（1）定义标签列表数据结构体

创建一个名为 TagListData 的结构体，用于表示标签列表的数据，代码如下：

```rust
#[derive(Serialize, Deserialize, Clone, Debug)]
pub struct TagListData {
    pub tags: Vec<Tag>,     // 标签列表
}
```

(2）实现获取所有标签的方法

创建一个名为 get_all() 的方法用于异步获取所有的标签数据，代码如下：

```rust
impl TagListData {
    pub async fn get_all() -> Vec<Tag> {
        RB.fetch_list::<Tag>().await.unwrap()   // 异步获取所有标签
    }
}
```

(3）定义标签页面数据结构体

创建一个名为 TagPageData 的结构体，用于表示标签页面的数据，包括文章列表、分类列表、当前页数等信息，代码如下：

```rust
#[derive(Serialize, Deserialize, Clone, Debug)]
pub struct TagPageData {
    pub articles: Vec<Article>,                  // 文章列表
    pub categorys: Option<Vec<Category>>,        // 分类列表
    pub page_total: usize,                       // 总页码数
    pub page_size: usize,                        // 每页显示的文章数量
    pub page: usize,                             // 当前页码
}
```

(4）实现标签页面服务逻辑的方法

创建一个名为 service_tag() 的方法用于按标签名称和页码获取标签页面所需的数据，代码如下：

```rust
impl TagPageData {
    pub async fn service_tag(name: &str, page: usize) -> TagPageData {
        let tag = Tag::get_by_name(name).await;         // 获取标签信息
        let article_id = TagArticle::get_list_by_tag_id(&tag.id.unwrap()).await; // 获取关联文章 ID 列表

        let mut id_list = Vec::new();
        for i in article_id {
            id_list.push(i.article_id.unwrap())     // 将文章 ID 添加到列表中
        };

        let categorys = Category::get_all().await;  // 获取所有分类
```

```rust
    // 计算总页数
    let page_total = if id_list.len() % 5 == 0 {
        id_list.len() / 5
    } else {
        id_list.len() / 5 + 1
    };

    // 获取文章数据
    let articles = Article::get_article_list_by_id(page, 5, id_list).await;

    TagPageData {
        articles: articles,              // 文章列表
        categorys: categorys,            // 分类列表
        page_total: page_total as usize, // 总页数
        page_size: 5,                    // 每页显示文章数量
        page: page,                      // 当前页数
    }
}
```

9.5 创建博客前台页面

9.5.1 创建博客首页

1. 创建博客首页控制器

创建博客首页控制器的代码如下:

```rust
use rocket::get;
use std::collections::HashMap;
use rocket_dyn_templates::Template;
use crate::dao::views::home_service::HomePageData;

#[get("/?<page>")]
pub async fn index(page: Option<usize>) -> Template {
    // 如果提供了页码参数,则使用该页码;如果未提供,则默认为 1
    let page_num = match page {
        Some(i) => i,
        None => 1,
    };

    // 异步获取主页数据
```

```
        let page_data = HomePageData::service_home(page_num).await;

        // 创建一个 HashMap 来存储模板上下文数据
        let mut context = HashMap::new();
        context.insert("render_data", page_data);

        let template = Template::render("frontend/index", context);

        // 返回渲染后的模板
        template
    }
```

2. 博客首页视图模板

博客首页视图模板代码如下:

```
{% extends "frontend/base" %} <!-- 继承基础模板 -->

{% block css %}
<meta name='description' content="Shirdon Rust blog"></meta><!-- 页面描述信息 -->
{% endblock css %}

{% block title %}
首页{% if render_data.page_total>1 %}
-第{{render_data.page}}页
{% endif %}
{% endblock title %}

{% block content %}
<h1 style="display: none;">Shirdon Rust blog</h1>
{% if render_data.page==1 %}
<div class = "post_entry-module mdl-card mdl-shadow--2dp mdl-cell mdl-cell--12-col md-github fade">
<div class="mdl-card__media mdl-color-text--grey-50 "
     style=" background-image: linear-gradient( 120deg , #89f7fe 0%, #66a6ff 100%);">
<div class="" id="github_container"></div>
</div>

</div>
<script src="/static/js/githubcalendar.js"></script>
<script>
    run_git_init('{{blog_info() |get(key="github") |safe}}');
</script>
{% endif %}
```

```
{% for article in render_data.articles %}
    <div class="post_entry-module mdl-card mdl-shadow--2dp mdl-cell mdl-cell--12-col fade">

    <!-- 文章链接及标题 -->
    <div style="background-image: url({% if article.image_url %} {{article.image_url}} {% else %} /api/frontend/image?age={{article.url_en}} {% endif %});"
            class="post-thumbnail-pure mdl-card__media mdl-color-text--grey-50 ">
    <p class="article-headline-p"><a href="/article/{{article.url_en}}" target="_self">{{article.title}}</a></p>
    </div>

    <!-- 文章内容摘要 -->
    <div class="mdl-color-text--grey-600 mdl-card__supporting-text post_entry-content">
        {{article.brief}}    
    <span>
    <a href="/article/{{article.url_en}}" target="_self">
            阅读全文 </a>
    </span>
    </div>

    <!-- 文章信息 -->
    <div id="post_entry-info">
    <div class="mdl-card__supporting-text meta mdl-color-text--grey-600 " id="post_entry-left-info">
    <!-- 作者头像 -->
    <div id="author-avatar">
    <img src='{{blog_info() |get(key="avatar_proxyz") }}/{{blog_info() |get(key="email_hash") }}'
            alt="头像" width="44px" height="44px">
    </div>
    <div style="display: flex;flex-direction: column;">
    <span class="author-name-span"><strong>{{blog_info() |get(key="nick_name") }}</strong></span>
    <span class="created">{{article.created}}</span>
    </div>
    </div>
    <div id="post_entry-right-info" style="color:#0080FF">
    <span class="post_entry-category">
    <a href="/category/{{article.category}}">{{article.category}}</a></span>
    </div>

    </div>

    </div>
```

第 9 章
【实战】 开发一个 Rust 博客

```
{% endfor %}
{% endblock content %}

{% block pagination %}
{% include "frontend/common/pagination" %} <!-- 分页模块 -->
{% endblock pagination %}

{% block js %}

{% endblock js %}
```

博客首页如图 9-1 所示。

• 图 9-1　博客首页

9.5.2　博客文章页开发

1. 创建博客首页控制器

创建博客首页控制器的代码如下：

```
use crate::{dao::views::article_service::ArticlePageData, common::response::HandleResponse};
use rocket::{get, http::Status};
```

```rust
use rocket_dyn_templates::Template;
use std::collections::HashMap;

// 定义处理 "/article/<url>" 路径的 GET 请求的异步函数
#[get("/article/<url>")]
pub async fn index(url: &str) -> HandleResponse {
    // 异步获取文章页面数据
    let render_data = ArticlePageData::service_article(url).await;

    // 检查文章数据是否存在
    let is_null = match &render_data.article {
        Some(_) => false,      // 文章存在
        None => true,          // 文章不存在
    };

    // 如果文章不存在,则返回 404 状态
    if is_null {
        return HandleResponse::Status(Status::NotFound);
    };

    // 创建一个 HashMap 来存储模板上下文数据
    let mut context = HashMap::new();
    context.insert("render_data", render_data);
    HandleResponse::Template(Template::render("frontend/article", context))
}
```

2. 创建博客文章详情页视图模板

创建博客文章详情页视图模板，其核心代码如下：

```
{% extends "frontend/base" %}

{% block css %}
<link rel="stylesheet" href="/static/css/article.css">
<link rel="stylesheet" href="/static/css/snackbar.min.css">
<link rel="stylesheet" href="/static/css/editormd.min.css">
<link rel="stylesheet" href="/static/css/GrayMac.min.css">
<link href = " https://cdn.bootcdn.net/ajax/libs/prism-themes/1.9.0/prism-material-dark.min.css" rel="stylesheet">
<meta name="keywords" content='{% for tag in render_data.tags %}{{tag.name}},{% endfor %}'></meta>
<meta name='description' content="{{render_data.article.url_en}}"></meta>
{% endblock css %}

{% block title %}
```

```html
        文章-{{render_data.article.title}}
    {% endblock title %}

    {% block content %}
    <h1 style="display: none;">{{render_data.article.url_en}}</h1>
    <div class="post_entry-module mdl-card mdl-shadow--2dp mdl-cell mdl-cell--12-col ">

        <!-- Article link & title -->
        <div
            style="height: 280px;
            background-image: url({% if render_data.article.image_url %} {{render_data.article.image_url}} {% else %} /api/frontend/image {% endif %});"
            class="post-thumbnail-pure mdl-card__media mdl-color-text--grey-50 ">
            <p class="article-headline-p"><a href="" target="_self">{{render_data.article.title}}</a></p>
        </div>

        <!-- Article info-->
        <div id="post_entry-info">
            <div class="mdl-card__supporting-text meta mdl-color-text--grey-600 " id="post_entry-left-info">
                <!-- Author avatar -->
                <div id="author-avatar">
                    <img src='{{blog_info() | get(key="avatar_proxyz") }}/{{blog_info() |get(key="email_hash")}}' width="44px"
                        height="44px" alt="头像">
                </div>
                <div style="display: flex;flex-direction: column;">
                    <span class="author-name-span"><strong>{{blog_info() | get(key="nick_name") }}</strong></span>
                    <span class="created">{{render_data.article.created}}</span>
                </div>
            </div>
            <div id="post_entry-right-info">
                <span class="post_entry-category" id="read-time" style="color: #6a6a6a">

                </span>
            </div>

        </div>
        <div id="post-content" class="mdl-color-text--grey-700 mdl-card__supporting-text fade">
            <div id="editormd-preview-container">{{ render_data.article.template |safe}}</div>
        </div>
```

```
    <blockquote id="statement">
    <strong>最后修改:</strong><span class="modified"> {{ render_data.article.modified}}
</span>
    <br><br>
    <div id="tag-content">
        {% for tag in render_data.tags %}
    <div class="chip">
    <a style="color: #0a69b6;" href="/tag/{{tag.name}}"><span class="chip-title">{{tag.
name}}</span></a>
    </div>
        {% endfor %}
    </div>
    <div class="divider" style="height:2px ;background-color: rgba(0, 0, 0, 0.12);"></div>
    </div>
```

博客文章详情页面如图 9-2 所示。

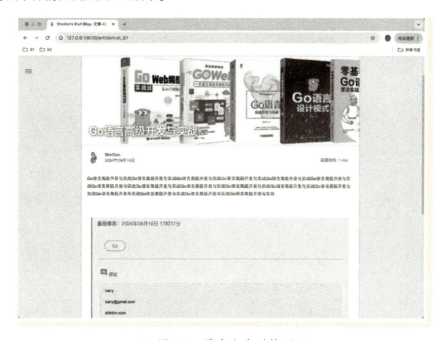

● 图 9-2 博客文章详情页面

▶ 9.5.3 登录模块开发

1. 创建登录控制器

创建登录控制器的代码如下：

```rust
use crate::models::user::User;
use crate::common::response::HandleResponse;
use rocket::http::{Cookie, CookieJar};
use rocket::response::Redirect;
use rocket::route;
use rocket::serde::json::Json;
use rocket::serde::json::Value;
use rocket_dyn_templates::Template;
use serde::{Deserialize, Serialize};
use std::collections::HashMap;

// 处理 "/login" 路径的 GET 请求,检查登录状态
#[route(GET, uri = "/login")]
pub async fn index(cookies: &CookieJar<'_>) -> HandleResponse {
    // 创建一个 HashMap 来存储模板上下文数据
    let mut context = HashMap::new();
    // 检查用户是否已经登录
    let login = cookies.get_private("login_user_id");
    let login_status = match login {
        Some(_) => true, // 如果存在登录用户 ID,则登录状态为 true
        None => false, // 如果不存在登录用户 ID,则登录状态为 false
    };
    context.insert("users", "users");
    // 如果已登录,则重定向到后台仪表盘页面
    if login_status {
        return HandleResponse::Redirect(Redirect::to("/backend/dashboard"));
    } else {
        // 如果未登录,则渲染登录页面
        return HandleResponse::Template(Template::render("frontend/login", context));
    };
}

// 定义登录用户结构体,用于解析登录请求数据
#[derive(Deserialize, Serialize, Clone, Debug)]
pub struct LoginUser {
    mail: String, // 用户邮箱
    password: String, // 用户密码
    remember: bool, // 是否记住用户
}

// 处理 "/login" 路径的 POST 请求,用于用户登录
#[route(POST, uri = "/login", data = "<form_data>")]
pub async fn post(cookies: &CookieJar<'_>, form_data: Json<LoginUser>) -> Value {
    // 获取表单数据
```

```rust
    let user_data = form_data.into_inner();
    // 调用用户登录方法,验证用户信息
    let info = User::login_blog(&user_data.mail, &user_data.password).await;
    let login = info.get("status").clone().unwrap().as_str().unwrap();
    // 如果登录成功,设置登录 Cookie
    if login == "success" {
        let user = User::get_user_by_email(&user_data.mail).await;
        let mut ck = Cookie::new("login_user_id", user.id.unwrap().to_string());
        // 如果未勾选记住用户,设置 Cookie 在会话结束时过期
        if !user_data.remember {
            ck.set_expires(None);
        };
        cookies.add_private(ck);
    };
    return info; // 返回登录信息
}
```

2. 创建登录视图模板

创建登录视图模板代码如下:

```html
<!DOCTYPE html>
<html>
<head>
    <link href="https://fonts.googleapis.com/css?family=Roboto:100,300,400,500,700,900" rel="stylesheet">
    <link href="https://cdn.bootcdn.net/ajax/libs/MaterialDesign-Webfont/6.6.96/css/materialdesignicons.min.css"
          rel="stylesheet">
    <link href="https://cdn.bootcdn.net/ajax/libs/vuetify/2.6.4/vuetify.min.css " rel="stylesheet">
    <meta name="viewport" content="width=device-width, initial-scale=1, maximum-scale=1, user-scalable=no, minimal-ui">
    <meta name="robots" content="noindex">
    <link rel="stylesheet" href="/static/css/register.css">
    <title>登录博客</title>
</head>
<body>
<div id="app">
<v-app>
<v-main>
<div class="auth-wrapper">
<div class="auth-content">
<div class="auth-bg">
<span class="r"></span>
```

```html
        <span class="r s"></span>
        <span class="r s"></span>
        <span class="r"></span>
      </div>
      <v-card outlined class='card'>
        <v-icon class="mt-4" large color="light-blue darken-1
        ">mdi-fingerprint</v-icon>
        <v-card-title class="text-h4">

          <span class="mx-auto">Login</span></v-card-title>
        <v-card-subtitle class="mt-1" style="text-align: center;" class="pb-0 text-h6">登录账号
        </v-card-subtitle>
        <v-list-item>
          <v-list-item-content>
            <v-text-field v-model.trim='email' :rules="[rules.required, rules.email]"
                          type='email' label="邮箱" outlined dense></v-text-field>
            <v-text-field v-model.trim='password' :rules="[rules.required]" label="密码"
                          :append-icon="showPassword?'mdi-eye':'mdi-eye-off'"
                          :type="showPassword?'text':'password'"
                          @click:append="showPassword = !showPassword"
                          outlined dense></v-text-field>
            <v-checkbox style="height: 30px;" dense class="mx-auto" v-model="remember" flat
                        :label="remember?'记住登录状态':'不保存登录状态'">
            </v-checkbox>
          </v-list-item-content>

        </v-list-item>

        <v-card-actions>
          <v-btn class="mx-auto" :loading="loading" color="light-blue accent-3" @click='loginIn' dark>登 录</v-btn>
        </v-card-actions>
        <p style="text-align: center;" class="grey--text text--darken-2">还没有注册账号？<a
            class="text-decoration-none" href="/register">注册</a></p>
        <p style="text-align: center;" class="grey--text text--darken-2">&copy; <a
            class="text-decoration-none"
            href="https://github.com/shirdonl/rust_blog">rust_blog</a></p>
        <br />
      </v-card>
    </div>
```

```
    </div>

    <v-snackbar min-width='250' v-model="snackbar" :timeout='3000' text right top :color=
'snackColor'>
                {[ snackText ]}
    <template v-slot:action="{ attrs }">
    <v-btn color="blue" text v-bind="attrs" @click="snackbar = false">
    Close
    </v-btn>
    </template>
    </v-snackbar>

    </v-main>
    </v-app>
    </div>
    <script src=" https://cdn.bootcdn.net/ajax/libs/axios/0.27.2/axios.min.js ">
</script>
    <script src="https://cdn.bootcdn.net/ajax/libs/vue/2.6.14/vue.min.js"></script>
    <script src=" https://cdn.bootcdn.net/ajax/libs/vuetify/2.6.4/vuetify.min.js"
></script>
    </body>
    </html>
```

博客登录页面如图 9-3 所示。

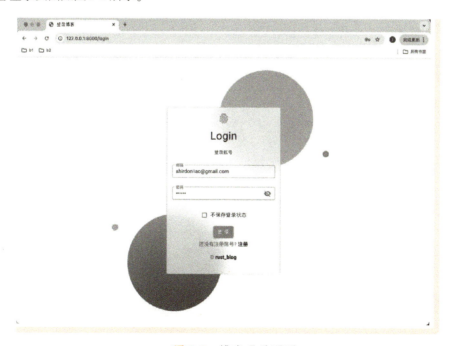

● 图 9-3　博客登录页面

9.6 创建后台管理模块

9.6.1 创建后台首页

1. 创建后台首页控制器

(1) 定义获取后台首页的路由处理函数

创建一个名为 index() 的异步函数，用于处理 GET 请求，验证用户权限并获取 CSRF 令牌，用于渲染仪表盘页面模板，代码如下：

```
#[get("/dashboard")]
pub async fn index(_user_auth: UserAuth, cookies: &CookieJar<'_>) -> Template {
    let mut context = HashMap::new();
    let key = match cookies.get_private("csrf_key") {
        Some(i) => i.value().to_string(),
        None =>"None Key".to_string(),
    };
    let csrf_token = CsrfStatus::encrypt_csrf(key).await;        // 异步生成 CSRF 令牌
    context.insert("csrf_token", csrf_token);
    Template::render("backend/back-dashboard", &context)          // 渲染并返回模板
}
```

(2) 定义获取后台首页信息栏展示的路由处理函数

创建一个名为 info() 的异步函数，用于处理 POST 请求，验证用户权限和 CSRF 令牌，获取仪表盘信息并返回 JSON 格式的数据，代码如下：

```
#[post("/dashboard/info")]
pub async fn info(_user_auth: UserAuth, _csrf_token: CsrfStatus) -> Value {
    let info = DashboardInfo::service_dashboard().await;          // 异步获取后台首页数据
    json!({ "data": info })                                       // 返回 JSON 格式的数据
}
```

2. 创建后台首页视图模板

创建后台首页视图模板，其核心代码如下：

```
{% extends 'backend/layout' %}
{% block css %}

{% endblock css %}

{% block title %}
```

第 9 章
【实战】 开发一个 Rust 博客

```
博客信息
{% endblock title %}

{% block content %}

<v-container fluid>
<v-row>
<v-col xs="12" cols='12' sm="6" md='3' lg='3' xl='3'>
<v-card class="pa-3 mx-auto" style="margin-top: 45px;" max-width='450'>
<v-row>
<v-col cols='5'>
<div class="text-start v-card--material__heading mb-n6 v-sheet theme--dark elevation-6 pa-7"
             style="width: 96px;top: -40px;position: relative;background-image: linear-gradient(-225deg, #22E1FF 0%, #1D8FE1 48%, #625EB1 100%);">
    <v-icon x-large dark>mdi-harddisk</v-icon>
</div>
</v-col>
<v-col cols='7'>
<v-card-subtitle style="color: grey;" class="pb-0 pa-0 mr-4 text-right">可用存储空间</v-card-subtitle>
<v-card-text class="text--primary text-h5 text-right">{[free_disk]} GB </v-card-text>
</v-col>
</v-row>

<v-card-actions></v-card-actions>
</v-card>
</v-col>

<v-col xs="12" cols='12' sm="6" md='3' lg='3' xl='3'>
<v-card class="pa-3 mx-auto" style="margin-top: 45px;" max-width='450'>
<v-row>
<v-col cols='5'>
<div class="text-start v-card--material__heading mb-n6 v-sheet theme--dark elevation-6 pa-7"
             style="width: 96px;top: -40px;position: relative;background-image: linear-gradient(to top, #48c6ef 0%, #6f86d6 100%);">
    <v-icon x-large dark>mdi-harddisk</v-icon>
</div>
</v-col>
<v-col cols='7'>
<v-card-subtitle style="color: grey;" class="pb-0 pa-0 mr-4 text-right">总共存储空间</v-card-subtitle>
<v-card-text class="text--primary text-h5 text-right">{[total_disk]} GB</v-card-text>
</v-col>
```

```
</v-row>
<v-card-actions></v-card-actions>
</v-card>
</v-col>

</v-row>
</v-container>
{% endblock content %}
```

后台首页的页面如图 9-4 所示。

- 图 9-4　后台首页的页面

9.6.2　文章管理模块开发

1. 创建文章管理控制器

（1）创建文章管理控制器定义获取文章列表页面的路由处理函数

创建一个名为 list() 的异步函数，用于处理 GET 请求，验证用户权限并获取 CSRF 令牌，用于渲染文章列表页面模板，代码如下：

```
#[get("/article-list")]
pub async fn list(_user_auth: UserAuth, cookies: &CookieJar<'_>) -> Template {
    let mut context = HashMap::new();
```

```rust
    let key = match cookies.get_private("csrf_key") {
        Some(i) => i.value().to_string(),
        None =>"None Key".to_string(),
    };
    let csrf_token = CsrfStatus::encrypt_csrf(key).await;      // 异步生成 CSRF 令牌
    context.insert("csrf_token", csrf_token);
    Template::render("backend/back-list", &context)            // 渲染并返回模板
}
```

（2）定义获取文章列表数据的路由处理函数

创建一个名为 post_article() 的异步函数，用于处理 POST 请求，验证用户权限和 CSRF 令牌，获取文章列表数据并返回 JSON 格式的数据，代码如下：

```rust
#[post("/article-list")]
pub async fn post_article(_user_auth: UserAuth, _csrf_token: CsrfStatus) -> Value {
    let list = BlogArticle::article_list().await;        // 异步获取文章列表数据
    json!({ "data": list })                              // 返回 JSON 格式的数据
}
```

（3）定义获取文章修改页面的路由处理函数

创建一个名为 modify() 的异步函数，用于处理 GET 请求，验证用户权限并获取 CSRF 令牌，用于渲染文章修改页面模板，代码如下：

```rust
#[get("/article-modify/<_id>")]
pub async fn modify(_id: usize, _user_auth: UserAuth, cookies: &CookieJar<'_>) -> Template {
    let mut context = HashMap::new();
    let key = match cookies.get_private("csrf_key") {
        Some(i) => i.value().to_string(),
        None =>"None Key".to_string(),
    };
    let csrf_token = CsrfStatus::encrypt_csrf(key).await;      // 异步生成 CSRF 令牌
    context.insert("csrf_token", csrf_token);
    Template::render("backend/back-modify", &context)          // 渲染并返回模板
}
```

（4）定义获取文章修改数据的路由处理函数

创建一个名为 post_modify() 的异步函数，用于处理 POST 请求，验证用户权限和 CSRF 令牌，获取指定文章的修改数据和所有分类数据，并返回 JSON 格式的数据，代码如下：

```rust
#[post("/article-modify/<id>")]
pub async fn post_modify(id: usize, _user_auth: UserAuth, _csrf_token: CsrfStatus) -> Value {
    let article = BlogArticle::article_modify(&id).await; // 异步获取指定文章数据
    let category = Category::get_all().await; // 异步获取所有分类数据
```

```
        json!({
    "data": article,
    "category": category
        }) // 返回 JSON 格式的数据
}
```

(5) 定义获取文章添加页面的路由处理函数

创建一个名为 add() 的异步函数,用于处理 GET 请求,验证用户权限并获取 CSRF 令牌,用于渲染文章添加页面模板,代码如下:

```
#[get("/article-add")]
pub async fn add(_user_auth: UserAuth, cookies: &CookieJar<'_>) -> Template {
    let mut context = HashMap::new();
    let key = match cookies.get_private("csrf_key") {
        Some(i) => i.value().to_string(),
        None =>"None Key".to_string(),
    };
    let csrf_token = CsrfStatus::encrypt_csrf(key).await;       // 异步生成 CSRF 令牌
    context.insert("csrf_token", csrf_token);
    Template::render("backend/back-write", &context)            // 渲染并返回模板
}
```

2. 创建后台文章管理页面视图模板

创建后台文章管理页面视图模板,其核心代码如下:

```
{% extends 'backend/layout' %}
{% block css %}

{% endblock css %}

{% block title %}
博客文章
{% endblock title %}

{% block content %}

<v-card>
<v-data-table :headers="headers" :items="artcleList" item-key="id" class="elevation-1">
    <template v-slot:item.handle ="{ item }">
    <v-icon small class="mr-2" @click='editArticle(item)'>
        mdi-pencil
    </v-icon>
    <v-icon small @click='deleteArticle(item)'>
        mdi-delete
```

```
</v-icon>
            </template>
        </v-data-table>
        <v-snackbar top right :color='snackbarColor' v-model="snackbar" :timeout="timeout">
            {[ snackbarText ]}
        </v-snackbar>
    </v-card>

{% endblock content %}

{% block js %}

{% endblock js %}
```

后台文章管理页面如图 9-5 和图 9-6 所示。

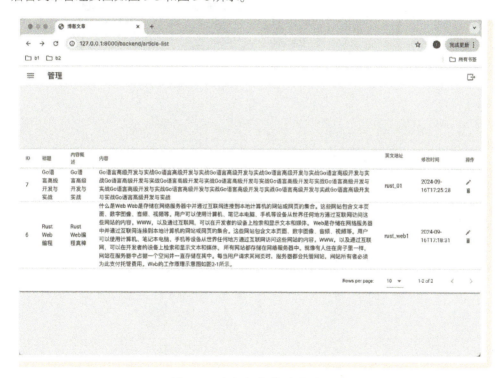

● 图 9-5　后台文章管理页面（一）

限于篇幅，其他模块的方法类似，本书不再详细讲解，读者可以自己通过项目代码进行进一步深入学习。希望读者通过本书的学习，能够深入掌握 Rust Web 编程的各种方法和技巧，快速成为 Rust Web 编程高手。

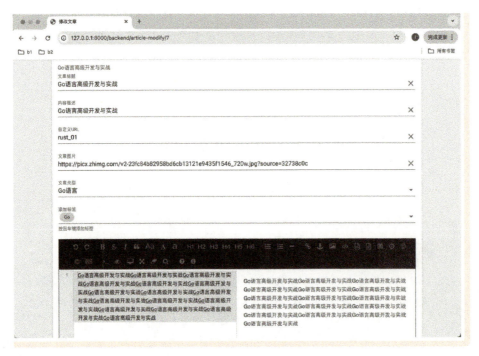

• 图 9-6　后台文章管理页面（二）

9.7　本章小结

本书通过详细讲解了需求分析、架构设计、创建项目核心部分、创建服务、创建博客前台页面、创建后台管理模块等 6 节的内容，涵盖了从零开始创建一个 Rust 博客的完整步骤和代码，通过实战示例，帮助读者向 Rust Web 编程高手迈进。